为了人与书的相遇

Charles Montgomery

Happy City

Transforming Our Lives Through Urban Design

幸福的都市栖居

设计与邻人，让生活更快乐

[加] 查尔斯·蒙哥马利 著　王帆 译

广西师范大学出版社
· 桂林 ·

HAPPY CITY: Transforming Our Lives Through Urban Design
by Charles Montgomery
Copyright © 2013 by Charles Montgomery
Published by arrangement with The Cooke Agency International, CookeMcDermid
Agency and The Grayhawk Agency Ltd.
Originally published in English by Doubleday Canada.

本书由北京东西时代数字科技有限公司提供中文简体字版授权

著作权合同登记号图字：20-2020-163

图书在版编目(CIP)数据

幸福的都市栖居：设计与邻人，让生活更快乐 /(加) 查尔斯·蒙哥马利著；王帆译.
—桂林：广西师范大学出版社, 2020.12
ISBN 978-7-5598-3466-9

Ⅰ.①幸… Ⅱ.①查… ②王… Ⅲ.①城市规划－建筑设计
Ⅳ.①TU984

中国版本图书馆CIP数据核字(2020)第263168号

广西师范大学出版社出版发行

广西桂林市五里店路9号　邮政编码：541004
网址：www.bbtpress.com

出　版　人：黄轩庄
责任编辑：揭志勇
特约编辑：刘小乔　赵雪峰
封面设计：张　卉
内文制作：陈基胜
全国新华书店经销
发行热线：010-64284815
山东临沂新华印刷物流集团有限责任公司

开本：635mm×965mm　1/16
印张：23.5 字数：314千字
2020年12月第1版　2020年12月第1次印刷
定价：56.00元

如发现印装质量问题，影响阅读，请与出版社发行部门联系调换。

目 录

英制／公制单位换算表：

1 英里 = 1.61 千米
1 英尺 = 30.48 厘米
1 英寸 = 2.54 厘米
1 英亩 = 40.47 公亩
1 千卡 = 4.19 千焦
1 磅 = 453.59 克

1. 幸福市长

有些话虽然人们相信但实际上却是错的，有时还流传甚广：人只要自我鞭策就可以活成自己希望的样子，人的问题全乎由自己造成，人只要改变自己就能摆脱困境……事实是，人受所处环境的影响极大，和谐的心境完全取决于人与环境是否和谐。

——克里斯托弗·亚历山大，《建筑的永恒之道》

我穿梭在办公楼深处，紧跟一位政客的脚步。办公楼是一座死气沉沉的水泥建筑，临近一条 12 车道的高速公路。这位政客似乎浑身上下都散发着一种紧张气氛。他高声说话的样子如同传道者，激情之中带着急切。和许多不喜欢把时间浪费在刮胡子上的男人一样，他留着一副络腮胡子。穿过地下停车场时，他大步流星的样子就像一位正准备踢长传球的中锋。

两名保镖快跑着跟在他身后，他们的手枪在枪套里不停地晃来晃去。就他的职业和社会地位而言，这种待遇并不稀奇。恩里克·佩尼亚洛萨（Enrique Peñalosa）已从政多年，又一次在参与竞选，而这里是波哥大，是一座以绑架和暗杀而闻名的城市。比起上述待遇，稀奇的反倒是：佩尼亚洛萨没有像大多数哥伦比亚公众人物一样钻进全副武装的 SUV，而是骑着一辆山地自行车，迎着安第斯炽热的阳光，飞快地爬上山坡。等过了山坡，他一边单手骑车，一路颠颠簸簸不断经过路沿和坑洼，在人行便道上驰骋，一边拿着手机大喊大叫。微风轻轻拍打着他的细条纹裤子。两个保镖、摄影师和我在后面疯狂地踩着自行车踏板，像一群见了摇滚明星的少年。

若是放在几年前，这场激进的骑行在许多当地人眼里无异于自杀。如果想被人打、被车撞或是吸汽车尾气窒息，波哥大的街道是最合适的选择，但是佩尼亚洛萨坚持认为情况已有所改观。我们大家会安全的。是他的计划，提高了城市的幸福感。他也反复提到"更幸福"这个词，就好像这三个字归他所有似的。

他经过时，年轻女性会窃窃地笑起来，穿着全套工作服的工人向他招手。

"市长！市长！"他们中的一些人用西班牙语喊道。虽然这已经是佩尼亚洛萨任职的第六个年头，但他再次参选的宣传活动还没怎么开始。佩尼亚洛萨朝他们挥了挥手，那只手还拿着电话。

"早上好，姑娘们！"他用西班牙语向几个女孩儿问好。

"最近好吗？"他朝男同胞们打招呼。

"朋友，你好！"任何看向他的人都会得到这样的回应。

"我们正在经历一场探索。"他终于把手机放回口袋，对我大声说道，"我们可能无法解决经济问题，无法做到人人都像美国人一样富足，但是我们设计城市，让它给人以尊严，让人们'感到'富足。这座城市有能力让他们更幸福。"

就是这项宣告，让许多人热泪盈眶。这是给城市带来革命与救赎的承诺。

你可能从没听说过恩里克·佩尼亚洛萨这个名字。过去 10 年里，在纽约、洛杉矶、新加坡、拉各斯或墨西哥城热烈欢迎他的人群中或许没有你的身影。你大概也从来没见过他挥舞手臂疾呼传道，或是声嘶力竭地要盖过数百辆车的引擎声的样子。但他提出的宏大探索和更为雄心勃勃的措辞极大地点燃了市民的热情。佩尼亚洛萨成为了世界城市结构与灵魂变革的重要人物之一。

我第一次身临这位"幸福市长"极具感染力的演说现场是在 2006年。那时联合国宣布，在接下来几个月里，某一天某个在市区医院降生的孩子或是某个搬进大都市棚户区的移民将成为一个标志性节点，自此，世界人口将超过半数居住在城市里。更有数亿人正在前往城市的路上。到 2030 年，会有将近 50 亿人成为城市居民。那年春天，联合国人居署（Habitat）召集数千名市长、工程师、官员和慈善家，举行世界城市论坛。代表们齐聚在温哥华海港边的会议中心，商讨面对世界城市的爆炸性增长，如何解救它们于水火。

世界对即将发生的经济衰退一无所知，对未来的展望也依然黯淡。问题出在哪里？一方面，城市是全世界污染的主要源头，占温室气体排放的 80%；另一方面，所有预测均指出，城市将遭遇气候变化、热浪、水资源短缺所带来的严重影响，同时也将面临因干旱、洪水和水资源战争引发的移民浪潮。专家们表示，全球变暖的代价，超过 3/4 将由城市承担，能源、税收和就业机会都将面临短缺。与会代表似乎没有能力帮助市民实现安全与繁荣，这个城市化进程似乎向来都在许诺的目标。这场会议不由得让人警醒。

但是这种气氛在佩尼亚洛萨发言时改变了。他告诉在座的各位市长希望并非渺茫,移民浪潮才不是威胁,反而是重建城市生活的巨大机遇。贫困城市不仅可以在规模上增加一两倍,还可以避免富裕城市犯过的错误。市长们可以为市民提供比当今大多数城市更美好、更强大、更自由、更快乐的生活。要做到这一点,他们必须重新思考建设城市的目的,城市究竟是为了什么而存在。他们必须放弃沿用存在了一个世纪的城市建设思维,同时也必须放弃他们的一些美梦。

　　为了说明他的观点,佩尼亚洛萨讲了一个故事。

　　20 世纪末,波哥大已是个完全不适合居住的地方,可以说是世界上生活条件最恶劣的地方之一。难民数量超负荷;持续了几十年的内战仍未平息,恐怖活动肆虐,城市因手榴弹和火箭弹的袭击而千疮百孔,而手雷是最常见的攻击手段,俗称"爆炸土豆";城市还因交通、污染、贫困和功能瘫痪等问题步履蹒跚。那时,这座哥伦比亚的首都是公认的现实版地狱。

　　佩尼亚洛萨 1997 年竞选市长时,拒绝做出许多政客会做出的承诺,他不会让每个人都变得更富有。忘了像美国人一样富有的美梦吧:即使城市经济热火朝天地持续发展一个世纪,仍然需要几代人的努力才能追上白人佬。佩尼亚洛萨表示,追求财富的梦想除了给波哥大的民众添堵之外别无用处。

　　"如果用人均收入来衡量成功,那我们就不得不接受自己生活在二三等社会的事实,我们就是一群'瘪三'。"他说道。并非如此,城市需要的是一个新目标。佩尼亚洛萨的承诺中,既不包含每家的车库里都有一辆车,也不包含社会制度革命。他的承诺很简单:让波哥大人更幸福。

　　"我们对幸福有哪些需求? "他向在场的人发问,"我们需要走路，就像鸟需要飞一样。我们需要他人的陪伴。我们需要美。我们需要接触大自然。最重要的是，不被排斥、孤立。我们还需要感到一定程度的平等。"

虽说不再追逐美国梦，但佩尼亚洛萨呼吁的目标却源自美国宪法。去追求一种不同的幸福，哪怕波哥大人收入低，也可以打败白人佬。

这年头不缺所谓的幸福导师。有人认为属灵实践本身就是幸福的答案，有人说繁荣只须向冥冥宇宙求取，还有人说我们可以通过变得更富有从而更接近上帝，反之亦然。佩尼亚洛萨没有采取公众讨论、宗教思想灌输或由国家资助积极心理学活动之类的方法。他没有布道似的到处宣传"吸引力法则"或"财富巨变宗旨"。这是城市生活变革（transformative urbanism）的福音。城市本身就可以是获得幸福的方法。通过改变城市生活的条条框框去改善生活，即使是在经济萧条时生活水平也可以提升。

佩尼亚洛萨认为某种特定的城市性（urbanity）有一种非凡的力量。"人们在商店购物的那个时刻会获得极大满足，"他告诉我说，"但过几天满足感就会下降，几个月后则会完全消失。但出色的公共空间有一种神奇的力量，能不间断地提供幸福，可近似于幸福本身。"原本不起眼的人行道、公园、自行车道和公共汽车都陡然被提升到了心理 / 精神的层面上。

他坚信，像大多数城市一样，波哥大受了 20 世纪两大城市遗风的伤害：第一，城市逐步以私家车为中心；第二，公共空间及资源很大程度上被私有化。汽车销售商和流动商贩占用了公共广场和人行道。曾经的公共园地被人们砌上了围墙、圈上了栅栏。在一个连大多数的穷人都有电视看的时代，公共市民空间的发展不但被忽视，甚至还在倒退。

城市的这种新变不但不公，而且残酷。不公的是每五个家庭里仅有一户能拥有一辆车，残酷的是居民被剥夺了平日里在城市享受最简单快乐的机会：在街道上漫步，在公共区域找地方坐下休息、聊天，注视草地、水面、落叶和来往行人。还有玩耍：波哥大的街道上已经很难看见孩子，不是因为害怕枪击或绑架，而是疾驰的车流让街道变得越发危险。每当有父母大喊"当心！"，所有波哥大人就知道有个孩子可能要被车撞了。所以佩尼亚洛萨当上市长后首个旗帜鲜明的行动不是针对犯罪、毒品或贫困，而是向私家车宣战。

他说："一座城市可以对市民友好，也可以对汽车友好，但无法二者兼得。"

随后，他抛弃了宏大的城市公路扩建计划，将预算投入到数百英里的自行车道、一系列崭新的公园、步行广场、图书馆、学校及日托中心的建设中。他建成了全市第一个快速交通系统，用的是公共汽车而非轨道交通。他提高了汽油税，也禁止开车通勤每周超过3次。具体细节我随后会再给出，这里需要明白的一点是，这些举措改写了数百万人的城市生活体验，同时也是对主导世界半个多世纪的城市设计理念的彻底否定。这与北美城市的法律、习惯、房地产行业情况、财政安排及发展理念恰恰相反，尤其与全球数百万中产阶级向往郊区的愿景相反。

到了他任期的第三年，佩尼亚洛萨要求全波哥大人参与到"无车日"（día sin carro）当中。当2000年2月24日的拂晓来临，所有私家车禁止上路一天。那个星期四有超过80万辆车保持着熄火状态。公共汽车挤得满满当当，出租车也很难打，但数十万人响应了市长的号召，纷纷自力更生地步行、骑车、滑旱冰上班上学。

4年来首次无人在交通事故中丧生。住院人数下降了近1/3，笼罩城市的有害雾霾有所减轻。人们仍然像以往一样上班，学校的出勤率也都正常。波哥大人非常喜欢无车日，于是投票决定每年举办这样的活动，至 2015 年则禁止所有私家车在高峰时段上路。民意调查表明，波哥大人多年来对城市生活的态度终于变得更为乐观。

佩尼亚洛萨以马丁·路德·金在华盛顿国家广场时的那般热情讲述了这个故事，也取得了类似的轰动效果。出席世界城市论坛的 3000 多人纷纷起立欢呼。联合国统计员情不自禁地互相握手；印度经济学家脸上挂满了笑容，放松了领带；塞内加尔代表欢快起舞，身上的长袍显出狂欢节的喜庆色彩；墨西哥建筑师则吹起了口哨。我的心跳也随之加速。如此看来，佩尼亚洛萨说出了许多城市设计者们完全认同但却没有勇气说出的想法。城市是一种生活方式，能反映出我们最好的一面，也能成为我们所希望的各种样子。

城市可以改变，可以翻天覆地地改变。

城市运动

城市设计足以强大到制造或破坏幸福吗？幸福城市的影响正在世界范围内传播，这个问题于是很值得思考。连任在哥伦比亚是违法的，因此佩尼亚洛萨只有 3 年的任期，在这 3 年里，数十座城市的代表团来到波哥大研究城市转型。

佩尼亚洛萨的弟弟吉列尔莫（Guillermo）曾负责城市的公园管理工作，他和恩里克被邀请为各大洲的城市提供建议。恩里克前往上海、雅加达和利马，弟弟去了瓜达拉哈拉、墨西哥城和多伦多。*吉列

---

* 佩尼亚洛萨的理念影响了 100 多座城市。根据他的建议，雅加达、新德里和马尼拉等城市建起了很多条带状公园，把街道空间从私家车手中收回，或者是将空间交给了以波

尔莫在波特兰与数百名活动家见面，恩里克则力劝洛杉矶的城市规划者索性让交通状态变得更糟，糟到难以忍受的地步，借此让司机放弃开车。2006年，恩里克·佩尼亚洛萨成为曼哈顿议论的焦点，他告诉饱受交通拥堵顽疾折磨的纽约人，百老汇应完全禁止车辆通行。3年后，时代广场周围出现了前所未有的景象。幸福城市已经走向世界。

佩尼亚洛萨两兄弟在幸福城市运动中并非孤军奋战。这场运动源于20世纪60年代的反现代主义热潮，渐渐地，建筑师、社区活动家、公共卫生专家、交通工程师、网络理论学家和政治家们也参与到这场塑造城市形态与灵魂的战役中，并最终使运动足具规模。他们成功撤掉了首尔、旧金山和密尔沃基的高速公路，测试了建筑物的高度、形状和外墙，将郊区购物中心的黑色屋顶变成了小型聚会区。他们重新配置了整个城镇，使之对儿童更为友好。后院围栏拆除了，街区的路口恢复了使用。他们正在重组城市系统，重写指导建筑形制与功能的规则。一些人甚至没有意识到自己也是这些行动的一部分，但对很多花了半个世纪建造的地方，他们也将摧毁的矛头指了过去。

佩尼亚洛萨坚持认为，世界上最不幸福的、将财富变成痛苦根源的城市，不是发展得热火朝天的非洲或南美大都市。"20世纪最具活力的经济体造就了最悲惨的城市。"他说这话时身后是波哥大街道上的喧嚣，"我说的当然是美国：亚特兰大、凤凰城、迈阿密这些完全被私家车统治的城市。"

城市的繁荣和他们热爱的汽车是使富裕城市远离幸福的根源，这

哥大为标杆的快速公交系统。"佩尼亚洛萨对公共场所的理念，对我们在示范城市方面的观点产生了很大影响。"尼日利亚拉各斯市的市长助理莫吉·罗兹（Moji Rhodes）这样表示。佩尼亚洛萨说服了拉各斯在新建道路两侧加设人行道。（本书脚注无说明者，皆为作者原注）

种说法在大多数美国人眼里简直就是离经叛道。这是哥伦比亚政客对世界上的穷人的建议，但他若是建议世界上最强大的国家听取来自路面坑坑洼洼的南美洲的批评意见，那就是另外一回事了。如果佩尼亚洛萨是正确的，那不仅几代美国人是错的，还意味着几亿人因为规划者、工程师、政客和土地开发商跟风美国而承受了本可避免的痛苦。

同样，在过去几十年里，美国乃至全世界的繁荣福祉遵循的都是完全不同的发展轨迹。

幸福悖论

如果仅从财富判断，过去半个世纪应该是美国、加拿大、日本、英国等富裕国家最幸福的时光。财富得到了不断积累。到世纪之交，美国人旅游、饮食、购物都变得更多，占用的空间和扔掉的东西也更多了。实现了拥有独栋小屋梦想的人也多过以往任何时候。汽车、卧室和卫生间的数量远远超过了使用人数。*这个时代的繁荣与增长史无前例，而 2008 年的经济衰退如同一根尖针，戳破了前景乐观与宽松信贷的泡沫。

20 世纪后期的繁荣增长持续了几十年，但幸福感没有跟上这样的步伐。调查表明，这段时期内，美国人对自身幸福感的评价几乎没有

---

* 美国人过去每户只一个卫生间就够了，而现在有两个及更多卫生间的家庭超过半数。1950 年，每 3 个美国人拥有一辆车，而截至 2011 年，每个人都足以开上一辆，蹒跚学步的婴儿也不例外。2010 年，美国主干公路里程数超过 1960 年的 2 倍。美国人乘飞机的次数是以往的 10 倍。家庭平均人口数从婴儿潮时的 3.7 减少到 2005 年的 2.6，但家庭平均房屋面积在 2008 年增加了 2 倍，达 228 平方米，虽然随后发生的经济衰退让房地产市场缩水。爆炸性的财富增长在垃圾填埋场也有所表现：2010 年人均每天产生近 4.5 磅垃圾，比 1960 年增加了 60%。

任何变化，日本和英国的情况也同样如此*，加拿大仅稍有提高。中国是 GDP 强劲增长的新星，却为幸福悖论提供了更多的证据。根据盖勒普调查，1999—2010 十年间，中国人均购买力增长了超过 3 倍，而生活满意度评价却没有变化，尽管生活在城市的中国人比他们的农村同胞更幸福。

上世纪的后几十年里，美国人越来越多地受个体问题的影响。至 2005 年，临床性抑郁症已是两代之前的 3 ~ 10 倍。2007 年身患抑郁的大学生数量是 1938 年的 6 ~ 8 倍。诚然现在的环境对谈论抑郁症更加包容，但尽管有着这部分文化因素，心理健康的统计数据仍然不乐观。高中生和大学生是最容易调查的群体，在这两类群体中，偏执、癔症、疑病症（hypochondriasis）和抑郁量表上的数值逐步攀升。† 13% 的美国人正在服用抗抑郁药物。

加图研究所（Cato Institute）等自由市场主义智库的分析本是向我们确认了"高水平的经济自由和平均收入是与主观幸福感存在极强关联性的两个因素"。如此说来富裕和自由应使我们更幸福才对，那为什么半个世纪的财富激增没有伴随着幸福的激增？是什么抵消了这些财富的影响？

一些心理学家指出这是一种"享乐适应"（hedonic treadmill，字面义"享乐水车"）：我们有着天然的倾向，根据财富的不断变化调整预期。享乐适应理论表明，你变得越富有，就越会把自己与其他富人

---

* 1993—2012 年期间，英国人的收入增长了 40% 以上，精神及神经方面障碍的发生率也有上升。1985—2005 年期间，英国大学生的自杀率增加了 170%，2007—2012 年间又增加了 50%。

† 明尼苏达多项人格测验（MMPI）是一种供专业医疗人员使用的调查问卷，是心理评估中使用最为广泛的测验之一。测验包括疑病症、抑郁症、癔症、精神病态、男性化 / 女性化、偏执、精神衰弱、精神分裂、轻度躁狂及社会内向性这 10 个方面。

进行比较，脚下的欲望水车轮也会转动得越来越快，最终会感觉自己仍在原地踏步。另一些人则指责收入差距日趋加大，数百万美国中产阶级也意识到自己被最富有的人越来越远地甩在身后，特别是在过去的 20 年里。两种理论都在一定程度上解释了事实，但经济学家仔细研究调查数据后得出结论，两种理论只是部分地解释了为什么物质财富与情感财富之间的差距日益扩大。

事实上，美国在经历长达数十年经济增长的同时，从农村到城市、从城市到郊区的迁居潮也不断蔓延。1940 年以来，几乎所有的城市发展都发生在郊区。2008 年经济大危机之前的 10 年中，经济在很大程度上是由城市边缘断头路、同质化住宅区和地标性大型商厦的无限涌现所推动的。那段时间的城市扩张与郊区化进程密不可分，就是一回事。越来越多的人得到了自以为希望得到的东西。我们所有对美好生活的向往都表明这种郊区的繁荣发展对幸福是有利的。为什么行不通？为什么对这一发展模式的信心很快就烟消云散？ 2008 年的按揭危机引发的震荡影响中，受袭最严重的往往就是美国城市中发展时间最短、发展规模最庞大的明星地区。

佩尼亚洛萨的观点是，大多数富裕社会使用财富的方式都加剧了城市问题，而非解决之道。这个观点是否有助于解释幸福悖论？

现在是时候好好考虑一番了：遍布美国的数万条新铺的断头路，虽然经历了 6 个春天，却没有萌发一处新家。从美国到爱尔兰再到西班牙，郊区边缘的社区都在扩张，它们都是典型的美国特征，也都未恢复到金融危机之前的状态。城市的未来仍然处在不确定性之中。

现下，社会乃至市场对生活方式甚至城市生活设计的激烈变化持开放欢迎的态度，这在历史上非常罕见。扩张的房地产市场遭遇的危机可能是其中一个原因，但还有其他紧迫的原因。

首先是对能源的估计。虽然这10年里石油和天然气供大于求，但我们不能就此认为能源价格在未来不会大幅上涨。扩张型城市需要廉价的能源、土地及材料，可低价时光所剩无几。而更为迫切的问题是全球变暖：2015年，190多个国家的领导人终于同意就这一问题共同采取行动。城市既是一部分问题，也是一部分解决办法。如果我们打算避免全球变暖带来的灾难性影响，就必须找到更高效的建设方法和生活方式。

幸福城市理论展现出的可能性极具吸引力：

如果像波哥大这样贫穷混乱的城市都能通过改造产生更多快乐，那幸福都市原则当然更可以用于治疗富裕地区的创伤。如果饱受奢侈浪费、私人割据、环境污染和能源短缺之苦的富裕社区已经无法供应幸福，那么人们寻找的幸福都市就需要更为绿色，适应性更强，是一个拯救世界同时也拯救我们自己的地方。如果这背后有科学支撑，这种科学也能用来告诉我们所有人如何在自己的社区里重塑幸福感。

佩尼亚洛萨的辞藻当然不是科学，里面的问题不少于给出的答案，虽然鼓舞人心，却不能证明城市拥有制造或毁灭幸福的力量，就像披头士乐队的歌曲《你需要的只是爱》不能证明你需要的真的只是爱。要检验想法，你必须想清楚什么是幸福，并提出量化的方法。你得了解道路、公交车、公园、楼宇是如何在产生幸福感方面起作用的。很多心理影响需要列表综合考虑，比如在车流中驾驶、在人行道上与陌生人不经意对视、在小公园里驻足休息、感到喧闹或孤独时的心理影响，甚至认为所住城市是好是坏这样的简单感受的心理影响。如果幸福组成成分的图表存在的话，要想找到它就必须脱离政治和哲学的束缚。

我在城市设计与所谓"幸福科学"二者的交叉领域中绘制蓝图的这 5 年里，温哥华宴会厅中的欢呼声一直在我耳边回响。在探索的过程中，我见识了世界上最优秀和最糟糕的街道，穿越了神经科学和行为经济学的迷宫。我在铺路石那里、在铁路沿线、过山车上、在建筑风格中、在陌生人的故事和我自己的城市记忆中找到了线索。我会用剩下的篇幅与你分享这场探索的经历以及它带来的希望。

　　刚开始的一段经历令我印象深刻。我们有时会在城市里遇到一些幸福，这些幸福既甜蜜，主观上又稍纵即逝——而我的印象正兼具这两种感觉。

　　那是一个下午，我在波哥大街头追赶恩里克·佩尼亚洛萨，而他坚持骑车。我们骑行在这座曾经最为恶名远播的城市，有如一阵微风。街上几乎没有车，那天上午，近百万辆车都停在各家各户的院子里。对，当天正是无车日，这项探索已经成了每年的惯例。

　　起初，街道有点阴森恐怖，看起来像后末日题材电视剧《阴阳魔界》*里的场景，城市里的一切轰鸣喧嚣都归于寂静。渐渐地，我们进入了原本汽车占据的空间。我不再感到恐惧。波哥大这座城市像是解除了什么严重紧张局势一样，像是终于摆脱疲惫，畅快呼吸。天空湛蓝，空气清新。

　　佩尼亚洛萨正在二次竞选，需要人们看到他在这一天骑车的样子。他须尽力地去做巡回演说，向任何好像认得他的人问好。但这解释不了我们穿过城市北端前往安第斯山麓时，他为什么突然脚下生风。他不再接电话，不再回答我的问题。即使他前面的摄影师骑车撞上路沿、发出低呼之声，他也视而不见。他用双手握住车把手，在车

---

* *Twilight Zone*，又译《迷离时空》，美国悬疑恐怖影视，最早期的剧集于 1959—1964 年播放，此后不断有后续和翻拍的影视作品及桌游。——编注

图1：幸福市长

2007年恩里克·佩尼亚洛萨于波哥大

(Andrés Felipe Jara Moreno, Fundación por el País ue Queremos)

上站了起来，使劲儿蹬着踏板。我能做的就是紧紧跟着他，穿过一个又一个街区，直到我们来到一片由高高的铁栏杆围住的建筑群前。佩尼亚洛萨下了车，大口喘气。

　　一群穿着制服和白衬衫的男孩从大门鱼贯而出，其中有个10岁小男孩，双眸闪亮，推着佩尼亚洛萨同款的小一号自行车从人群中走了出来，佩尼亚洛萨迎了上去。我突然明白了他匆忙的原因：和这个时间段其他忙忙碌碌的父母一样，他也是赶来学校接儿子。此刻，从多伦多到坦帕的各处校门外，聚集着总共数百万辆面包车、摩托车、两厢车、公交车，每处都发生着同样的事，父母们同样地用手敲着方向盘，停车，接上孩子再启动上路。只有在这里，在南半球最糟糕贫困的城市之一波哥大的市中心，父亲和儿子才会从学校门口安心地骑车离开，横穿繁忙都会，这在大多数现代城市都不可想象。这也是佩尼亚洛萨城市革命的一个例证，一张记录幸福都市的精彩照片。

"瞧，"他向我喊道，拿手机朝周围挤得满满当当的自行车一划，"如果整个城市都能这样为孩子们设计，那情形你能想象吗？"

我们沿着一条宽阔的大道走着，街上确实满是孩子，还有西装笔挺的商人，穿着短裙的年轻女士，小贩或是系着围裙、推着冰激凌三轮车，或是从小推车的烤炉里拿出玉米饼叫卖。人们看上去确实都很开心。佩尼亚洛萨的儿子也很安全，不是因为那些保镖，而是因为他可以尽情地骑车，即使偏离了路线也不用担心被高速的汽车撞到。此时，落日为安第斯山脉披上霞光，我们从宽阔的大道上拐了个弯，向西骑上了一条刚刚建成自行车专用道。小儿子快速骑在前面，佩尼亚洛萨则打消了追上儿子的冲动，大笑着跟随其后。保镖们气喘吁吁，使劲蹬踏板，免得掉队。而摄影师胡安骑着轮毂已经撞弯的自行车，摇摇晃晃地缀在后面。

此时我并不确定佩尼亚洛萨的观念。谁能说某种交通方式一定优于另一种呢？又有谁能洞悉人类灵魂的需求，为理想的幸福之城开出药方？

但那一刻我忘记了这些问题。我松开车把，双臂举在空中，迎接凉爽的微风。我记起了童年时的乡村道路、放学后的散步、悠闲的骑行和那种纯粹的自由。我感觉这座城市仿佛属于我。旅途开始了。

2. 建设城市即建设幸福

人生的目的为何，这个问题被无数次提出，却从未有过令人满意的答案，或许问题本身就不容答案存在……所以我们将降低目标，转而讨论人的行为如何体现人生目的及意图，人对生活有什么要求，希望实现什么。这时答案就毋庸置疑：人追求幸福，想变得幸福并保持住幸福。

——西格蒙德·弗洛伊德，《文明及其缺憾》

一切创造幸福、增加幸福甚或部分地创造、增加幸福的事，我们都应当从事，一切破坏、阻碍幸福或者催生与幸福相反事物的，我们都不应从事。

——亚里士多德，《修辞学》

如果你来到 2400 多年前的雅典城邦，你总能找到古希腊的集市（agora）。宽阔的广场摆满了摊位，周围排开的是雅典议会厅、法院、大理石神庙、祭坛和英雄雕像。集市是荣光闪耀之所，同时也夹杂着市井的脏乱。你从顾客和摊贩的熙攘人群中挤过去，很有可能会遇到一位大胡子君子站在集市外圈的某间宏伟柱廊下进行哲学论辩。这里就是苏格拉底经常向他的公民同胞们发问、让他们重新看待世界的地方。"所有人不都渴望幸福吗？还是这仅仅是个可笑的问题？"苏格拉底在对话中提出了这个著名的问题。得到了我们大多数人都会给出的答复后，他继续道："那么，既然我们所有人都渴望幸福，我们怎样才能幸福？这就是下一个问题。"

我们如果打算弄清楚城市是否可以通过改造提升幸福，首先就要回答：我们说的幸福到底是什么意思？这也曾是雅典公众最为关注的问题，众多哲学家、宗派大师、讼棍奸吏当然还有城市建设者无不为之陷入沉思。即使我们大多数人相信幸福存在，值得追求，但幸福似乎总是无法企及，我们对它的样子和特征一无所知。幸福仅仅是满足，或者悲苦的对立面吗？即使如此直白的定义也让人觉得主观。僧侣衡量幸福的方式可能与银行家、护士或建筑师不同。有些人觉得在香榭丽舍大街上调情就是无上至福，另一些人则觉得幸福莫过于在自家的僻静后院烤热狗。

有一点可以肯定：我们都会将自己对幸福的观念转化为具体的形式。当你买车、布置花园、选择何处安家时，当公司的 CEO 设想新总部摩天大楼外观时，当建筑大师为社会保障住房勾勒宏伟蓝图时，当城市规划者、政治家和社区委员会在道路、划区法案和立碑问题上争论时，这种转化便会发生。人们设计城市并在其中生活，人们也为理解、体验幸福并为社会建设幸福而不懈努力，这两方面不可分割。人的探索塑造着城市，而城市也反过来塑造着探索。

雅典尤为如此。公元 5 世纪中叶起，希腊人就将追求人类幸福这一目标放在首要位置。尽管只有一小部分雅典人真正享有公民权，但他们拥有的财富、闲暇和自由足以让他们花大量时间去讨论何为良好生活。他们把这种概念称作"终极幸福"（eudaimonia），字面意思是"善灵"在人心中、陪伴并指引着人，而今则宜解为人类繁荣昌盛的状态。每个哲学家都提出了稍有不同的解释，但经过几十年的辩论，亚里士多德总结出了这个逐渐成形的观点：每个人都会非常同意，好运、健康、朋友、权力及物质财富都对"终极幸福"状态有所贡献。但这些私人条件还远远不够，即使是在雅典这样的城邦，即使公民拥有一切享受生活的机会。他认为，仅为享乐而活是动物才有的野蛮状态。人只有通过挖掘自身的巨大潜力才能实现纯粹的幸福，不但要有德性地思考，更要有德性地行动。

同时，公民福祉与个人福祉密切相关。* 城邦是雅典人以近乎宗教般的热情投入关切的共享项目。这座城市不仅是为市民提供日常所需的机器，更是将雅典的文化、政治、风俗和历史结合在一起的观念体。亚里士多德指出，雅典公民好像同一艘船甲板上的水手，全都肩负着驱船前行的责任，并且事实上城邦是唯一能让人实现终极幸福的工具。任何不关心公共生活的人都是不完整的。

这些想法与他们对生于斯长于斯的城市进行的设计之间，存在着非常明显的关系。雅典人寻求众神的庇护，所以与雅典娜神殿及雅典卫城山的平顶上其他希腊众神的石殿都保持在一定距离之内，但雅典人的个人行动主体性（personal agency）与公民精神同时也反映在远离神界而近于尘世的建筑里。任何一个出生在雅典卫城之下的公民，即一个出生在城邦之内的自由男性，都可以站在普尼克斯山腰的演讲

---

* 现在的漫画把享乐主义者描绘成醉心于豪饮欢庆之人，但他们也相信在德性行动中才能找到最大的快乐。不过那时多数思想家都同意，德行高尚的生活过于罕见，如果真的实现了，你大概已经成了神。

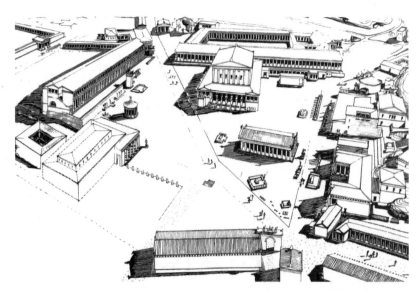

图2：雅典集市

集市建于雅典的中心，追求良好生活的希腊哲学即源于此地。四周建有神庙、纪念碑、法庭和政府议事厅。集市是真正的公共场所，商品和观念在这里都自由地交换。

台上就公民政策发言。这个天然的半圆场地可容纳2万公民集会，体现出的言论公平新型原则着实惊人。关于终极幸福的辩论在柏拉图、亚里士多德和伊壁鸠鲁的学园里激烈上演，但是这场讨论终会回归集市。集市作为雅典城邦中心的开放空间，并非像如今许多广场一样，是行政力量的展示品，而是一张参与城邦公共生活的邀请函。

究竟是这些开放的建筑设计推动雅典朝着公民哲学更进一步，还是哲学自身催生了这样的建筑，很难给出定论，但两者似乎都要求深具德性的雅典公民为公共集会场所注入强大甚至危险的活力。当然，即便在古代雅典，也存在一定的限制。苏格拉底不断无情地挑衅集市上的听众去思考神的角色，最后因腐蚀雅典青年被判处死刑。言论自由、共享空间和城市稳定之间的紧张关系自此一直影响着城市设计。

形态变化

关于幸福的哲学不断变化，城市形态也是如此。罗马人和雅典人一样，与他们的城市间也有着深深的羁绊，使得罗马城本身就是一个精神性的项目。公民自豪感成就了无数工程与建筑上的英雄壮举，沟渠、公路、下水道、大型港口、宏伟的神庙和公堂，使得罗马发展成为世界第一座巨型城市，人口峰值逾百万。[*] 随着帝国不断开疆拓土，罗马因此也越发富庶膨胀，罗马公民逐渐转向了新的幸福之神。公元前 44 年，尤利乌斯·恺撒批准兴建快乐、幸运与生育女神费利基塔丝的神庙，就建在赫斯提利亚元老院（Curia Hostilia）不远处。费利基塔丝的形象开始出现在罗马硬币的背面，正面则是罗马皇帝的头像。国家权力和幸福真的成了"同一个硬币的两面"。

城市建设方面，罗马的精英阶层对建立纪念碑以彰显自身荣耀的兴趣愈发浓烈。战神原（Campus Martius）这个罗马的公共地区，日渐成为汇聚宏伟帝国建筑的宝匣，这些建筑几乎都是自成一体向内环抱，建筑与建筑之间鲜有连通。与连接罗马与其大帝国的道路相比，战神原的街道设计非常不完善，道路狭窄且数量稀少，圣道（Via Sacra）和新道（Via Nuova）两条公共大道都不到 5 米宽。一代又一代罗马皇帝还把他们自己越建越大的广场（forum）塞进去，战神原于是越发拥挤，但多数皇帝并未将这些广场的兴建融入城市整体规划中。建筑的野心和费用就这样骇人地膨胀。公元 106 年，罗马征服了

---

[*] 罗马在三大洲甚至远及苏格兰北部均有驻防城池，其道路建设极为规整，体现了罗马对纪律与控制的重视。这或许与幸福哲学本身无甚关联，但罗马帝国提供的安全稳定无疑令其疆域的繁荣与福祉延续了数百年。

公堂（basilica）是罗马一种公共建筑，平面呈长方形，外有一圈廊柱，常用作法庭、商场、会堂等。——编注

达契亚王国的特兰西瓦尼亚地区，罗马皇帝图拉真不得不拍卖 5 万达契亚囚犯，用于建造高 115 英尺的大理石柱，外围装饰盘旋而上的浮雕，以描绘他的战斗事迹。

个人荣耀凌驾于公共利益。罗马就是对平民不公平的象征。每座大理石的上流府邸（domus）背后，都对应着 26 栋拥挤狭小的住房。虽然恺撒试图施以限高和消防法规来整顿这些贫民窟，这些区域的生活仍极尽艰难。狭窄的街道遍布垃圾，喧嚣嘈杂，有时还会发生整座公寓楼的倒塌。对城市的信心和好感逐渐枯竭，罗马开始兴建公共建筑及公共景观，以安抚底层人民日益强烈的反叛之心。巨大的浴场、购物场所（图拉真建造了世界上第一处购物中心，五层楼的"市场"[mercato]）、血腥角斗士战斗、竞技场及珍奇动物展览等，都是帝国用来让民众分心的手段。

正是在雅典哲学家曾力倡城邦精神生活的地方，罗马人开始厌恶城市生活。罗马最伟大的诗人贺拉斯就畅想过回归简单的农耕生活。[*]贵族精英们退回到位于乡村或那不勒斯湾的别墅，为 20 世纪的风潮埋下了伏笔。

随着罗马帝国的衰落，全欧洲城市的福祉都降到了仅仅提供安全与生存基本要素的地步。如果还称得上有什么幸福，它体现在两类建筑中。中世纪早期，任何一座城池要想存留，都须得有抵御劫掠者的城防；同样重要的还有教堂，关于幸福，它给出了独一无二的许诺。

像许多处于城市化初期的城市一样，生活在前罗马领土上的基督徒及穆斯林社区把各自的宗教建筑摆在城市生活的中心位置。伊斯兰教禁止出现圣像，但基督教则通过形象去表现信仰。大教堂外的十字

---

[*] 贺拉斯写道：幸福之人无忧无虑，以祖先之法劳作；儿子在父亲的田里赶着自己的耕牛，无债一身轻松。

架是它的印记，用以描述基督的受难；而在内部，它则为人超越世俗痛苦提供了手段。中世纪的教堂利用高墙和拱顶让每一位进入教堂的人都亲身体会到近似耶稣升天的感受。即使今天，当你站在巴黎圣母院大教堂内，你的目光也会被不断向上拉升，直至中殿的一处拱顶。正如理查德·桑内特（Richard Sennett）所说，这是一段去往天堂的旅程。这里的信息非常明晰：幸福等在来生，而不在现世。

不过中世纪的教堂还负载着另一层信息：这个城市的精神支柱，这个为城市赋予意义、使其与天堂相连的地方，是公共场所。教堂四周往往是空地，勾勒出从世俗到神圣的转变。在教堂的背阴处，被遗弃的婴儿和患瘟疫的病人暂可容身。绝望的人也可在此祈求帮助。城市的这个中心，这个此世与天国的过渡地带，向世人承诺了同情。

感觉尚可

幸福，就像哲学与建筑所表达的那样，是现世需求和来生希望、个人享乐和公共利益之间的拉锯战。我们一直想把这些想法和理想融入我们生活的城市。正如古希腊人相信，通过富有德性的行动和营建，人能追求终极幸福一样，众多伟大的社会都以建筑形式表达其哲学理念。中国明朝时期，统治者遵从儒家思想，通过"礼"（仪式和恰当的行止）而专注发展"智"（智慧和规范社会秩序的能力），从而实现"仁"（美德、人性）的目标。根据这种理念，明朝在国家的中心建立起了令人惊叹的紫禁城。在那里，良好的生活不在于幸福与否，而是在于得体与和谐。

明朝利用术数命理、礼法和哲学，建立了一个美学意义上的和谐之城。城建在中轴线上，设计上兼具几何的平衡与变化，直接象征着宇宙。城市设计按阶级与功能对人员进行了划分。皇帝居住在紫禁城中央,紫禁城四周建起城墙;外面一层是贵族阶级居住的皇城,再建一层城墙;再外层是内城,驻扎军队官兵;依此类推。城市形态其实就是哲学、权力和社会阶层的展现。人人都知晓自己的位置。*

与明代同时期的欧洲人正对天国的救赎深信不疑。直到启蒙时代,情况发生了变化。财富、闲暇和寿命的陡增使 18 世纪的思想家相信,幸福在此世也属就理所当然,而且是一种可以普遍达成的状态。政府有义务增进每个人的幸福。美国的开国元勋们自建国伊始便宣布,上帝赋予了人不可剥夺的追求幸福的权利。

但这种幸福并非古希腊的终极幸福。

英国社会改革家杰里米·边沁以功利主义原则对幸福的概念做了简要说明:既然幸福是快乐减去痛苦,那么政府和个人在遇到任何问题时都可直接通过数学解决,最大化前者并最小化后者。那么显而易见的一个问题就是如何量化这两者。

启蒙运动的学者们最热心于用科学方法解决社会问题。时代的弄潮儿边沁设计了一套复杂的表格,名为"幸福计算"(felicific calculus),用以衡量行为可能导致的快乐或痛苦。通过对他所谓的"效用因子"(util)求和,幸福计算可确定废除禁止高利贷的法律、投资新基础设施甚至是建筑设计的效用。†

---

* 紫禁城是据《周礼》及《礼记》中的理念建成。《周礼·考工记》是最早对城市规划理论进行阐述的著作之一,它描述了紫禁城设计所本的原型:"匠人营国,方九里,旁三门。国中九经九纬,经涂九轨。左祖右社,面朝后市。市朝一夫。"

† 边沁做出过一个饱受非议的建筑设计尝试,也提供了一种恐怖警示:将社会目标融入设计,具有诸多局限性。他设计的全景敞视监狱内,牢房是密匝匝排成一圈的小隔间,全都向内朝向中央警卫塔。警卫塔的窗户做遮挡处理,囚犯只能设想他一直处在被监视的状态下。边沁认为,警卫塔上帝一般"无所不在"的设计不仅可以降低看守支出,还可以重塑囚犯的行为准则。他希望这个设计可以用于医院、疗养院甚至学校。在给朋友的一封信中,他描述了这样一种学校:在这里,"所有的嬉笑玩闹、聒噪闲谈、总之所有

但当边沁要把人类的感受登入他的计分表时，却遇到了强大的阻力。他发现，精准量化比如一顿美餐、一次善行或钢琴的乐声所带来的快乐是不可能完成的任务，所以他不知如何找到对应的数字，把它们写入算式，最终为生活开出正确的药方。

尽管测量幸福很难，人们仍试图把它融入当今建筑。在伦敦，曾做过皮革生意的乔纳森·泰尔斯（Jonathan Tyers）将位于泰晤士河南岸、围墙之内的沃克斯霍尔园林（Vauxhall Gardens）改造成了一个洛可可风格的绿色仙境，园里挂着灯笼，举办露天音乐会，参观者按次收费。威尔士亲王曾到此参观，而任何凑得出一先令门票钱的人也都能进来。这里由平等主义下的享乐主义主宰。走钢丝的人取悦着数千观众，烟火噼里啪啦地响，母亲们则在园林郁郁葱葱的角落里搜寻行为不检点的女儿。

在法国，启蒙思想通过公共场所和政治融入革命。旧政权的统治者对印刷出版物严格审查，所以人们在公园、花园和咖啡馆里交换新闻和八卦。路易·菲利普二世，这位奥尔良家族的首领和卢梭平等主义思想的支持者，在继承了庞大的皇家宫殿后，旋即打开了皇宫的大门，自此花草丰茂的私人园地和拱廊对外开放。皇宫成为书店、沙龙、点心馆聚集的公共娱乐场所。这是一个享乐主义的变化节点，也是哲学和政治变革的发端。在公共生活、休闲和政治相互抵触的复杂局面下，皇宫那场人人有权享有幸福的启蒙宣讲促成了一次革命，让路易·菲利普二世掉了脑袋。

让人分心的事，都将被有效驱散：这都是因为管理者位于中央位置且不可见，辅以学生之间的围挡隔断”。边沁解释道，在被管理者注视并和朋友隔绝开来的情况下，孩子们就会开始把这种管理者的注视内化于心，这就帮他们从热爱玩耍和惧怕惩罚两种情绪之间的挣扎中解脱了出来。对建筑中的人，无论是思想还是行为，以科学为指导的建筑学都可以决定。

图 3：沃克斯霍尔园林的"宏伟步道"（The Grand Walk），
　　　约 1751 年，乔凡尼·安东尼奥·卡纳尔

启蒙运动时期伦敦首屈一指的休闲园林，有郁郁葱葱的林荫大道和演出用的亭阁。这片园林是通向平等主义下的享乐主义的变化节点，门票即使普通民众也负担得起。

重塑品行

启蒙以来，建筑与城市规划的运动被寄予越来越多地向世人许诺：建筑和城市规划能够培育社会的心智和灵魂，参与"城市美化运动"（City Beautiful Movement）的人这方面的信心表现得尤为明显。1893 年芝加哥哥伦布纪念博览会*的设计师丹尼尔·伯纳姆（Daniel Burnham）就宣告，美本身就拥有改造社会的力量，可以从市民身上

---

* World's Columbian Exposition，亦称"芝加哥世博会"，为纪念哥伦布发现美洲 400 周年而举办。芝加哥 1871 年大火，为展示其复兴重建，选址在芝加哥举办。——编注

挖掘出新的美德。他设计的展区堪称巴黎美院风格的典范，各建筑都在标志性地彰显此种风格，尽是耀眼的白色，贫困的痕迹一扫而空。芝加哥中部以外的地方，伯纳姆则提出"城市美化"的构想：林荫大道与优雅建筑交相辉映，让城市恢复"曾经视觉与美学的和谐，为社会和谐秩序奠定先决物质条件"（这个计划能为即将因城市翻新而流离失所的穷人提供什么，他并不是很清楚。芝加哥世博会闭幕几周内，成千上万的工人失业并且无家可归，为世博会而建的酒店虽然空置但不允许他们进入，有纵火者放火烧毁世博会的其他建筑。）

政治版图的另一端燃起了对建筑背后力量的信心。约瑟夫·斯大林的战后东欧重建被称为社会主义下的现实主义，意在展现力量和乐观，提供优雅的公共空间，让人们确信自己实现了巨大的集体进步。类似思想在卡尔·马克思身上也可寻觅到一些踪迹。近 90 米宽的道路在没有盛大阅兵式的时候显得如此空旷，道路两侧坐落着许多办公楼和宽敞优雅的工人公寓，外墙图案、建筑陶瓷、圆顶塔和雕像让这些建筑在半个世纪前就被戏称为"婚礼蛋糕"。如果一个人忽略斯大林犯下的错误，沿着林荫大道走一走，那么他很可能会接受斯大林所说的："生活有所改善了，我的朋友，生活变得更快乐了。当生活快乐时，努力工作也就更容易了。"

其他人则尝试通过建筑效率去推动社会良好运行。瑞士籍法国建筑师勒·柯布西耶是战争时期在欧洲兴起的现代主义运动的领军人物，他表示："人类幸福早已存在，体现在严谨的设计中，体现在数字和计算中，从城市规划里就可看到城市的样貌！"1925 年，柯布西耶提出推平塞纳河右岸，用相同积木结构组成的 60 层高十字形塔楼取代古老的马莱区。该计划没有被实行，但柯布西耶的想法得到了社会主义国家的欢迎，他们利用一位现代主义者的方法，在欧洲大陆上书写新的愿景。

一些现代改革家认为，幸福的秘诀就是逃离城市。罗伯特·彭伯顿（Robert Pemberton）是杰里米·边沁的学生，家境殷实。他认为旧城区建筑和街道组成的尖锐形状是产生犯罪和精神疾病的元凶。他提出在新西兰建立一块幸福殖民地，占地 2 万英亩，住宅以同心圈形式排列，环绕大学、工厂和集市，如同巨大的星体图。彭伯顿采用他观察到的宇宙中存在的圆形图案，坚信他的设计将给殖民者带去"完美与幸福"，但他的愿景未能实现。

年轻时曾在美国中西部对农田进行改造的伦敦城市学家埃布内泽·霍华德（Ebenezer Howard）设计出了田园城市网络，通过一条宽绿带将它们与伦敦分隔开来。霍华德认为，城镇与乡村的融合将让居民们享受到他在内布拉斯加州所看到的和睦邻里关系。虽然建起了多座花园城市，但它们的表现没有达到霍华德想象中的效果，并没有呈现出一派自给自足的景象。城市规划的复杂与缺陷之下，诞生出了一连串的通勤小镇，小镇居民去市中心完全依赖长途交通，自此这种趋势便定义了城市的内核。

在美国，汽车的出现促使亨利·福特、弗兰克·劳埃德·赖特（Frank Lloyd Wright）等创新改革者宣布，高速公路的尽头便是自由与解放。私家车将带人们逃离中心城市，在城市与乡村之间的新乌托邦建立自给自足的生活。在赖特设计的"广亩城市"（Broadacre City）里，市民将开车获取进行生产、销售、个人发展以及休闲娱乐的必需品，这些地方离家仅几分钟的车程。赖特写道："为什么拿着微薄薪水的人不应该前进，反倒向后退，受出身的拖累？到好地皮上去吧，在自由的城市里建立家庭。"技术与城市扩张的共同作用将诞生真正的自由、民主和自给自足。

图 4：广亩城市

广亩城市是弗兰克·劳埃德·赖特对城市扩张极端情况下的构想。他认为，高速公路和新出现的飞行器将允许居民在自治区上自由选择居住和工作的地点。（承惠弗兰克·劳埃德·赖特基金会档案馆 [The Museum of Modern Art | Avery Architectural & Fine Arts Library, Columbia University, New York]，© 弗兰克·劳埃德·赖特基金会，Scottsdale, AZ）

对幸福的追求从未产生像赖特的"广亩城市"一样的影响，反而导致数百万人转向带小片草坪的独栋住宅，而购房者往往需要从大型金融机构贷款。这种住址远离工作地点的情况现在通常被称为郊区扩张，在北美城市发展中最为常见，其所体现的独立自由也是赖特赞成的。思想生根发芽，越来越深入，便发展出对幸福与公共利益的独特理解，而其根源可追溯至启蒙运动。

购买幸福

杰里米·边沁及其后来者量化幸福的尝试宣告失败后，经济学家仍使用边沁的边际效用概念，并且巧妙地将幸福微积分变为可进行计算的公式。快乐和痛苦无法测量，善行、健康、长寿或愉快也不能作为增加的数值，但金钱和花钱方式是可以测量的，所以经济学家们用购买力代替了效用。*

亚当·斯密在《国富论》中提醒道，仅靠财富和安逸就能带来幸福的想法是自欺欺人。尽管如此，其追随者和寻求他们建议的政府依旧使用着粗劣办法测算收入以衡量人类进步的水平，并且依赖性越来越强，情况持续了两个世纪。只要数字在增长，经济学家就认为生活更美好，人们更开心了。如此分析，我们的幸福感事实上是被高估了。虽然遭遇离婚、车祸和战争种种不幸，但人们总会在产品服务上产生新的花销。

独立郊区住宅设计是开发商一次具有创新精神的大胆尝试。私人土地上的独立单户住宅为住户保护隐私，提供舒适宁静的享受。其实这和雅典人对于优秀城市的概念并无较大区别，但创造了财富。人们从城市迁往郊区的独立住宅，购置家具家电，汽车在曾经交通不畅的目的地间来回穿梭。

郊区扩张问题上，市场经济学家这样表示：如果可以通过观察人们花钱行为来判断增加幸福的因素，那么事实证明购买独立房屋会让人幸福。正如罗伯特·布鲁格曼（Robert Bruegmann）和乔尔·科特

---

* 经济学家在感到研究测量幸福前景暗淡的同时，对购买力量化的可操作性却欢欣鼓舞。威廉·斯坦利·杰文斯（W. Stanley Jevons）在 1871 年失望地写道："我怀疑人类永远也找不到直接测量内心的方法。我们必须从定量影响中估算出感觉的相对量。"

金（Joel Kotkin）等作者所言，这种扩张发展满足了美国人对隐私、交通和远离城市高密度环境的需求，人人都享有最大化效用的权利。

部分我们不愿面对的真相却被故意忽略了。首先，如我将在本书中所示，我们购买商品、选择住所等等喜好带来的幸福并不总是长久的。其次，郊区扩张作为城市发展的一种形式是被安排出来的，政府给予了大规模补贴，在人们决定购置房产前早就有了法律强制。这是一座拥挤不堪的城市的另一个街区，是区划、立法和游说的产物。它并非自然发生，而是设计的结果。

对于先到达这座城市、现在与我们共同工作的城市建设者与市民所开出幸福处方，我们应如何评价？郊区的独立住宅真的会让人更加独立自由吗？古雅典的民主集会是否真的让希腊人更接近于终极幸福？笔直的高速公路比狭窄的蜿蜒道路更能产生自由感？精美建筑可以使我们共享积极乐观吗？那些伟大的城市建设者之中，哪一位设计的方案能产生更多杰里米·边沁所说的愉悦？恩里克·佩尼亚洛萨以及其他许诺下更加幸福的城市设计的人的说法站得住脚吗？

这又让我们回到了苏格拉底的问题上：什么是幸福？现在是时候再次给出定义了，因为在郊区项目工程疾驰崩溃的几十年间，心理学家、人类大脑的研究者和经济学家共同努力，研究这一门让希腊人着迷、让启蒙时代的学者们百思不得其解的学问，并为当今致力于城市设计与城市生活推广的人提供了经验。

幸福科学

20世纪90年代初，威斯康星大学的心理学家理查德·戴维森

(Richard Davidson) 试图解开人类大脑中积极情绪与负面情绪的来源问题。医生们此前已经观察到，脑部左前侧（左前额叶皮质）受损的人有时会突然无法感受到愉悦。于是，戴维森找到了幸福神经科学的线索。他将脑电波监测头盔（用于检测电波活动）戴在志愿者头上，然后向他们展示会引起幸福、快乐或厌恶情绪的短片。戴维森发现，笑眯眯的小婴儿之类让人快乐的片段，让志愿者的左前额叶区产生了更多电波活动，而畸形婴儿的图像则让右前额叶区更加活跃。被试者的大脑为我们提供了一张人类感情的地图。

戴维森随后对志愿者的感受进行了调查，然后逐一对他们的大脑进行功能性磁共振成像扫描（fMRI 仪器通过监测血氧含量来表现大脑活动，在不同磁场的作用下研究者可检测出血氧水平）。他发现，表示自己高兴的人往往流入左前额叶区的血液比右前额叶区多。另一项研究中，研究人员让人们在日常工作期间每 20 分钟对心情做一次评估记录，每 2 个小时寄送一次血液样本。对自己心情评价较差的人血液中皮质醇（与压力焦虑关系最密切的激素）浓度越高。

过去几十年的类似研究中，科学家们得出了一种看似显而易见的结论，但是直到最近才有证据得以证明：想要测量人们的幸福水平，直接问他们就行了。* 大多数告诉研究人员自己很幸福的人说的不仅是真心话，而且也是正确的判断。

这并不奇怪，毕竟我们中的大多数都非常确定自己是不是开心，但这是对经济学假设的有利反驳：只有购买商品的选择才能反映出什么使我们幸福。如今，经济学家和心理学家可以通过调查的方式去大

---

* 其他研究表明，说自己快乐的人被朋友评价为快乐的可能性更高，回应他人帮助需求的概率也更大，上班缺勤、与人发生争执、参加心理疏导的几率更低。他们活得更长寿，在心理健康评估上获得的分数也更高。

范围了解人们的感受，让我们离实现边沁的梦想又更近了一步：找出让人们产生积极与消极感受的因素。

实现这一梦想的道路上如今又有了新的继任者：普林斯顿大学心理学教授丹尼尔·卡尼曼，诺贝尔经济学奖获奖者中唯一的非经济学家。卡尼曼没有像过去几十年的经济学家所做的那样，用简化的数学公式建立人的选择和满足感的模型，相反，他和同事们开展了实验，研究现实生活中究竟是哪些因素让人们感到愉快与否，他们称之为"享乐心理学"。与边沁的看法类似，他们认为衡量幸福的最佳方法是对生活中美好不美好的每一个瞬间都进行详细记录。卡尼曼的一项早期研究将幸福与城市生活联系在了一起，他要求得克萨斯州900多名有工作的女性将昨天像电影场景一样进行分段，描述她们所做的一切以及当时的感受。所有活动中，性生活让女性最幸福，其次是社交。什么让她们最不幸福？出门上班。

城市幸福下的纯粹享乐方式将决定城市如何影响我们的心情，如何增进积极情绪、消除消极情绪。环境心理学提供了很多基本信息，比如研究人员已经证明蛇、蜘蛛、锋利的边缘、大声呼喊、意外噪声、黑暗和死胡同会让人感到烦躁，但新奇的事物、柔和的边缘、好闻的气味、适当的惊喜和愉快的回忆则让人享受其中。

有一个地方一直在努力为人们提供这种愉快体验，部分原因是它抹去了现代都市丑恶的一面。父母一定会被孩子央求着带他们去那里。1955年迪士尼乐园正式对外开放时就标榜自己是"世界上最幸福的地方"，迪士尼乐园被视为另一种提供幸福的方式，而那时高速公路与郊区扩张刚开始占领南加利福尼亚州。

迪士尼乐园内，即便是在今天，它的建筑、风景、交通和感官体验，乃至路面的质感和空气的味道，无不体现了迪士尼乐园希望能让幸福产生规模效应的设计理念。唤起童年回忆的灰姑娘城堡是这个幸福世界的中心，转角就是草木丰茂的花园和森林，而飞跃太空山让人上下翻飞的时间则恰到好处，既带着一丝危险刺激，又不会造成压力激素过高影响我们的免疫系统。每一段迪士尼乐园旅程的开始和结束必然要经过美国小镇大街，漫步走过各种可爱的卡通商店，那种不紧不慢的热闹喧嚣唤起了我们在各种电影、电视节目看到的完美小镇，迪士尼乐园这部娱乐机器本身则又一次加深了这些印象。打开记忆的闸门，迪士尼乐园让人有宾至如归的感觉，无论你来自何处。这种感觉让人欢喜，当然那些固执的怀疑论者除外。

　　如果短暂的快乐就是幸福，迪士尼乐园真的就是世界上最幸福的城市。建筑师和规划者将这一模式复制到了世界各地的购物中心、市中心和社区设计里，神经科学家对设计的精妙大为赞叹（我将随后在本书中对设计的成功之处进行解释）。但和迪士尼电影一样，人们需要对迪士尼乐园提供的幸福保持暂时的怀疑。那些快乐店主和吉祥物实际是演出人员，他们有保持微笑的工作义务。人们不会想到他们日常工作的辛劳与汗水，因为一切被巧妙隐藏在了小镇和绿道后，这也是迪士尼乐园与南加州城市扩张的不同之处。当街头艺术家班克斯在迪士尼公园制作关塔那摩监狱犯人形象的巨大充气球时，乐园内的火车停止了运行以便清空场地，防止造成游客的不快。任何打断迪士尼欢乐之舞的行为都是对这座经过精心设计的幸福机器的威胁。

　　我们还有一个关于真实性问题需要考虑：如果人感到幸福，现实是否重要？哲学家罗伯特·诺齐克设想过一种"体验机器"，使用者会一生陷入梦境，进入类似昏迷的状态，神经心理学家则去刺激他们的脑，制造最美妙的幸福感。诺齐克认为，将人与这种机器相连接就是一种自杀，并预计大多数人会选择一种不那么愉快的生活，但是会遇到挑战、经历奋斗、品尝快乐和痛苦。如果可以在迪士尼乐园度过一生，想要追求终极幸福就必须看到迪士尼过去的样子，承认演员在表演时所付出的努力，并参与到维持经验机器运转的城市系统之中。迪士尼乐园和游客为城市交通和拆除老旧建筑做出了贡献，影响超越了乐园的范围。快乐时光是无法与创造它的系统及人自身所起的作用剥离的。问题是，现实中的设计是如何让生活中充斥着这些往往需要我们用金钱换取的愉悦感官体验？这是他们应该尝试的方向吗？

享乐之城背后

对体验机器说不，让我们又回到了让希腊人争论不休的问题，更深层次、更广义上的幸福是什么。这也正是最近兴起的幸福经济学在做的，卡尼曼等人试图通过世界价值观调查和盖洛普世界民意调查中得出的大量报告和数据，了解影响整个社会的幸福的因素。这些调查并非是对人们某一刻的感受或相对快乐的简单测量，而是询问他们对于整个人生的感受。*研究的希望仍然在于将终极幸福划分为一个可与任何变量相较的数字，变量可能是收入、失业、通勤时间和朋友的数量，如此才能了解产生我们人生满意度的所有成分。†

这些调查推动了经济学的变革，一部分原因是因为调查结果对消

---

* 有些调查要求被调查者标出自己位于人生最坏到最好这一范围内的所处位置，其他则采取这样的方式："总体来说，你认为自己非常幸福、很幸福、比较幸福还是不幸福？"大多数主观幸福感的调查样本还不够广泛，不足以做出城市间的比较。
† 如果只是向一两个人询问人生和幸福的问题，可能得不到什么有用的信息，因为人们在回答主观问题时，答案不一定是完全正确的。天气情况、昨晚的足球赛或者是下班时拦住他们去路的小混混都可能对他们的答案造成影响。但当被调查者达到上千人时，数量规模就可以使单个回答中的错误信息忽略不计。样本数量足够大时，调查的结果便可指向通往社会幸福的经济与社会条件。

费能力在社会幸福水平上的巨大影响提出了质疑。许多国家达到了第一世界国家 1960 年左右的生活水平后，其幸福感和国民生产总值没有继续走同样的轨迹。* 收入当然重要，但只是其中一部分因素而已。

贫穷国家的人越有钱就越幸福，这合情合理。当父母不能向孩子提供食物、庇护和安全时，他们很难会觉得自己幸福。但是在富裕国家，人的收入水平一旦过了平均线，即使再努力地赚钱，你挣的每一块钱提供的相应满意度也会下降。

如果金钱并非万能，那幸福的全部秘诀又是什么呢？亚当·斯密的古典经济学支持者从未给出合理的解答，但调查却给了我们一些提示。在幸福测评方面，受教育程度较高的人对自己的幸福感评分较高；就业的人也比失业者更幸福，即使是在一些欧洲国家，那里的福利政策会保障公民免受失业的严重打击，情况依然如此。

生活满意度受地理位置影响极大。† 住在小镇里的人通常比生活在城市里的人幸福，生活在海边的人往往更幸福，而生活在飞机跑道附近则会严重降低幸福感，经常刮大风的地方人们的幸福感也不是太高。但对于环境因素的影响，我们的回应并非总是理智。生活在垃圾

---

* 2008 年经济衰退期间，美国的主观幸福感评价暴跌，但盖洛普的调查显示，2010 年美国就已经恢复到了先前水平，远远早于经济复苏。

† 2009 年有一项突破性的研究。经济学家们研究了超过 100 万份调查结果后，为美国各州建立了第一个生活满意度排名。他们将结果与此前对生活质量的研究做了比较，此前利用的是客观数据，如天气、风速、海岸线长度、国家公园、危险废品集中点、通勤时间、暴力犯罪、空气质量、地方税、教育指出、高速公路费用以及生活成本。

生活满意度排名与生活质量排名相符。这一结论符合常人逻辑，但对研究幸福问题的经济学家来说意义重大，因为研究首次提供了实证，表明生活满意度自评与现实生活条件是有对应的。成千上万的人表示自己不幸福肯定是有充分的理由的。但研究也表明，在宏观尺度上，美国人的置业决策可能是错的，毕竟有一些州房地产价格高企，像纽约州、加州等，这表明人们真的非常非常想住那里，但这样的州排在美国幸福指数柱状图底部，具体而言是，纽约州垫底，加州排第 46 位。

该研究的作者之一安德鲁·奥斯瓦尔德教授评论道："人生的折扣常位于聚光灯之外，这一点似乎在选择最佳住地时也不例外。"

回收点附近的人的幸福感却似乎比生活在有毒废物附近的人要低，这也许是因为垃圾的恶臭能闻得到，有毒的威胁却可能无色无味。比起不熟悉的负面因素，熟悉的负面因素对幸福感的影响会更大，至少短期内是这样。

与幸福感自评相关的因素中，许多是用金钱无法换来的。休闲时光、更短的通勤时间和良好的健康状况都很重要（虽然自我感觉健康比实际健康更重要，这种感觉更多与个人社交质量，而非医疗保险计划有关）。信仰某种宗教也有助于提高幸福感，但无论是否信教，人只要去了教会或寺庙，就会提高自己对幸福感的评价，参加与宗教无关的义工组织也有相同的效果。我们生活的环境在起非常大的作用。公共卫生官员与伦敦格林威治区一道对市政补贴性住房与各类环境因素进行了对比，发现公寓里霉菌对幸福感造成的下降程度远超街道环境或人行道上狗的排泄物所带来的影响，结果并不令人惊讶。

与威斯康星大学理查德·戴维森合作进行研究的发展心理学家卡罗尔·吕夫（Carol Ryff）却表示，排名仍然不足以让我们在定义亚里士多德认为的美好生活的研究上更进一步。事实上，她对于调查仅仅在文字上提到幸福而感到不满。

吕夫向我解释道："亚里士多德向我们描绘的是一头在田地里心满意足地反刍着食物的牛，但他非常清楚，这不是终极幸福的样子！终极幸福是每天起床努力工作，朝着让生活变得有意义的目标前行，有时甚至会不利于人享受短暂的满足感。这可能与满足毫无关联，反而在于实现人的才能与潜力，一种可以充分利用自己能力的感觉。"

在进行了一项特殊实验以验证她的观点后，吕夫得出了这个结论。首先，她建立了一份清单，上面涵盖过去一个世纪以来著名心理学家们测量幸福健康的要素。吕夫的终极幸福清单包括：

- 自我接受，即你对自己的了解和评价

- 环境掌控，即你的应变能力

- 与他人的良好关系

- 个人成长

- 拥有人生的意义与目的感

- 自主独立

这份清单可能看上去像是从日间谈话节目里直接摘出来的，但吕夫为其找到了强有力的生理学依据。她调查了一组年龄在60—90岁的女性，被调查者自评每一项心理健康因素，然后吕夫根据她们的健康情况检查这些结果。心理健康自评分数较高的女性比分数较低的女性要健康得多，对关节炎和糖尿病的抵抗力更强。前者的唾液中皮质醇较少，这意味着她们压力过大的情况较少，患心血管疾病及其他疾病的风险更低，睡眠也会时间更长、质量更高。*

长期以来，心理学家一直都将幸福感与健康联系起来。吕夫的研究却表明，更富有意义与挑战性的生活和良好的人际关系所产生的协同效应更强，正是希腊人在雅典倡导和建立的联系。偶尔挑战自我，扮演一下英雄是有好处的。

吕夫把这个理想状态称为"挑战性繁荣"，这就是为什么有些人

---

* 具有更高生活目标和更好个人发展的女性，她们的唾液皮质醇（压力相关）以及炎症的相关指标水平都比较低。

对周围环境的控制感、与他人的积极关系和对自我的接受，会让反映患者血糖控制的糖化血红蛋白处于较低水平。生活目标与个人发展与高密度脂蛋白胆固醇（保护我们免受心脏相关疾病和心脏病发作侵扰的好胆固醇）也存在相关性，而对周围环境的控制感较强、与他人关系较为积极的人，他们的快速眼动期更长，进入睡眠的速度更快，睡眠时的翻动等动作也更少。不考虑自主性，其他6种心理指标水平均较高的人患抑郁症的可能性也会降低。

愿意在纽约这样的大城市追逐梦想，即便周围满是尘土、噪声和混乱，还要承受大城市的生活成本，即便他们本可享受更宽敞的房屋、更长的休息时间和更短的通勤。这也是为什么吕夫在她位于华盛顿州奥卡斯岛的家中欣赏了几天海岸风光和温和空气之后，迫不及待地想回到实验室里的原因，即使那时威斯康星大学已经被暴雪袭击。

城市不仅是个储存快乐的仓库，同时也是我们奋斗的战场，我们演绎生活的舞台。城市可以增强或削弱我们应对日常挑战的能力，可以夺取我们的自主权利，抑或让我们自由成长。城市可以为我们提供指引，也可以用无数铁手牵制我们每天前进的步伐。城市建筑与城市系统中所暗含的信息创造的可以是掌控感，也可以是无助感。不应该仅仅用优劣因素去衡量一座城市是否优秀，还应衡量城市如何影响人们的生活、工作和意义。

重中之重

城市对人心理产生的影响之中，最重要的就是如何缓和人与人之间的关系。这对个人幸福及社会福祉不仅至关重要而且影响极大，以至于每一位研究人员都会像虔诚的信徒一样对此进行积极宣传。经济学家约翰·赫利韦尔（John Helliwell）就是其中之一，这位英属哥伦比亚大学荣誉教授数十年来从事定量宏观经济学、货币政策及国际贸易研究，声名卓著。他后期转而研究幸福经济学，介绍自己时更倾向于把自己当作是亚里士多德的研究助理。他教课经常以一首儿歌开场："常常在一起，人人更幸福。"这首歌背后当然也有证据的支持。世界上各个城市、国家，包括联合国也正在倾听他的理念。

赫利韦尔和他的团队对世界价值观调查和盖洛普世界民意调查进

行了多次统计分析，发现人际关系对生活满意度的影响要高于收入，比如调查会询问被调查者是否有能在他们需要帮助时帮一把的朋友或亲戚。从没有一个朋友到有一个朋友或亲戚的跨度所产生的影响是等于收入增加两倍所带来的影响。

经济学家喜欢把人际关系化为数字。赫利韦尔得出了这样几个数字：如果认为自己有靠得住的亲友的人数增加10%，其对国民生活满意度的影响要比给每人加薪50%还要大。不仅仅是比较亲密的关系，我们对邻居、警察、政府甚至陌生人的信任对幸福也有很大的影响，同样，这种影响也远远超过收入的影响。

想象一下，你把钱包扔在街上。在邻居发现的情况下，你有多大可能拿回自己的钱包？如果是陌生人捡到了呢？如果是警察，情况又会怎样？你对这个简单问题的回答就是评估你与家人、朋友、邻居和社会关系质量的众多因素之一。

如果问的人足够多，你就可以大致估出一座城市的幸福水平。赫利韦尔将找钱包问题加进了加拿大很多调查里，他发现，人们认为钱包能回来的城市，生活满意度最高，社区间的比较也得出了相同结论。信任是关键，重要程度远非收入能及：加拿大面积最大、收入最高的三座城市分别是卡尔加里、多伦多和温哥华，但同时也是最缺乏信任、最不幸福的三座城市。纽芬兰省首府圣约翰上个遍布岩石的偏僻之地，却在信任和幸福排名上位居前列。而相信邻居、相信陌生人甚至还相信政府的丹麦人常常高居幸福感调查榜首，至少也是前几名。心理学、行为经济学及公共卫生领域都一再出现类似的情况。幸福这栋房子里有许多间屋，但它的中心须是炉火，我们与家人、朋友、邻居有时甚至是陌生人围成一圈，来发现自己最好的一面。

尽管我们对陌生人有天生警觉性，我们仍然会相互信任。经济学将原因归结为个人利益：我们彼此相互信任得越多，我们就越有可能将效用最大化，比如在进行商品或服务交易进行一定的让步。经济学家保罗·扎克（Paul Zak）在南加州克莱蒙研究大学实验室工作，他以神经科学的角度探究信任问题时发现了更深层次的生理原因。扎克对研究的热情甚至比约翰·赫利韦尔还要大，他创造了各种不同的游戏，匿名参与者将与陌生人多次进行金钱的交换。传统经济学告诉我们，每个玩家都会想尽办法让自己拿走最多的钱，这是经济学理论下人应当做出的行为，但参加实验的志愿者们却没有这么做。扎克发现，即使最后不能获得经济上的奖励，大多数人也表现得非常慷慨。利他主义高于经济回报。扎克也采取了志愿者的血样，值得注意的一点是那些愿意合作、心怀信任的人的血液里含有大量催产素。*

---

* 以下是游戏规则和原理。两位玩家分别叫"发起人"和"终止人"，测试者承诺给两人各10美元，然后二人坐在电脑前，彼此看不见对方，但可以选择慷慨赠予，也可以选择自己留下。每位玩家一轮。首先，发起人按自己的意愿给终止人10美元以内的任意数额，这份赠礼会在终止人账户中自动变为3倍。那么终止人就该仔细算一算了：如果发起人送出4美元，终止人实际上会收到12美元，比开始的10美元还要多，挺不错的。此时终止人了解到的信息是，发起人很慷慨，并且现在只剩6美元。
　　现在轮到终止人了，她可以什么也不送，也可以送出所有的钱，或者她可以寻找一种良心上觉得公平的方法。
　　游戏到此为止。
　　传统经济学认为，每位玩家都会尽可能拿走更多的钱，按他们的理论，这是经济人的行事方法，但扎克的志愿者却不是这样。
　　果不其然，大多数发起人把绝大部分钱都给了终止人。这是一个经过计算的风险。送出一点钱，也许另一位陌生人会与你分享奖金，以此回馈你的信任。真正令人惊讶的是，几乎所有终止人都返了钱给发起人，尽管这样做没有任何奖励：在利他主义和利润之间，他们选择了前者。
　　扎克还发现，即使不会再增加新的收入，即使知道双方再不相见，大多数人还是会与此前表现慷慨的合作者分享奖金。为什么他们选择了这样低效率的慷慨行为？传统经济学无法解释这些，玩家本人也不清楚。催产素则给了我们生理学的解释。下丘脑脑垂体释放的催产素是一种神经递质，主要功能就是告诉脑内愉悦中心的受体，是时候感受催产素最常被认为是女性在分娩和母乳喂养时大量产生的激素。催产素由下丘脑垂体产生，是一种神经递质，首要职责是告诉大脑的快乐中枢是时候让我们感受到温暖惬意的感觉了。快乐的信息顺着迷走神经向下到达胸部，让心跳变慢，产生一种持续数秒或可长达20分钟的平静感觉。只要体内有催产素，你就更有可能相信别人，更有可能与人合作、愿意出于慷慨和善良而付出。

此消彼长

有关催产素的研究表明社会信任是一种可大量生产出的动态物质。催产素既是利他主义的诱因也是奖励。从他人身上收到积极的社交信号是非常好的体验，比如微笑、握手、敞开的大门、经常性的商务合作以及交替并入车道的默契。当然，同时加强与朋友和陌生人之间的信任也不错。以面对面的方式进行，效果会更好，比如在厨房里、篱笆旁、人行道上、露天集市中等等。距离和设计都很重要，我们之后会亲眼见证这一点的。

承认信任存在的生理方面意义是非常重要的。查尔斯·达尔文发现某些种类的蜜蜂会自我牺牲后（它们会因试图从入侵者皮肤上拔出自己的螫针而死），研究进化的生物学家惊奇地在多个特定物种中发现了我们可能认为是利他主义行为的证据。* 群居动物在合作时获得

到那种毛茸茸的温暖舒适了。幸福信息沿迷走神经向下送入胸部，让心脏跳得更舒缓。

* 达尔文在《物种起源》中问道：为什么蜜蜂会为蜂巢牺牲自己？对此他的回答是，用螫针叮入侵者的行为对整个蜂群可能是有利的。蜜蜂无私奉献了自己的生命，至少它的死亡能保全同伴。这种合作是因为基因遗传还是因为个体为群体利益而牺牲时会让整个族群受益（还是皆有），生物学家仍在讨论之中。近来生物学家爱德华·威尔逊（E. O. Wilson）又重提这一争论，他赞成群体选择论而非遗传选择论，认为进化不仅作用在个体而且还作用在社会群体层面上。

成功的几率更高，这种合作可能不仅是习惯。合作的本能被写入了蜜蜂、黄蜂和白蚁等昆虫的基因密码里，猿类也同样如此，当然作为地球上所有物种中社交能力最强的人类也拥有这种本能。催产素的作用在生理学上为这一点提供了证明，这也是哲学家和精神领袖一直的观点。古典经济学的支持者坚持人是自私的，但亚当·斯密认识到人的需求具有双重性。他在其著作《道德情操论》（*The Theory of Moral Sentiments*）中提出，人类的良知来自社会关系，人与人之间自然产生的同情是幸福的重要组成部分，人的行为应当由同情引导。这位经济学之父比他如今的支持者们更接近雅典人的观点。

人类当然不像蜜蜂那样完全受制于本能，但如果有人为了群体而做出让步，这对群体中的每一个人都是有好处的。人人合作，人人受益。有关催产素的研究表明，我们在合作时大脑会予以奖励。个人为了扩大自己利益的同时，也创造了一种在城市间流动的活力与财富。我们每个人都是自私与无私斗争的矛盾体。

自私与无私的模糊界限在城市结构上也有所体现。希腊人为个人成就而奋斗，在住所周围建起围墙保护家人，又会在露天集市上捍卫希腊城邦。罗马日渐繁荣是因为大量财富用于建设沟渠和道路等公共利益，罗马逐步衰败又是因为财富被囤积在私人别墅和宫殿之中。巴黎景色最壮观的花园当初是为统治阶级精英建造的，但现在成了大众消遣的去处。上世纪较为极端的现代主义者把建筑当作道德推土机，迫使人们建立表面意义上的亲密关系，这种关系通常也不那么令人欢欣鼓舞。已故的杰出城市规划师简·雅各布斯认为，20世纪60年代纽约格林威治村的街道之所以安全友好，是因为人们共享了街道的使用。数百万美国人追求的是一种私人幸福，美国人的独立住宅与希腊人的露天集市相差甚远。

哲学、政治和技术此消彼长，在资源、景观的私人性与公共性间来回竞争。这一切就发生在眼前这些隔离彼此的建筑里，反映在墙壁的高度里、人们住所之间的距离里甚至是交通方式和速度里。

要想追求城市幸福，必须承认人们的需求就存在于这种此消彼长的竞争中，我们应当找到某种平衡的方法。

永远不应忘记的事实是，虽然现代都市让人更容易远离邻居和陌生人，人最大的满足仍然在于与他人的合作。无论我们有多么崇尚隐私、热爱孤独，积极紧密的人际关系依然是幸福的基础。建设城市就是分享城市，就像亚里士多德眼中的城邦一样，这是一个可以建设公共利益的地方，凭一己之力绝不可能完成。

共享未来理念的重要性愈发凸显。越来越多的证据表明，支撑人类繁荣的全球生态系统已经处于危险之中。面对危机，所付出的必要牺牲正是对信任和命运共同体的认识下促成的结果。经济学家杰里米·里夫金（Jeremy Rifkin）表示，人同情的范围必须超越家庭、社区和国家，只有这样我们才能对其他物种、生态系统乃至地球给予足够的关注，让它们不至于走到毁灭的境地。把幸福建立在损害后辈幸福的基础上，这种短暂的幸福与罗伯特·诺齐克体验机器产生的愉悦一样虚假。

我们能不能达到普遍同情尚不可知，但清楚的一点是，城市向社会中的每一个人发起了挑战。我们不仅要一起生活，还要共同发展，因为我们是命运共同体。

幸福都市任务书

每个人都会以不同的方式追求美好生活，所以我们对幸福的理解也不会完全统一。幸福不能视生产或购买的商品数量而定，也不能由神奇的方程式进行归纳。但是大脑里的神经突触、血液里的化学反应以及汇总了人们的选择与意见的统计数据，为我们提供了一幅最接近哲学家智慧的图景。大多数人都有着相同的基本需求和愿望。一切都指向了直觉下的真相，但我们很少承认它的存在。不丹的智慧在于用国民幸福感而不是国民生产总值去衡量国家进步，而在英国、法国、泰国等国以及西雅图等城市的政策决定过程中，管理者也开始关注新的幸福评价方法，公民的收入和感受都包括在内。幸福科学应让我们相信恩里克·佩尼亚洛萨他们的观点是正确的，城市不应仅被视作创造财富的引擎，城市同时也是提高人类幸福的庞大系统。

我综合了哲学家、心理学家、幸福经济学家和研究人类大脑的科学家的观点，从而提出建立幸福都市的基本要素。在满足了我们对食物、住所和安全的基本需求后，城市应该做些什么呢？

- 城市在形态和系统方面应尽力做到快乐最大化、困难最小化。
- 城市应为我们创造健康而非疾病。
- 城市应让我们自由地生活、出行，自由选择我们希望过上的生活（为了达成这样的目标，城市应当在分配空间、服务、交通、快乐、困难和成本上做到公平）。
- 城市应当培养人的掌控感：控制感、舒适感以及主人翁意识。
- 城市应帮助我们创造生活的意义和归属感。
- 城市应当具备抵御经济或环境震荡的能力。

最重要的是，城市应加强我们与朋友、家人和陌生人之间的联系，他们赋予我们生命的意义，这也是城市最大的成就与机遇。一座承认命运共同体并为之欢呼的城市，一座敞开同情与合作之门的城市，将帮助我们迎接本世纪最大的挑战。

这些目标绝非遥不可及。如今的挑战在于，找出通过塑造城市形态和城市系统达成这些目标的方法。如果我们能找到城市设计与幸福之间的联系，今天的城市将会以怎样的面貌展现在我们眼前，我们的生活又会发生什么改变？如果可以，我们会想改变什么？

相信改变城市形态可以创造幸福是需要勇气的。

但是不跟上这样的趋势又是不明智的，因为来自世界各地的证据表明，特别是城市不断扩张的北美地区，城市确实在设计着我们的生活。

3. 破败的光景

　　那无法在社会中生活的，或因能自给自足而不须在社会中生活的，不是野兽就是神明。

——亚里士多德,《政治学》

　　…耶和华降临，要看看世人所建造的城和塔。耶和华说，看哪，他们成为一样的人民，都是一样的言语，如今既作起这事来，以后他们所要作的事就没有不成就的了。我们下去，在那里变乱他们的口音，使他们的言语彼此不通。于是，耶和华使他们从那里分散在全地上。他们就停工，不造那城了。

——《圣经·创世纪》, 11: 5-8

　　如果让你画一幅关于城市的画，你笔下的城市会是什么样子？画里会有高高耸立的楼宇和标志性建筑群吗？会有出租车、自行车、公共汽车或地铁吗？会是街上店铺林立，人行道、公园或广场上熙熙攘攘吗？如果你的画里或多或少有这些东西，那么大多数人都会知道你画的是一座城市。

奇怪的是，这和世界各地许多正在规划和建设的城市一点儿也不像。从墨西哥克雷塔罗的断头路，到北京精英阶层居住的郊区，再到沙特阿拉伯的阿卜杜拉国王经济城这种自由贸易城里荒无人烟的大道，绝大多数新兴城市看起来都和"城市"大相径庭。

不过，这些地方彼此间却都有着奇怪的相似之处。追根溯源，你会发现它们都参考了相同的基本模板，每座美国大都市周边都找得到它们的"非城市"原型。如果你希望不要再发生让数百万美国人承受痛苦的错误，你得去那里看看，而且应该在一个特殊时期去看，就是美国城市陷入严重危机的时候。

那么，让我带你回到 10 年前，2007 年加州斯托克顿市的一个停车场里。在那里，我见到了塞萨尔·迪亚士（Cesar Dias），他胖胖的脸颊，语速极快，是斯托克顿认证房地产集团的房地产经纪人。他善于从任何不好的消息中发掘积极的一面，包括席卷美国的次贷危机。圣华金县，位于旧金山东部，开车几小时就可到达。它本是几个农业城，后来变成了通勤者的理想住所，也是美国房屋止赎之都。2007 年的斯托克顿，这座圣华金县首府，那里的居民丧失房屋赎回权的人数排全美第二，仅次于底特律。

迪亚士租了几辆小巴，贴上笑容满面的购房者图片，欢迎四面八方的人来本县搜刮，参与美国梦大甩卖。周六，晴天。我、迪亚士和其他几名销售人员把几十位潜在买家送上了两辆大巴。车上有汽水和薯片供应，人人有份。迪亚士费尽口舌想说服大家把次贷危机当成一次千载难逢的机会，这只是暂时的脆弱，就像房地产市场欣欣向荣的铁甲上出现了一条不起眼的小裂缝。

离开斯托克顿失去往日活力的市中心，我们爬坡上了 5 号州际公路，下面是一片工业园区和购物中心，很快到了一块凌乱的地方，那里有人工湖、高尔夫球场和寂静的宽阔街道，街道的名字象征着逝去的风景："溪畔""金橡树"和"松树草甸"。每当到了枯黄的草坪和杂乱的花园，大巴就会放慢速度，让我们能仔细观察这些银行拍卖的房屋，好好把握机会。3个小时里我们看了十几所房子，大巴的颠簸透着一股"机不可失，失不再来"的意味。"大家看哪！"每出现一个出售标志时迪亚士都会喊，"这可是半价！"

人群于是欢呼雀跃，冲过草坪，涌进最近一处正面粉刷过的房屋大门。我们冲到各个房间，楼上楼下，用手机给破损的裸墙拍照，检查地毯，敲打仿维多利亚风壁炉的金属编花。

我们一群人又去了东斯潘诺斯公园小区的一座房子（迪亚士的传单上写着"高级豪宅"），车库可停放三辆车，大门厅、正规饭厅、百叶窗一应俱全。房子很不错，但迪亚士兴趣不大，他站在屋外草坪上皱着眉头。看得出草坪已经几个月没有打理浇水了，黄成了稻草样。

迪亚士说："银行的人应该来喷一喷的。""喷水吗？"我问道。

"不，喷绿，上点颜色。"他说这话的时候有些恼火但异常严肃。斯托克顿有很多银行收回的房屋待售，任何瑕疵都有可能让已经泡沫破裂后的下跌价格雪上加霜。银行和房屋卖家得让房屋的样子保持光鲜亮丽，才能说服人们美国梦还没死，还值得付钱。

迪亚士把他这一行称作"拍卖房屋参观团"，但其实远不止于此，这一旅程还通往全世界迄今规模最大的城建实验前线。美国过去几十年中有3/4的建筑都是我们一路所见的模样。（这是一种全球性现象：第二次世界大战结束以来，格拉斯哥、利物浦、米兰、那不勒斯和巴黎等城市的发展都赶不上郊区，而英国、法国和荷兰的汽车保有量也变为原来的3倍。）

这一发展模式极其简单：这边是住宅区，以独立房屋、大草坪和宽阔蜿蜒的街道为特征，每个小区都围绕一所小学而成；那边是商业区、购物中心，全国连锁的零售店就在仓库式的小方块里，如小岛般散布在停车场的黑色海洋中；再那边则是写字楼和工业园区，以及大面积的地上停车场。所有这些部块都通过极为宽阔的高速公路和主干道相互连接，宽阔得抹杀了曾经有意义的距离尺度。大道环绕各类核心地带，沿着旧的市中心边缘，穿过农场和山脉，直抵最近的大都市心脏。距离成了一个抽象概念。到其他任何地方，住所都可以说既离得很近也离得很远，取决于某时路上汽车的数量。阳光明媚的周六早上，从参观大巴的窗户向外看去，此等景观中的生活堪称秩序井然。

对这种特殊的城市组织方式，观察者曾尝试予以命名。当我们的曾祖父母们第一次来到城市核心之外的住所飞地时，这些地方称为郊区（suburb）。当郊区逐渐蔓延到城市边缘之外时，我们称之为远郊（exurb）。20世纪80年代，市中心的生意似乎正在流向高速公路哺育出的商业区和大型商场，《华盛顿邮报》记者乔尔·加勒（Joel Garreau）把这种新聚集区称作"边缘城市"。如今的城市生活早已延伸为郊区、远郊和边缘城市共同构成的独特体系，改变了整个城市区域的运作方式。有人称这一模式为城市的"扩张"（sprawl），我则称之为城市的"分散"（disperse），其分散的特点在各个方面都有体现。

虽然世界上的建筑评论家和所谓的思想领袖关注的往往是标志性建筑和罕见设计，但去往幸福都市的旅程必须从分散型城市千篇一律的"大饼"景观开始。因为分散型城市中的每座新城市广场、每栋明显建筑师设计的高楼及每张编织井然的轻轨网络背后，都是10万条断头路，而重要的是，这是美国人和数百万来自全球富裕城市的人出行、生活、工作、娱乐和感知世界时所处的环境。如果没有经济危机，这还将是另外数百万人的生活写照。如果想聊现代城市，就必须从这里出发，从在城市扩张半径的边缘开始。

这些地方创造了多项"丰功伟绩"：人均占用空间更多，建造及运营成本更高，所需道路、上下水道、电缆电线、人行道、指示标和绿化景观也更多；市政维护和应急服务费用更高；城市产生了更多污染，大气碳排放更高。总之，分散型城市是史上费用最昂贵、资源最密集、土地消耗最大、污染最严重的生活方式。任何相信人类还能为自身福祉做出正确决策的人本都希望，对分散型城市的大规模投资能带来适应性更好、更健康、更安全、更快乐的生活。鉴于数百万人把这里当"家"，你自然也会希望分散型城市能产生更多幸福。

拍卖房屋参观结束后的早晨，我们坐车游览圣华金县，分散型城市看上去毫无生气。车子在威斯顿牧场地区绕了5分钟，这里位于斯托克顿南部5号州际公路附近，有数百所面积在2500平方英尺的朴素房屋，有24所打出了出售标志，还有6户人家神情沮丧，正把床、椅子和大屏幕电视搬到租用的搬家卡车上。*人人都在搬离。

和许多美国人一样，迪亚士认为房屋止赎危机带来的艰难动荡只是一时的，是由贪婪银行家和业已声名狼藉的掠夺性贷款所引发的暂时疯狂。很多迪亚士的客户在繁荣时期落入了次贷圈套，他们只能眼睁睁地看着多变的利率一路疯涨，吞掉他们的房子。迪亚士承认这很悲哀，但那些人已经离场（车上没人想问他们去了哪儿或是姓甚名谁），而斯托克顿一定会恢复往日生机。困难时期已经结束了。一旦低廉的房价吸引到一批更有能力负担的新住户，这些边缘社区一定能再次崛起，同乘参观者都同意这一点，回到办公室前他们就已经在计

---

* 当时威斯顿牧场地区银行拥有住宅的比例高于全美任何一个社区。

算交易的细节了。

但这种乐观逻辑中存在缺陷，它完全忽视了城市系统本身的作用。更加详尽的止赎房屋账目恰恰让我们再次回到分散城市模式，并且暗示了圣华金远郊的动荡正是人为所致。

如果你在威斯顿牧场的埃里克森环路缓弯附近生活，想买些牛奶，就要开车去最近的杂货店"优惠食品"（Food 4 Less），距离大概 2 英里。如果想锻炼，那就去 4 号高速公路边的"形体健康俱乐部"（In-Shape Health Club），5 英里多。孩子们可以走路去学校，但最近的社区游泳池离你 6 英里远，而还不错的"西公园"（Park West Place）商场则要沿 5 号州际公路往北 12 英里。工作方面，你可以和邻居一样通勤 60 英里去旧金山上班，路况不好时相当于 4 小时往返的路程。你不只是一个人：繁荣时期，威斯顿牧场的购房者中，很多都是想逃离旧金山湾区高房价的通勤者。那时，威斯顿牧场地区的居民与旧金山这样一个相距颇远的大都市的联系，比与他们自己居住的斯托克顿还要紧密。

距离，以及不断攀升的抵押贷款利率，给了通勤者背后重重一击。近 15 年的稳定发展后，汽油价格在 2004—2006 年末之间翻了一番，每加仑达 3 美元，2008 年夏季又飙升到 4 美元以上。往来于圣华金与湾区之间的人突然每月要多承受至少 800 美元的燃料费，这超过了其中一些人 1/4 的工资，甚至很多情况下比还贷的金额还高。有孩子的家庭遭受的打击最大，因为他们的必需出行里程更多。

全美国分散社区的情况都一样。搬到边缘地区居住，造就了"房产移民"，他们必须在汽车和燃料方面大量持续投入。在大多数边缘郊区，家庭必须拥有多辆汽车。远郊家庭比距离工作、购物、学习和娱乐地点较近的家庭平均至少要多置一辆车，只是为满足日常需要也

3. 破败的光景

得多花 1 倍的成本。在分散环境中，想减少驾车出行非常非常困难，这也是 2011 年美国四口之家平均在交通上的花费比税收和医疗保障的总和都要高的一个原因。（另一个原因是房子离闹市中心越远，经济危机时期遭遇房屋止赎的可能性越大。价格崩塌越快越猛，反弹可能性越小，分析师给出的未来估值也越低。[*]）

所以纯从经济角度看，分散型城市中最新发展起来的区域在适应性测试上是不及格的。在城市边缘地带购置房产就像在石油期货和全球地缘政治上赌博。能源价格总是起起伏伏。这种脆弱性当然不仅是一个经济问题，还是一个社会问题。人们一旦流离失所，本地关系也就一同切断，家庭和邻里生活都会遭到严重破坏。过去几年，大众媒体对于这些牵动人心的故事已有所报道，我不在此赘述。在我看来，更值得讲述的精彩故事仍在房屋止赎时代的幸存者身上，那些从郊区梦想之家大减价中受益并且仍然生活在那里的人们。花了些时间与他们交谈后，我一点儿也不羡慕他们买房时的大优惠，他们的奔波辛劳其实是一种警告，警告我们距离会增加社会成本，以及世界许多城市效仿美国模式进行扩张将面临怎样的风险。

抻长的作息表

我们以兰迪·斯特劳塞（Randy Strausser）为例。他住在分散型城市，工作勤奋，生活也过得不错，在房屋止赎潮中属于抽中了头奖的那类人。2007 年房地产市场崩溃时，兰迪和妻子朱莉在斯托克顿南

---

[*] 截至 2011 年，包括斯托克顿在内，位于第 18 国会选区的房屋中有近 3/4 价格严重缩水，比已付按揭款金额还低。至今房价仍未达到衰退前的高位，单户住宅的平均价值仅为 10 年前的 2/3。

部的山屋地区买了一座加州风格的牧场式住宅，当时这里的远郊开发还未完成，而房屋止赎潮的名单上，山屋区就排在威斯顿牧场之后。这对斯特劳塞来说是个大好消息，他们购置房产的价格是有些邻居的一半。房子看上去几近完美：高档内设、高效冷暖设施，还有带围栏的私人花园。屋外绿意盎然，还有一条小河。根据大巴上关于美国梦的那番高谈阔论，几年后见到的兰迪应该是一个非常幸福的人。

事实并非如此，而他的不幸福就是分散型城市从根本上改变了社会与家庭生活秩序的印证。如果你接受幸福科学的关键要点，即没有什么比人际关系最重要，那么这就是个值得认真研究的故事。

兰迪以及圣华金 1/4 的人都遇到一个相同的问题，他们在山那边的圣荷西县工作。兰迪全家都需要长途通勤。每个工作日的凌晨，兰迪、他七八十岁的老母亲南希和他女儿金都要准备上高速公路，各自从家出发，开车穿过 2 座山脉、6 座城市到湾区工作，每人都要往返超过 120 公里。除了修理供暖和空调设备的本职工作所需的奔波之外，兰迪还要在高速公路上花三四个小时。这是想住在"优质"社区独栋住宅里必须付出的代价，因为旧金山附近的房价仍然高出天际。

兰迪离开商业区办公室的一天晚上，我跳上了他的福特六和（Ranger）的副驾。夕阳西下，映照旧金山湾，我们终于从 101 号公路并入了 680 号州际公路，立交桥层层叠叠的弧形剪影映在绯红的天际。兰迪没有工夫关心落日，好专注于第一次并道。他伸了伸手指，再次紧握住方向盘，调整了一下耳朵里的蓝牙耳机，看着 680 号公路上汇聚的车尾灯，与此同时向我讲了他的普通一天。

凌晨 4:15，按掉闹钟后去洗澡。不吃早餐。5 点上高速，躲开交通拥堵。6:15 到公司，在公司吃早饭。尽量下午 5:30 前赶回 680 州际。下午想躲开拥堵更难，能在 7:30 回到家门就已经很幸运了。一路上没有咖啡，也不听电台谈话节目，听这些节目只会让他更烦躁，他希望遏制愤怒，好更理性地应对开车路上的压力。

"等到了山屋，回到家就好了。"我说道。当时我们正疾驰经过普莱森顿的办公园区，已经花了40分钟，才走了不到一半路程。

他摇了摇头。交通状况不好时，兰迪回家后会抓起一条水管朝花园浇水，直到他平静下来。接着，他会跳上椭圆机，伸展一下疼痛的背部。交通状况特别糟糕时，疲劳和沮丧达到顶点，兰迪会再开20分钟车去特雷西的"世界健身馆"。他不会把时间花在与健身人群闲聊上，而会用旧随身听放范·海伦的歌，通过挥洒汗水来排解怒气，然后回家洗澡睡觉。

让我们先不去想路途带给兰迪的背痛——已经有事实证明，在山屋这样的分散型地区，居民们会因被迫开车出行而发胖、生病；也抛开兰迪对其他司机的怒气和在路上耗费这么多时间的痛苦——毕竟不是每个人都介意长时间的通勤，兰迪的妈妈南希告诉我，她喜欢开着她的金色雷克萨斯去帕洛阿尔托附近的门洛帕克，她很享受这两小时的车程。这种远途生活伤害最大的其实是兰迪与周围人的关系。

兰迪极不喜欢他所在的社区，已经迫不及待想要搬离山屋。这与环境美观与否无关，因为一切和他与妻子搬进去的那天一样干净整齐，让他烦恼的是人。兰迪不了解、不喜欢也不那么信任他的邻居。我问了他经济学家约翰·赫利韦尔提出的信任问题：如果他碰巧在街上丢了钱包，有多大几率能拿回来？

"那就再也找不着了！"他大笑着说，"我们搬进来不久家里就发生了盗窃。是警方先开门见山地说东西是找不回来的，这种事经常发生，人们都当没看见，不会帮着找的。"

山屋吸引的是一群特别不值得信赖的人？不太可能。兰迪的不信任实际上折射出了钱包问题的更深层面：你对找回钱包的信心与实际的丢失及归还率基本无关，它们彼此之间没有联系。就像大多数人的安全感受街头涂鸦数量的影响，要比受小偷数量的影响更大。赫利韦尔告诉我，和对他人的信任感一样，多数人对钱包问题的回答与他们的社交质量和频率也有很大的关系。* 生活在我们周围的人也许正直诚实，是那些能归还丢失钱包的人，但如果我们没和他们进行积极的社交活动，信任的纽带就不太可能建立起来。

兰迪抱怨邻居们不能互相帮忙给个照应。他们不在人行道上聊天，也没有认识熟悉的过程。

但他们又有什么办法呢？城市系统没有给他们这样的机会。尚未完成配套建设的山屋地区生活着 5000 多人，但当地几乎没有工作机会，除了一座图书馆、几所学校和一间小便利店之外也没有什么其他服务。大多数成年人在日出前驾车离开，夜晚才一个接一个地把车停进车库，进屋后关上身后的屋门。白天唯一还留在这里的都是孩子。因此，兰迪对邻居缺乏信任至少部分系人为造成。城市就这么把日常作息表抻长了，几乎夺走了社区中休闲性社交接触的大部分可能性。

这不只发生在山屋，也绝不是一件无关紧要的事。

---

* 《多伦多星报》在当地各处放置钱包，用以测试信任度，市民们用行动证明他们比别人想象中的更加值得信任：加拿大国家调查显示，多伦多人认为只有 1/4 的情况下陌生人会归还丢失的钱包，而星报的实验则表明超过 80% 的钱包都被归还。这些调查结果非常令人赞叹，因为归还钱包需要的不仅仅是诚实和不贪图小便宜。找到钱包的人必须放下自己手中的事，为一个完全陌生的人完成这样一次善举。这证实了社会学家们一再了解到的事实：市民同胞捡回钱包、帮助陌生人的可能性比我们大多数人想得要高，暴窃、行骗、抢劫或把我们置于死地的可能性也小得多。

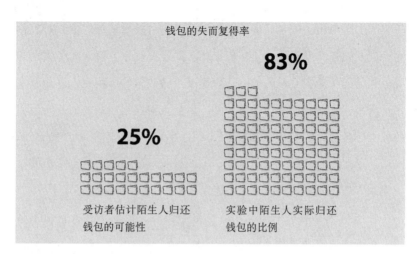

图 5：他人比我们预想的更值得信任

调查结果表明，受访者认为从陌生人手中拿回丢失钱包的可能性只有 25% 左右。但多伦多的一项实验发现，真正的陌生人归还钱包的可能性会高于 80%。

社交匮乏与城市

美国人的收入在增长，但幸福感却持续低迷，这种反差让人难以理解。2008 年经济危机前，斯蒂法诺·巴托里尼（Stefano Bartolini）带领的意大利经济学家团队试图通过回归分析法解开这一谜团。*意大利团队尝试从建立的模型中去除经济与社会数据中的各种要素，发现在此等富裕程度面前，唯一足以使自评幸福感下降的因素，是这个国家不断减少的社交资本——使我们与他人保持联系的社会网络与互动，其影响更甚于贫富差距。

健康的社会网络就像树木的根系：从居于整个网络核心位置的最重要关系那里，会有较细的根须伸展出来，去接触不同力度、不同强

---

* 这涉及在统计方案中添加或删除独立变量，以了解它们对结果的影响。有点像琢磨餐厅汤品的秘方：回到自家厨房，你会尝试各种香料的组合，直到找到你要的味道。

度的交往关系。大多数人的根系网络是收缩性的，先是囊括自己，再越发紧密地围绕配偶、伴侣、父母和子女，这些是我们最重要的关系。但每个研究树木的专家都知道，风来的时候，根系不够强健的树更容易倒下。

社会学家罗伯特·普特南（Robert Putnam）在 2000 年曾表示，数十年来，弱联系关系网持续缩减，并且没有停止的趋势，人们正变得越来越孤单。1985 年，一个典型的美国人会表示自己可以向 3 个人委托要事。到 2004 年，数字缩小为 2 人，自此再无回升的迹象。近半数美国人表示他们没有人或只有 1 人可以托付，考虑到这还包括了家族中的近亲属，社会联系的衰微令人震惊。其他调查则表明，人们正在失去与邻里和社区之间的连接纽带。这样的人相信他人和组织机构的可能性更低，也不像几十年前一样邀请朋友来家中共进晚餐或是参加社交活动、志愿者团体。和兰迪·斯特劳塞一样，大多数美国人已经不认识他们的邻居了。

近年来，中国人之间的信任水平不断升高，但美国人的相关数据在过去 30 年中却一直处于下降趋势。2014 年世界价值观调查中，有 60% 的中国人表示多数人可以信任，这一数字在美国仅略微超过 1/3。在美国，甚至家庭关系纽带也不断受到影响。2004 年，每晚一起吃饭的美国家庭不到 30%，近 1/4 的人每周和家人一起吃晚饭的次数不到 4 次。问题也在像城市扩张那样不断扩大：每周和家人一起吃饭的加拿大人少于半数，2010 年的研究则发现，英国 2/3 的孩子希望能恢复一家人一起吃饭的传统（1/10 的英国家庭从不一起吃饭）。在韩国，社交孤立与自杀率都在急剧攀升。所有这些情况都会因为城市的分散发展继续加剧，我随后会解释这一点。但首先让我们看一看为什么这些会引发幸福灾难。

和对他人的抱怨一样，社交匮乏也会对心理健康造成极其严重的负面影响。对瑞士各城市的一项研究发现，包括精神分裂症在内的各种精神障碍最常见于社交网络薄弱的社区。社交孤岛大概是城市生活中最大的环境危害，比噪声、污染甚至拥挤更糟。我们与家庭和社群的联系越多，患感冒、心疾、中风、癌症和抑郁的概率就越低。与社区里其他人保持简单轻松的友谊是经济困难时的一剂减压良方。事实上，社会学家发现，如果大人们能保持这种关系，孩子们也更不易受父母压力的影响。社交广泛的人晚间睡眠质量更好，应对困难的能力更强，也更长寿。在自评中，他们的幸福感也更高。

美国人的社会支持网逐渐缩小有很多原因：婚姻维系的不如以往持久，工作时间变得更长，搬迁也更频繁（次贷危机期间银行的强制驱离可不是什么有利影响）。但社交匮乏与城市形态之间也有明显的联系。瑞典的一项研究发现，通勤时间在 45 分钟以上的人离婚可能性会高 40%。*住在功能单一、依赖汽车出行的市中心外社区的人，比起住在步行尺度社区、周围有各类商店、服务和工作场所的人，对他人的信任感更低，认识邻居、参与社会团体的可能性也更低，更不太可能参与政治活动。这些人不会响应请愿，不会参加集会，不会加入政党或倡议团体。实际上，这些生活在城市扩张区的公民，比住在联系更为紧密的区域的人，也不太认识他们所选代表的姓名。†

---

* 这项 2011 年的研究来自埃莉卡·山道（Erika Sandow），她发现，长时通勤会造成家庭冲突：若伴侣中的一方需要长时通勤，另一方就要承担更多家庭责任，更有可能兼职或进行低收入就业。即使在瑞典这样开明的国家，做出牺牲的通常也是女性。

† 有一项调查名为"社会资本社群基准调查"，始于 2000 年，覆盖近 3 万人。据此项调查的深入分析，孤零分散的居住与公共生活的退化相关，且退化程度惊人。但要准确指出退化的原因又非常困难。这可能是因为分散型城市的居民在个人舒适上进行了大量投资，于是自觉与周遭的其他问题无甚关系，又或是城市扩张区吸引到的人本就对参与社交或政治兴趣较少。二者皆有可能，但有证据显示，空间景观也很重要。社会学家指出，郊区可以高效地把人分进各个社区，而社区里的人通常拥有相似的社会经济地位。

这一现象非常重要，不仅因为参与政治是一项公民义务，也不是因为这只是可以增进社会福祉的一项额外因素（不过顺便一说，它确实是这样的因素：我们如果感到参与进了那些影响我们自身的决策，是会感到更幸福的）。它的意义在于，城市比以往都更需要我们彼此接触。在世界承认了社交资本的价值几年后，社会学家罗伯特·普特南证实了，大城市越发由其族群区隔框定，而这又与较低的社会信任水平相关联，这是一个让人难过且危险的事态。信任是城市繁荣发展的基石，现代大都市的存在，依托于我们超出家庭和部落想问题的能力，依托于我们去相信与自己在外表、穿着和行动上完全不同的人，也能公平对待我们、履行承诺与契约、能在自身利益之外也虑及我们的福祉、最重要的是能为共同利益做出牺牲。污染和气候变化等群体性问题，需要整个群体的回应。文明发展是一个共享项目。

无处不孤独

不可否认，城市的分散发展改变了我们与他人产生交集的方式和速度。分散社区推远了日常目的地，使步行无法企及，这就挤压了我们与他人不经意间偶遇的机会。这一点，山屋和威斯顿牧场很像。若是你需要的不只是一杯冰沙那么简单，你就必须开车到其他的城镇，人人都在这么做。兰迪·斯特劳塞可能有这个汽油钱，但过远的出行

与此同时，扩张区的建筑设计却阻碍了需要面对面互动的政治活动：不是导致政治活动无法进行，但是聚集场所的私人化和人际活动的分散，降低了政治集会的可能性。人们要去哪里游行？商场和大型商业聚集区有权赶走违反规定的来客，即使在看似公共区域的商店间广场或停车场等地也不行。分散型设计本身也减少了陌生人会面可能引发的裂变效应。正如社会学家大卫·布莱恩（David Brain）所述，城市的扩张把陌生人剔除出了我们的生活，筛掉了我们应对完全不同的观点的能力。

距离改变了他的社交格局。那个在街边给自家草坪浇水的人只是个飞快掠过的模糊影像，兰迪要驾车 8 英里去特雷西那边的麦克斯食品超市。在空旷的杂货店里，兰迪可能会对几个人点点头，但很可能再也遇不上他们。他的社交网络就像盆栽的根，生长受阻，紧紧缠绕着唯一一个社交核心。

　　严格来说，社交资本的干涸不是城市扩张导致的。*但仔细研究这些调查就能发现分散型城市在凭借怎样隐秘的系统性力量改变着人们的关系。使社交格局发生重大改变的，是城市的社区环境，和居民的日常出行距离。在任何一个社区，人们的通勤时间越长，与朋友闲坐、观看游行、参与社会团体或团队体育运动的可能性就越小。远途出行的生活影响巨大，2001 年有一项对波士顿和亚特兰大各社区的研究，研究表明，邻里关系情况单凭依赖汽车出行的人数即可预测。邻居中开车上班的人越多，彼此成为朋友的可能性就越低。

　　等一下，你可能会说：这年头，我们大多数人都是朋友遍布某城。汽车解除了地理距离对我们的束缚，城市高速路让我们能穿越 60 英里的都市圈去上班。你只说对了一部分。距离也提高了朋友间的日常会面成本。假设你我想在一日工作结束时见面吃个甜筒，然后再回家吃晚饭。我们首先必须画出两人当时各自能达到的区域，然后看有无交集，还必须想清楚去那里见面再离开，花的时间是否值得。我们每个人的时空连续性都有一个封闭范围，两个范围交集越大，我们才越容易在实际生活中见到对方。

---

* 一些调查显示，某些郊区的社会信任度比中心城市要高，但其中一部分原因在于自我归类：数十年来，新郊区都和美好生活联系在一起，对内城的投入也不断减少，因而美国的新郊区基本都居住着有子女的富裕业主，他们住所稳定，也会创造条件让当地的联系更紧密。

利用这一模型，犹他州大学地理学家史蒂文·法伯（Steven Farber）与同事开始了一项研究，计算在美国特大城市生活的人下班后在 1.5 小时的时间窗口内与他人见面的难易度。他们用一台超级计算机处理关于城市规模、人口、地理、形态和土地利用的数字，进而获得了数亿个可能会面的时空范围，结果就是法伯所说的每个城市的"社交互动潜力"。

意料之内，法伯的社交互动潜力所面临的最大阻碍，就是分散化。城市扩张得越分散，人与人之间的接触途径就越少。法伯对我说："城市不断扩张，我们越发难以进行社交互动。你如果住在一个大城市，除非就在市中心生活工作，不然就得付出巨大的社交代价。"

城市距离不仅限制了见面时间，实际上也改变了社交网络的形状和质量。这获得了一项研究的证实。2009 年有一项对瑞士通勤者的研究，在瑞士，许多人都要开车前往日内瓦和苏黎世等国际中心。果然，研究发现，长时间通勤对人们的社交网络产生了分散效应：通勤时间越长，朋友间就住得越远，像一张向四面八方延伸的网（确切说是，某人通勤距离每多 6 英里，其朋友就会住得离他再远出 1.39 英里，而每两个朋友彼此的距离则增加 1.46 英里）。社交网络拉伸的结果是，长途通勤者的朋友彼此更难成为朋友，当事人要和每个朋友单独见面，交通方面更加困难。长途通勤者可能有很多朋友，但从朋友那儿获得的支持却会更少。

社交时间有多重要？ 2008 年，盖洛普组织与健康之路公司联合开展了一项研究，研究发现，幸福与闲暇时间存在直接关系。与亲朋的休闲交往越多，无论何种形式，人都会汇报更高的幸福感和生活享受度，更低的压力和担忧。与喜欢的人进行休闲交往是有益的，这一点并不奇怪，但值得注意的是我们可以应对的社交体量。在达到每天六七个小时的社交时间后，幸福曲线会由升转降。和兰迪·斯特劳塞一样，逾3/4的美国通勤者是独自开车上班的。经过半个世纪的主干道及城市路网的大量投建，美国人的通勤用时竟比休假时间还要多。

孩子们为距离付出的代价

2010年，我回圣华金县去看远郊地区的恢复情况。我途经斯托克顿的威斯顿牧场，这里的变化很明显。草地和灌木丛被杂草淹没，缺乏打理和浇灌，围栏也褪色、损坏。一群青少年在人行道当中开酒会，我停下和他们聊了起来。他们的父母10年前从奥克兰搬来远郊，希望远离城里帮派的影响。少年们骄傲地向我展示了他们的帮派色——皮带、头巾、连帽衫都是北墨西哥式的血红——然后做了郊区孩子一代代都在做的事：抱怨居住环境。他们说自己被困在了这里，去哪儿都要好几英里。此类抱怨并不稀奇，但形容这座没有城市的城市却异常贴切。行将成年的他们不仅很难获得工作和受教育机会，周围也鲜有商店，更不要说去派对、电影院、餐厅什么的了。我告诉他们自己正在研究城市与幸福。一个女孩掀掉帽兜，露出一头"脏辫儿"，对我说："你知道什么会让我幸福吗？一个商店，买什么都行，开在这个拐角就好。"

"别做梦了，"一个朋友朝她喊道，"我们需要的是一辆汽车和一箱汽油。"

这些孩子担心的事情可远不止去哪儿买更多啤酒这么简单。我走之前，他们提醒我一定要在天黑前离开威斯顿牧场，不然会遇上拿枪的人。我以为是他们大惊小怪，但扫了一眼斯托克顿当地报纸《记录报》（*The Record*）的一些标题后，我发现我错了。上面报道了一系列在威斯顿牧场发生的枪杀和袭击事件，2009 年一个孩子只因趴在窗口往外看就头部中弹身亡，2012 年一名说唱歌手在附近的亨利长条公园（Henry Long Park）的长凳上遭枪击身亡。

斯托克顿发展出了全加州最严重的青年帮派问题，城市面临着严峻的贫困和移民困扰，但亲子疏远、社会关系淡漠则是导致帮派问题的关键原因。"如果父母照顾自己的孩子，为他们付出爱和情感，我们该能消除多少帮派活动？"斯托克顿市长埃德·查韦斯（Ed Chavez）反问，尽管外围县域仍觉自己相比内城贫困区是更好的选择。

斯托克登青少年帮派危机干预项目负责人拉尔夫·沃麦克（Ralph Womack）表示，在中产阶级眼中，威斯顿牧场的帮派招募活动是十分活跃的。如果孩子没有父母的看管，便可能转而在帮派里寻求替代品。一项调查发现，1/4 的人会到其他县区上班，其余则在圣华金各地之间奔波。圣华金县的孩子不得不暂时与亲人分开，同时也无法得到社区服务。五年级和七年级的孩子中，有近一半放学后完全不受成年人的监管。威斯顿农场的大谷（Great Valley）小学被逼无奈把家长会安排在深夜，以照顾长途通勤的父母。沃麦克说，"空巢"儿童因身边没有父母指导，于是其中许多人最终投向了帮派寻找替代。

许多人搬去边缘郊区，忍受通勤煎熬，似乎是在为孩子们做出牺牲。但事与愿违，这些地方对培养孩子而言更不是什么好地方，此类办法默默地走进了死胡同。孩子们不单单是被困在了这里。有证据显示，来自郊区甚至富裕郊区的青少年比城里的孩子更易出现社交和情感方面的问题。

哥伦比亚大学心理学家萨尼亚·卢瑟（Suniya Luthar）在研究美国东北部富裕郊区的青少年问题时发现，他们尽管拥有资源、医疗服务和优秀的父母，但比内城的青少年更容易感到焦虑和沮丧，即便内城的孩子要面对各种环境和社会问题。在条件较好的郊区，青少年吸烟、喝酒、吸硬毒品的人数更多，特别是在他们感到沮丧的时候。卢瑟解释道："这表明他们在进行心理上的自我治疗。"

在这些研究中，不幸福的青少年似乎有一个共同点：因缺少对父母的情感依赖而情绪不稳。能和父母中至少一方吃晚餐的孩子都会有更好的学业表现，情感问题也更少。这年头父母有很多事要忙，马拉松似的通勤、长途购物及远距离见面，这些分散型城市特有的现象让孩子们极度缺乏宝贵的与父母共处的时间。当然缺少父母陪伴的现象不只发生在远郊区，但这些社区的设计无疑造成了居民的时间赤字。

对所有这些，兰迪·斯特劳塞皆不感到惊奇，虽然他承认家人因他的作息表抻长付出了代价。兰迪的女儿金和儿子斯科特还在蹒跚学步时，他就开始了超距通勤生活。科技浪潮席卷硅谷，房地产价格也一路上涨。和其他有子女家庭一样，兰迪开车上了新建的高速主路，越过代阿布洛岭去圣华金的特雷西打拼。两个孩子在工作日基本见不到他。兰迪的第一次婚姻失败了。金和斯科特十几岁时便搬去和兰迪的前妻生活，但她也是一个住在远郊的超距通勤者。

那几年的多数夜里，孩子们只得自己照顾自己。金常常加热冷冻食品，喂弟弟吃晚饭，但谁能指望她一个孩子挑起养育弟弟的重担？斯科特的生活偏离了正轨，他先是被重点关照，继而逃学，扒窃商店，惹的麻烦越来越大。

我们终于到了去往山屋的岔口，兰迪脸色凝重地说："他成了盐湖城县的客人。"他这话的意思是斯科特蹲了监狱。我也该换个话题了。

路的尽头

有时要经过整整一代人，才能看到在高速公路间奔波的损失。

兰迪的女儿金告诉我，她高中毕业后不久也被迫加入这种长途生活。同时，她和高中的男友凯文·霍尔布鲁克（Kevin Holbrook）结了婚，后来生了个男孩。他们搬去了特雷西的一座牧场平房，大体上，人步入成年后就要独立居住的吧。他们有很多账单要付，但分散型城市的人可不是出门拐个弯就能上班的。金在休利特基金会担任行政助理，地点在特雷西向西 50 英里的门洛帕克。

于是她每天早上 5 点钟爬起床，把刚会走路的儿子贾斯汀送去日托，然后在高速路上开车两小时，穿越代阿布洛岭、卡斯特罗谷和旧金山湾浅浅的南端，再上 280 号公路，开下红木城的山丘后，才最终到达门洛帕克。有条件的时候，她会搭祖母南希的车一起走，南希也在这个基金会工作。不然她就得独自开着她的雪佛兰迈锐宝上路，两个小时去，两个小时回。金过着长途跋涉的生活，她的父母、祖母、丈夫也是一样。这种生活让人疲惫不堪，但为了儿子她忍受了下来。

一天，金办公室的电话响了，是特雷西的日托中心。她的儿子发烧，脸烧得通红，一直出汗，在儿童游戏室里吐了一地，吐到再也吐不出来。金立刻慌了神。她怕儿子很可能要不行了，她却离他有 50 英里远。金冲到楼下，跳上雪佛兰就上了高速路。她紧张得心都要跳出来了，不知道自己开得有多快，但好像怎么开都不够快。

金脸上热泪奔流。她听到后面有警车鸣笛，只好在特雷西第 11 大道边停了车。此时的金都没力气向警官解释她为什么超速，只让他快点开罚单，眼珠不错地盯着前面的路，焦急地等警察放她走。

她闯进日托中心时，儿子的呕吐物已清理干净，发烧的情况也有所稳定。她抱起儿子，理了理他被汗水浸湿的头发，紧紧地抱着。孩子在好转了。但是那天晚上金对丈夫表示，自己不能、也不愿过和父母一样的生活。夫妻俩决定要找办法为他们的生活"缩表"。

金·霍尔布鲁克不是唯一一个想重新定位她与城市关系的人。过去 10 年里，城市扩张分散的趋势已经减缓。从曼哈顿到温哥华再到墨西哥城，许多大城市迎来了新的居民流，他们愿意为了距离优势再试一次，但逃离城市扩散的影响并非你想的那么容易。让金的作息表变长的城市系统涵盖建筑、公共空间、基建预算、法律、交通网络等等，影响着大都市的方方面面，这些都是不仅在美国和加拿大，在世界其他地区也在不断增加。

如果想逃离城市扩散的影响，我们就要把这看作是集建设、规划和思考为一体的系统。我们要思考城市为什么会扩张。

4. 来龙去脉

现代城市可能是地球上最不可爱、最矫揉造作的存在了。
最根本的解法就是遗弃它……我们应当离开城市，以此解决城
市问题。

——亨利·福特，1922 年

我们在拍卖房屋参观团的巴士上看到的，不是一个自然发生的
现象，不是有机的过程，不是一个意外，也不是自由市场经济中市民
需求的合理结果，而是强大的经济利益驱动、大量的公共投资与土地
道路开发使用方面的严苛规则共同作用的产物。在剧烈的城市性创伤
时代，幸福都市理念应时而生，而上述因素不过是服务这一理念的工
具。要了解分散型城市，绕着城市快速逛一圈会很有帮助，这里充斥
着工厂烟雾、脏乱差、犯罪与贫困，这种种弊病源自社会，反过来威
胁着社会本身。

安德鲁·默恩斯（Andrew Mearns）是一位改革宗牧师。他对伦
敦工业革命造就的贫民窟进行了一番艰苦调查后，于 1883 年写成了

一份报告:"即将看到这份报告的人中,很少有人会对这些环境恶劣的贫民窟有什么概念,那里数以万计的人摩肩接踵、惴惴不安,会让你想起横渡中央航路的运奴船。"穷人会几户合住在廉租房中的一间肮脏的屋子里,窗户的破洞塞上碎布来御寒。空气中弥漫着煤烟,水里滋生着霍乱。默恩斯警告说,这座城市里泛滥着罪孽与悲苦,严重到足以摧毁社会本身。

美国城市贫民窟的境况也好不到哪里去。1894 年,纽约市廉租房委员会(Tenement House Commission)指出,本市廉租房:"是疾病、贫穷、恶行和犯罪的中心。让人触目惊心的不是这些孩子长大后会变成小偷、醉汉和娼妓,而是有这么多孩子本该成长为体面自尊的人。"1885 年,《美国杂志》(*The American Magazine*)在描述纽约廉租房住户时写道:"他们非常无知、凶恶且道德败坏,俨然非我族类。"作者的下面一句话更是带有恶意:"廉租房居民的死亡率超过 57%,简直可喜可贺。"

占据智识高地的评论家们认为,城市景观不仅损害居民的健康,也侵蚀其心智和灵魂。如何拯救其中的居民?是修补城市,遗弃它,还是干脆终结这个庞然大物继而用全新的城市风格取而代之?人们的提议五花八门,不过只有两种设计理念脱颖而出,从那段艰难岁月延续下来,在整个 20 世纪塑造着城市,也驱策了建筑师、改革派和政治家,并渗入了文化。因此这两种理念很有力量。

第一种理念可称为分离派。其核心观念是,只有严格区隔城市的不同功能才能实现美好生活,一些人才能借此避开城市的极恶之处。

另一种则可称为速度派。速度学派将崇高的自由观念转化为速度问题,即离开城市的速度越快,你就会变得越自由。

正如我在第 2 章所解释的,塑造城市的,一直是人们对幸福的强烈信念，而这些信念也在史无前例地彻底改变了城市和世界。

井井有条

分离派思想的发展是惧怕工业革命的自然反应。城市越发拥挤，人们在黑烟污水中艰于呼吸，于是自然会盼望远离这些糟糕的城市环境，或至少把它们隔离开去。这启发了埃布内泽·霍华德设计花园城市的想法，花园城市将为那些有能力回到半乡村环境的伦敦人提供新鲜的空气和欢乐的氛围。F. L. 赖特的广亩城市则希望至少为那些想带家人逃离曼哈顿的哥特式高耸建筑的廉价公寓住户提供精神救赎。欧洲的现代主义者也同样对城市产生了恐慌，但他们的反应更加乐观。他们受汽车制造商亨利·福特等工业先驱所采用的先进科技和大规模生产的启发，认为可以依高效装配线的模式重塑城市。勒·科布西耶写道："以蒸汽船、飞机和汽车的名义，我们主张自己拥有健康、逻辑、勇气、和谐与完美的权利……我们必须寸步不让，设对象是此时此地的混乱……这里不存在任何解决之道。"我之前曾表示，勒·柯布西耶的幸福公式是几何和效率，但其精神气质和美国分离学派是一样的。他相信大部分城市问题都可以通过将城市分为多个纯粹功能区来解决，只需要一位建筑大师画出理性的图纸即可。柯布西耶的辐射状城市方案以其神奇的简洁性展示了这一理念：这个象限是生活区，那个象限是工业区，再有一个是购物区。城市的各个单元被整齐地摆放在一起，就像宜家仓库里的货物包裹。

如今，这种几何意义上的纯粹分离主义方案在健康方面已经失去了存在的理由。在排放控制及污水处理系统的帮助下，大多数先进经济体的市中心至少不再有毒，至少物理意义上没有了。但分离学派的理念依然存在，在美国的分散型郊区尤为可见。所有当代郊区规划中，包括那些划定拍卖房屋参观范围的规划，只是对土地用途的一系列简单划分，给不同地块编号并用颜色区分。若从万米高空俯瞰，这些人为的编号色块一目了然。

一开始，典型的城市扩张规划似乎是融合了逃避主义者的花园城市计划和现代主义者的完美机械区隔。这种僵硬的中心化规划方案是如何在自由主义盛行的美国生根的？从一个世纪前的乌托邦成为如今的大饼城市，美国这一路走得磕磕绊绊，徘徊在实用主义、贪婪、种族主义和恐惧之间。

美国人通常不希望自己是那种轻易对上层强制实施的宏大规划俯首听命的人，但与加拿大人、英国人和欧洲人一样，他们乐于支持限制产权的规定。19 世纪 80 年代，加州莫德斯托市的立法者们制定了一项新法，禁止在城市核心区开设洗衣房（这类店碰巧都由中国人经营）。后来，曼哈顿的零售商们也要求对物业做出区划，以保证自己的商业利益不受第五大道购物街的影响。1916 年，曼哈顿如法操作。此后，数百个市政当局纷纷效仿。区划是为了减轻拥堵，改善健康，提高商业活动的效率，但最重要的是保护物业价值。也许这就是为什么我们如此热烈地欢迎此类方案。

对此不是没有抵触。1926 年，当地一家房地产开发商将俄亥俄州欧几里得村告上了法庭，希望该村不再利用区划手段阻碍行业发展。这场官司一直打到美国最高法院，欧几里得村胜诉。不久，联邦政府便赋予美国所有市政当局以区划的权力。自此，在大多数美国司法管辖区内，任何一点偏离城市建设或改造规则的行为都被视为违法。区划方面的法律和城市发展条例对私有土地上的建筑种类及使用方式都做了规定，地块大小、缩进距离、房屋规格等也会在人们进入新社区前早早明确下来。影响力最大的是，生活、工作、购物和娱乐区域被严格划开。二战后，功能区隔法几乎融入了每个新郊区的建设当中。

分离主义计划及其逃离城市的迫切感，是由将郊区作为经济增长引擎的强烈愿望驱动的，另外还有一层更隐秘的驱动力：对他人的恐惧。表面上看，美联邦的各种抵押贷款保险项目非常直白：资助新郊区住宅翻修，也支持内城的新建。但在很多老的住宅区，你申请不到"二手"房的贷款，哪怕你就是想住在那里，因而只好选择城市边缘的新建楼盘。美国的郊区扩张也与种族和阶级之间的紧张关系难解难分。种族隔离曾作为联邦政策执行多年。在 20 世纪 60 年代民权立法出现之前，负责评估社区的美国联邦住房管理局（FHA）经常将全部黑人社区排除在抵押贷款保险的适用范围之外。这项政策使内城空心化，而"白人潮"则为新郊区的扩张不断地添砖加瓦。

所谓的排他性区划规定，表面上只是在某个社区禁止特定种类的建筑及功能，深层目的却是把低于某一收入标准的人剔除出去。这个策略在今天仍在运行。想让穷人远离你的社区，你只须禁止建设复式住宅及公寓楼而已，而新郊区正好有此权力。城市战略师托德·利特曼（Todd Litman）如此总结区划政策的影响："它看似只是自由市场的自然结果，出于无数个体对住地的选择。但这些房子都是独栋住宅，住户也都是白人，因为背后是政府无形的手。"

令人惊奇的是，美国人热爱自由，居然也会接受区划性城市对私有产权的大量限制。社区一旦进行了区划和建设，从住户搬进去的那天起，它就不可更改，就像一张拍立得照片。过去几十年，郊区的房地产开发商建立了业主协会，鼓励居民互相监管，像是嫌市政当局的区划权力还不够大似的。如此一来，一群声称讨厌政府的人，全情拥抱了一个全新的政府层级。

圣华金远郊地区目前已无显见的区划色条，但退却主义者大可放心，业主协会规章簿仍明确规制了你对自己的房产能做的和不能做的事情。拍卖房屋参观团的游客请注意：斯托克顿的"西溪畔"（Brookside West）业主协会有细则规定，业主必须将自家草坪按协会委员会设定的标准修整。全美各地都如此。谁要试图在地下室多造个房间、将车库改成糖果店或是在前院种麦子，很快会得到教训。即使你不住在一个由业主协会管控的社区，也会因以上行为受到投诉。城市巡查员会过来告诉你，你的地盘可不是你做主。

需要重点指出的是，空间分离风潮的盛行是有利大型零售商和野心勃勃的郊区房地产开发商的，对他们而言，在未经开发的大地块上进行设计建造，比适应现有城市结构更简单也更便宜。几十年来，这些利益相关方成功说动了那些急需招商的政府为此提供税收优惠。在第 12 章我会再提这一点。

20 世纪末，郊区区划与土地开发条例的影响已经非常强大和根深蒂固，以至于大多数美国郊区的投资建设方只会造出必需汽车才能出行的扩张型郊区。埃伦·邓纳姆－琼斯（Ellen Dunham-Jones）是佐治亚理工大学建筑学教授，也是《翻新郊区》（Retrofitting Suburbia）一书的作者之一，她对我说："自由的房地产市场已经不存在 80 年了。不按规定建设即为非法，而想要改变区划政策必定耗费大量时间。开发商的时间是金钱，所以很少去改变。"

正是这些习惯和规则，让美国城市变得分散、停滞，俨然一副苏联住建格局，让靠近市中心的第一代郊区无法朝着多样化和密集的方向发展，也把新开发的项目推向不断扩张的城市边缘地区，越推越远。它们部分地造成了旧金山湾区的住房紧张，成千上万的上班族只得像斯特劳塞一家那样被迫向南、北、东驱车两小时通勤。且由于这些规

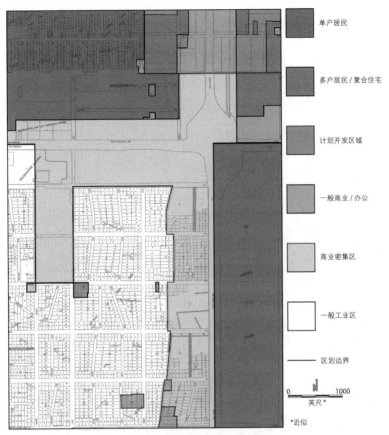

单户居民

多户居民／复合住宅

计划开发区域

一般商业／办公

商业密集区

一般工业区

区划边界

0   1000

英尺*

*近似

图6：佛罗里达州坦帕——城市如同简单的机器

分离理念在美国郊区规划中常有显现。坦帕的区划图的划分就超级简单，且对可建筑、可行事项都做了严格规定。城市规划者很容易理解这样的系统，但实际上它们却禁止了复杂性，限制了自由。（科尔·罗伯逊／坦帕市）

定，新建项目也反过来阻碍着逐步改变或调整这些规定的多数努力。

当自由有了新名字

没有对道路特别是高速路的大量补贴，城市格局本不可能发生重组。长达数十年的工程必须佐以文化转型，立足于美国人特别珍视的一个概念：一个世纪前，美国人重新定义了什么是"城市里的自由"。

大多数城市的发展过程中，街道是公共设施。街道是市场、游乐场、公园，当然也是一条路，但那会儿没有信号灯、行车线或斑马线。1903 年以前，没有哪座城市有许多交通规则。任何人都可以使用街道，每个人也都这么做了。街上到处是马粪，马车狂飙也毫不稀奇，是一片混乱而自由的世界。

目光转向密歇根州海兰帕克。亨利·福特以流水线提高了汽车装配的大规模生产效率，几年后，小汽车和卡车开始大量涌入城市。随之而来的，是"新型大规模死亡"，语出城市历史学家彼得·诺顿（Peter Norton），他描述了 20 世纪 20 年代美国道路文化的转型。那 10 年，逾 20 万人在机动车事故中丧生，其中大部分发生在市内，遇难者多为行人，一半是儿童和青少年。

开始，多数市民对私家车持惧怕厌恶的心态。私家车被视为一种入侵，威胁了正义和秩序。意外致行人死亡的司机会被愤怒的民众围攻，其行为也会被判为过失杀人而非驾驶违规。起初，社会各界团结一致保护着共享的街道。警方、政界、报刊编辑和家长都为此努力，要求管控汽车通行，取消路边停车，把车速限制在 10 英里／时以内。

但司机加入了汽车经销商和制造商一方，想发起一场重新定义城市街道的观念之战。*他们希望有更快的速度、更多的空间，希望行人、骑车人和有轨电车的乘客别再挡道。美国汽车协会称这项新运动为"汽车革命"（Motordom）。

诺顿对我说："他们必须改变对街道的原有观念，这就需要一场精

---

* 例如芝加哥汽车俱乐部主席查尔斯·海斯（Charles Hayes）告诉朋友，解决方法就是想办法让市民相信"街道是为车辆行驶而生的"。

图 7：道路共享的日子

底特律的伍德沃德大道，约拍摄于 1917 年。有轨电车和私家车缓缓前进，街道由每个人共享，但在下一个 10 年，汽车俱乐部和制造商协力用速度永远改变了这一状态。（国会图书馆印刷品与影像部，底特律出版公司收藏）

神革命，而且必须要在街道发生任何物质性变化之前。几年时间里，汽车的相关利益方真的推动了这场精神革命，一场深入的革命。"

　　汽车革命面临着一场艰苦的战斗。不需要工程师，明眼人都能看出来，要运送人进出拥挤的市中心，最有效的方式就是有轨电车或公共汽车。芝加哥卢普区的有轨电车仅占用了路面的 2%，却承载了 3/4 的道路使用者。小汽车越多，每个人的速度都会越慢。因此汽车革命的战士们发动心理战，就要以安全与自由之名为掩护。

　　首先，他们得让人们相信，解决安全问题的关键在于控制行人而

4. 来龙去脉

非小汽车。20 世纪 20 年代，汽车俱乐部开始与城市安全委员会正面交锋，力争将交通意外的责任归咎于行人而非司机。自由穿越街道得了"乱穿马路"的恶名，成了一种违法犯罪行为。[*]

大多数人逐渐承认街道不再是个自由之地，但讽刺的是，"自由"却是汽车革命的口号。当时的哈德逊汽车公司总裁罗伊·查宾（Roy Chapin）宣称："美国人是一个独立的民族，尽管有时会屈服于一批法规和官僚。他们的祖先来到这里，就是为了自由和冒险。汽车能给人一种逃离个体束缚的感觉。这就是为什么美国公众如此迅速、如此普遍地开始利用汽车出行。"[†]

汽车行业及汽车俱乐部的支持者在报纸上和市政厅大力推进其议程。他们聘请己方工程师，设计优先满足驾驶者需求的城市街道；他们在 20 世纪 20 年代涌进由美国商务部长赫伯特·胡佛主持的国家交通安全大会，制定约束行人与公交乘客的交通规则，把此类人限制在街道一隅，比如人行横道和有轨电车候车区。1928 年，这些法规颁布施行，随即被数百座城市视为极具前瞻性的方案而积极采纳。这些法规树立的汽车文化准则，影响了当地的立法者长达数十年。

全景未来城

第一位获得交通领域博士学位的美国人名叫米勒·麦克林托克

---

[*] 1922 年，帕卡德（Packard）机动车公司在底特律立起一座巨型墓碑："谨怀念 J. 沃克先生：他走上街道时没有看路。"次年，南加州汽车俱乐部向警方支付了一笔款项，以竖立禁止乱穿马路的标牌。美国汽车俱乐部的管理人 M. O. 埃尔德里奇（Eldridge）于 1925 年被选为华盛顿交通总长，他令警方只要发现行人走路超出人行横道，就逮捕并起诉，致数十被捕。法庭裁定这些横马路者只有同意加入"小心步行俱乐部"才可获释。
[†] 罗伊·查宾后加入赫伯特·胡佛内阁，出任商务部长。

(Miller McClintock)，是一位带些书生气的年轻人。1924年毕业于哈佛后，麦克林托克呼吁施行严格的交通规则，但是用来限制小汽车和城市，其核心是效率、公平和限速。但随后，斯图贝克（Studebaker）汽车公司将他收入麾下，执掌公司资助的一个新成立的交通基金会。麦克林托克有了妻子和孩子需要照顾，心态也发生了巨大转变。有了斯图贝克做后盾，他不仅培训出了美国第一代交通专家，还成了美国道路交通的权威。他对城市的建议指导逐渐开始代表车利益集团的意志。1928年他在汽车工程师协会（SAE）的发言听起来基本就是罗伊·查宾的腔调："这个国家是建立在自由原则之上的。如今汽车带来的正是美国精神的组成部分——出行的自由。"

新时代下，自由的含义也不一样了。自由不是个人随意出行，而是为汽车独享的自由，以往出现在街上的那些人、事、物都不得阻碍汽车快速通行。麦克林托克振臂高呼道，自由的敌人就是阻力！美国需要的是没有交叉路口、停放的车辆甚至行道树阻碍的道路！

在1937年底特律举办的美国国家规划大会上，麦克林托克公布了他心中未来城市的壮观图景：珠光宝气的摩天大楼一座座拔地而起，贯穿其间的是纵横交错的高速公路与四叶草型立交桥，如此便不必受人行道、街角商店或有轨电车的打扰。该些图景由麦克林托克和舞美设计师诺曼·贝尔·格德斯（Norman Bel Geddes）合作完成，由壳牌石油公司资助。它们将成为城市规划史上最具说服力的宣传材料，也就是在即1939年纽约世界博览会上，贝尔·格德斯进一步将这一范型发展成"全景未来城"（Futurama）这片巨型展览。全景未来城向人们展示了，如果城市接受了汽车革命，到1960年，人们将居住在怎样的奇妙世界里。观众被可移动的椅子在足球场大小的立体布景上空运送，布景中的全自动超级高速路上，是摆渡玩具车往返于城乡之间。参观快结束时，观众会漫步在高架人行道上，下面则是全供新型汽车通行的完美道路。这就是汽车时代城市的真实大小展现：未来如此真实地展现在眼前，这全得感谢展览赞助商——通用汽车公司。

虽然城市模型呈现了一个自由市场式的梦幻世界，但它与勒·柯布西耶的平等主义辐射城市极为相似。两种理念完全不同，却都痴迷于科技，于是催生出了类似的分离主义愿景。但全景未来城以其对速度的崇尚卓尔不群。顺畅的高速路让市民从秩序井然的城市来到了未开发的开阔地，似乎在证明崇尚速度的城市真的会让人享有自由，就如弗兰克·赖特所承诺的那样。

当年，有超过 2400 万人排队参观此项未来之展。这一展览曾占据报刊的重要位置，也将全美的目光引向了展览赞助商的速度哲学，促成了朝向汽车生活方式的大型文化转变。

与此同时，一家由通用汽车、凡士通轮胎橡胶、菲利普斯石油和标准石油四家组建的公司正忙着在全美几十个城市收购并拆除数百条私人有轨电车线路。对此出现了各种阴谋论，认为这是通过减少公共交通来迫使人们购买小汽车的计划。传言有可能是真的，但这种手段并无必要。街道的定位改变后，有轨电车受到了致命伤害，淹没在了小汽车的汪洋里。

给旧城市最后一击的是州际公路系统。1956 年，美国联邦公路资助法案（Federal-Aid Highway Act）投入数十亿美元的税收，用于建设新的高速公路，包括数十条直通城市中心的新公路。加上只容许城市扩张这一种发展形式的联邦住房抵押贷款补贴和区划规定，放弃市中心的美国人尝到了甜头，但对依然留在那里的人则是惩罚。从巴尔的摩到旧金山，高速公路直穿各个城市的内城社区，所有有条件搬离这里的人，都离开了。

图 8：全景未来城展览

左：1939 年纽约世界博览会通用汽车馆：一座为汽车而建的城市。（通用公司媒体库）

右：全景未来城的愿景已经融入了世界各地的城市。迪拜的谢赫扎伊德路拥有 14 条车道，是那里事实性的大主路，连续数英里，行人都无法横跨。（作者摄）

汽车革命不仅发生在美国。英国道路联合会（British Road Federation）在 20 世纪 30 年代也开展了政府教育运动，一度包办数百名道路测量员和国会议员的旅游，去参观德国高速公路系统；送他们回家时，路联还给他们发相关内容的小卡片，好让他们别忘了这一课。和美国人一样，英国真正开始认真推行城市车速运动是因为他们考虑到了道路安全。指示来自上层，初衷也十分真诚：1963 年，交通运输部委托著名规划师科林·布坎南（Colin Buchanan），就如何保护行人免受已主宰道路的车流的威胁，为城市提供建议。为此，布坎南撰写了一份《城镇交通报告》（*Traffic in Towns*），其中优先强调公共安全，但他却是从主干道两侧的功能分隔入手，这样的处方竟让人想起全景未来城。依此方案，规划师可将行人赶进人行天桥和交通岛，通常会用到路障和铁栅栏。从长远看，这些干预措施其实也是鼓励了驾驶者而阻碍了骑行者和行人。遗憾的是，《城镇交通报告》在20世纪此后的时间里一直被当作城市规划的标准蓝图，抹去了数百条老的商业街，也扼杀了正在萌生的新商业街。

自生系统

和许多系统一样，城市也易出现自生现象（autopoiesis），类似于病毒的入侵、复制和扩散过程。分散型城市不仅依赖稳定耐用的建筑物、停车场和高速路，还要依赖城市规划人士的职业习惯。一俟在早期郊区建立，分散模式就开始不断复制，不是因为它对任何地方都是最优选项，而是因为它具有自我生产的动力。在预算一般的情况下，城市建设者重复之前的可行方案更简单。而建设者的习惯，又逐渐固化为新区开发必须遵循的建设和区划规定。因此，土地区划制度，本是1926年为阻止工业进入某俄亥俄州村庄而设，却最终演变成了国家级制度工具，并成了私人的网络服务商"市政代码公司"（Municode）手中可购买下载的一串标准代码，资金紧张的美国市镇，现在可以直接下载物业使用方面的法规。同时，汽车革命运动资助的工程师们提出的城市道路设计法规，在美国联邦公路局（FHWA）的《统一交通控制设施手册》（MUTCD）中确立了下来，成了指导美国大部分城市道路项目的圣经。分散模式如病毒一般感染了一座又一座城市的运营系统，这些城市反过来又复制了分散模式的基因。

分散模式快速、统一和几无休止的复制，许多年来在许多人眼中是很了不起的。它助燃了前所未有的财富时代，创造了人们对小汽车、电器和家具的稳定需求，这又推动了北美制造业的发展。该模式也为建筑业提供了数百万的就业机会，为土地开发商创造了丰厚利润。更多的人有机会在自己的土地上购买属于自己的房屋，远离市中心的忙碌、喧嚣和污染。

假如 1883 年深入伦敦贫民窟的牧师安德鲁·默恩斯也能参加拍卖房屋参观团，他一定会注意到这些地方竟然没有污水的恶臭、窒息的拥挤、烟尘飘散或蚊虫叮咬，会为宽阔的草坪、灿烂的阳光、祥和的气氛、整齐的管道、全部家庭拥有的隐私、当然还有安静的环境啧啧称赞，会将把分散型都市视作一项伟大的成就。

他可能不会意识到钟摆已摆到了另一个极端，也很难意识到长距离空间对经济和社会生活的破坏，或者是分散模式把城市其他区域的生活腐蚀到了什么地步。分散模式已然渗入现代城市的每个角落，又把区划规定注入第一代郊区，令其发展停滞。就是在这样的郊区，比如帕洛阿尔托，南希·斯特劳塞将孩子们抚养长大，但可能南希的子辈乃至孙辈里，无人还能继续忍受这样的生活。分散模式也侵蚀了中心城市，那里的城市系统已经为保证速度而重新配置：不只是社区被高速公路割裂，街道的信号灯、沥青路面和人行道也被重新设计，以方便开私家车经过的过客，而非这里的居民。

分散模式将城市拖入了零和游戏：一些物质上的舒适被提取进了郊区私人住宅，而危险和不适则被倾卸到了人口稠密的城市道路上。分散模式如汽车鸣笛，在黎明时惊醒布鲁克林人，又如滚滚烟尘，吸进曼哈顿步行通勤者的肺里。*

---

* 汽车革命把中心城市改变到了什么地步？曼哈顿的公园大道就是一个鲜明的反映。多数纽约人不知道这条路，它现在类似高速路，中间有一条窄窄的绿化带，但它叫"公园"大道，是因为在 19 世纪 50 年代，中间的狭长地带实际上就是个公园，还有宽阔的

分散模式渗入了洛杉矶曾经宁静的郊区，长途通勤者在住宅区的道路上一路狂飙，以避开拥挤的高速公路，孩子们也已被禁止打街头篮球。分散模式的影响还体现在被人遗忘的学校、疏于照管的公共空间和发展严重不足的公交服务中；而承受这些恶果的，是居住在"内城"的居民，他们那糟糕的社区，早已被政府连同生活优越的市民共同抛弃了超过半个世纪。与此同时，分散模式令预算愈加紧张，迫使城市为那些扩张出去的远郊社区投入税收，建设道路、管道、污水处理和配套服务，再无余裕留给中心城市的共享设施，提升那里的生活吸引力。美国中心城市的居民汇报说，与郊区居民相比，他们的满意度更低，社会交往也更少，这种情况不仅不是在彰显扩张模式的优越性，反而正是其副产物，显示了这一模式的普遍、系统性恶劣影响。

新一代城市规划专家将城市扩张放在了垂直城市的对立面，认为曼哈顿或香港的物质及文化密度是可持续未来的典范。但通向幸福都市的旅途，并非简单地在市中心与扩展边缘二者间做选择。大多数中心城市存在交通流入、噪声、污染、道路危险等因素，因而就满足我们在福祉需求而言，并不是比扩张区更好的选择。我们必须重新设计城市景观，同时也要重新设计连接这些景观的肌理，使其能解决当初导致我们逃离城市的问题。

为了　　　廓清新型设计的愿景，我们需要理解空间、人群、景观、建筑、交通方式等如何影响我们的感受，需要找出影响我们健康、控制我们行为的隐形机制。最重要的是人的心理因素，我们所有人都是凭这样的心理因素理解城市生活、决定何去何从的。

草坪和空心砖铺成的步行大道。

5. 错误的做法

> 你看，幸福本身并不独立存在，它只是与不愉快对比的结果……你要知道，一旦新奇感消失、对比不再明显，幸福也就不再是幸福了，你必须得再去找新东西替代。
>
> ——马克·吐温，《斯托姆斐尔德船长天国行》

> 人生中没有什么在你想到它的时候会像你想的那般重要。
>
> ——丹尼尔·卡尼曼

在通往幸福都市的旅途中，一直有个让我们每个人都百思不得其解的问题。心理学家和行为经济学家的共识是，人类无论个体还是物种，都没有足够能力做出让自身幸福最大化的决定。在决定去哪里生活、如何生活时，我们总会犯一些可以预见的错误，即便是塑造城市样貌、影响我们决定的建筑师、规划师、建造者们也难免犯同样的错误。而我明白这一点的时机，实在特别地尴尬。

我出生在温哥华。温哥华位于加拿大西海岸，夹在海洋与郁郁葱葱的山脉之间，环境宜人，常居各种世界最宜居城市榜单的前列。新鲜的空气、温和的气候外加雨林景观，吸引了世界各地的退休人士、投资者和非常住居民。所有这一切让温哥华跻身高端地区，其魅力体现在了它飞涨的房地产价格中。

和许多 20 世纪 60 年代出生的人一样，我无法想象自己成年后还要住普通公寓的日子。我想要一栋房子，一块属于自己的"好地皮"(F. L. 赖特语)，这个愿望并非出于什么功利性计算，我就是确信，它一旦实现，我就会更幸福。所以当 2006 年大温哥华地区独栋住宅的均价达到 52 万加元时[*]，我从一位老友那里买了他房子的部分产权，那是一栋两层的待修旧房，位于工薪阶层聚集的东区。

房子可以直接搬进去住，但和我这位共享房主克里收集的那堆家居园艺杂志上的照片可不太一样。墙壁有奇怪的拐角，把室内空间分割得很糟，地上铺的是理发店那种棋盘格式人造革。木质框架结构怕已有百年历史，顶楼只要有一点儿"浪漫"动静就会哆嗦摇晃。屋子光线很差，又过于通风，空间也确实让我们觉得过于逼仄。所以我们签了第二份抵押贷款文件，想提升一下吱嘎作响的框架，扒掉重建，把这里变成我们的梦想家园。我俩觉得，把天花板做到 9 英尺高，新铺冷杉地板，做一个开放式厨房、两个客厅，再新加一个楼层和两个卫生间，应该就够了。像数百万中产阶级兄弟一样，我俩确信更大的面积会使我们更幸福，尽管为此不得不背上 25 万加元的贷款。我们畅想着自己在玻璃吊灯下啜饮美酒，从露台吹进来夏日微风。

施工在次年春天开始。直到房子被扒到地基、露出下面一层楼高的一根根桩柱时，才有人提醒我说，我们俩都已落入了心理陷阱。这

---

[*] 而 2017 年，温哥华独栋住宅的平均价格已超过 150 万加元。

得多亏加州霍利斯特镇的房地产经纪人南兹·弗利（Nants Foley）。那时弗利刚撰写完一份情绪量表，登在霍利斯特镇的《尖峰报》（*Pinnacle*）上，希望借此告诫购房者在追求梦想家园时不要冲动。弗利的客户总是想着消费升级，都想在更好的社区、更大的地块上买更大的房子，弗利当然会帮助客户完成心愿。但经过几轮销售后她发现，大房子似乎并没有让她的客户变得更幸福。"很多次都是这样，"她在电话的另一端对我说，"我走进一座装修豪华的房子，那里有漂亮的游泳池、游戏室，但泳池从来没有人游，游戏室也从来没有朋友到访，拥有这样房子的人一点儿也不幸福。"

人们的新房子实在是太大了，这增加了一整套家政服务需求，而高额的家政服务费又迫使业主们要更努力地工作赚钱。一天，弗利和其他房产经纪人一起参观了一栋灰泥外墙制式住宅。房子的面积很大，墙壁朴拙，弗利清楚地记得那是纳瓦霍沙色，屋里地毯也非常干净。但房子的整体感觉就像个露营地，尤其是没有任何家具，电视机孤零零地立在板条箱上，其他东西基本都放在地上。衣物、书籍和工具都堆放得整整齐齐，卧室里的床垫和蒲团在地毯上依次排开。很显然，购置房产让这个家庭的财务状况岌岌可危。他们倾尽所有，再无闲钱添置家具、布置花园，院子就是个泥坑。这家人成了弗利所说的"地板人"阶层：这些人已经只有地板空间了。

为什么这么多人会做出让自身陷入困境的决定？弗利在一篇论文中找到了答案，论文作者是诺贝尔奖得主、芝加哥大学经济学家加里·贝克及其同事路易斯·拉约。两位学者将心理学、进化论及脑科学的最新发现转化为一种算法，用以描述这样一种陷阱——经济学家认为是只有人类才会掉进去。公式如下：

$$H(y_t) = y_t - E\left[y_t \mid \varphi_t, \Omega_t\right]_{\varphi_t = 1} = w_t - w_{t-1}$$

上述公式被命名为"进化幸福函数"[*]，它解释了我们既希望拥有更大的房子，但搬入后不久又注定会感到不满，是怎样的心理过程。对，注定的不满。想到我正在急速扩建的房子，我惊慌失措地给拉约打电话。

他说，公式传达的信息很简单：

人类对事物价值的感知不是绝对的，从来不是。就如眼睛处理颜色和亮度时会结合周围环境，为了获得幸福，大脑也会不断调整对我们自身需求的认识，不断比较：我们当下拥有什么，过去有过什么，未来又可能获得什么；我们自己拥有什么，他人又拥有什么。然后，大脑会重新校正终点及现状与它的差距。但即使其他条件保持不变，终点也会移动，只是因为我们会习以为常。所以在经济学家们的相关公式中，幸福注定遥不可及，决不会原地静候。

如此看来，幸福函数也会很适用于人类的史前祖先，作为狩猎采集者，他们易于不满；那些为了比昨天捕得更多猎物、采到更多野果，于是禁不住思虑明天的人，更有可能熬过艰难岁月，传递自身基因。这个模式下，幸福根本不是一个条件，而是一种促使机体更加努力工作、囤积更多物资的基因冲动。人类学会耕作或有万年，但其间人脑并无太大变化，这种积极的不满深植于我们的基本设定之中。

"我们仍在受这种进化式狩猎策略的奴役，"拉约表示，"我们总是把自己拥有的东西与别的东西去比较。但我们没有料到的是，无论

---

* 这一函数简单来说即：幸福 = 成功 – 期望 = 你感知到的社会地位。承蒙拉约及贝克两位（Rayo, Luis, and Gary Becker, "Evolutionary Efficiency and Happiness," *Journal of Political Economy*, 2007: 302-37）。

拥有了什么，人都会去比较，我们甚至没有意识到自己正在做比较。但是自然的反应并不等于就对自身有利。"

事实上，这种自然特性对城市居民来说不是好事，至少在富裕国家不是。对大理石台面、不锈钢夹具和炫耀性消费的欲求，显然不会提高基因传递的可能性，也不让我们更接近不断变动的满足线。

拉约让我放宽心，把刚装修好的房子与那时的理想型去做比较，总是几个月后的事了。

2009 年，南兹·弗利从房地产经纪工作中抽身，转投农业。而那时的我，房子在扩建，身上背着贷款，彷徨于不断变化的愿望之间。

一错再错

新古典经济学盛行于 20 世纪下半叶，其基础前提是我们全都有足够能力做出效用最大化的选择，这就是学科内共知的"经济人"。经济人有条件获取任何相关信息，不会忘记任何事，能清醒地评估自己的选择，并根据自己的选择做出最好的决策。

心理学家和经济学家对决策与幸福之间的关系研究得越深入，就越认为上述情况根本不存在。人总在做差劲的选择。我们错得如此系统，相关的行为经济学简直堪称"搞错的科学"。即使非常罕见地获取了全部信息，我们依然很容易因偏见和误算而犯一大堆错误。在不完美的选择下，我们塑造了现代都市，进而塑造了我们的生活形态。

就以决定通勤距离这个简单行为为例。除去经济负担的因素，长时间驾驶的人，头痛的次数往往比短途通勤者多，血压更高，更易沮丧，到达目的地时心情也更烦躁。

笃信经济人理论的人都认为，只有能从更低的房价、更大更漂亮的住宅或更高薪的工作上体会到更多好处，人才会选择忍受长途通勤之苦。人们会衡量成本收益。做出明智决定。但两位苏黎世大学的经济学家发现事实绝非如此。布鲁诺·弗雷（Bruno Frey）和阿洛伊斯·斯图泽（Alois Stutzer）调查了德国通勤者对幸福标准的判断——"考虑所有因素后，你的生活满意度怎样"——并将答案与这些人自我汇报的通勤时间进行了对比。他们的发现似乎简单直接：开车通勤的时间越长，人的幸福感就越低。在你对这么显而易见的结果嗤之以鼻之前，请不要忘记，两位经济学家研究的不是开车满意度，而是生活满意度。他们的发现不是通勤带来了负面影响，而是人们自己的选择让自己的生活整个变得更糟。人们根本没在长途通勤的艰辛和生活中其他领域的快乐间求平衡，没有提高收入、没有降低生活成本也没有更多地享受家庭生活。他们的行事可不像经济人。

数百万通勤者的自由选择可以筛选出最优城市形态，这种观点一直被广泛接受，但却被所谓的通勤悖论打破了。斯图泽和弗雷发现，要花一个小时上班的人必须多赚 40% 的钱，才能达到步行通勤者的生活满意度。而另一方面，对一个人来说，把长途奔波换成走几步路就上班，产生的幸福感宛如找到了一位新的爱侣。*然而，即使意识到了通勤对幸福生活的伤害，人们也没有采取行动重新规划生活。

人类有种特性在让糟糕决策的影响不断恶化，就是适应：一种让我们慢慢习惯情况的不均衡过程。满足的终点线更像一条蛇而非一条静止的线，我们接近时，它有些部分会躲开，有些部分则留在原地。有些事我们很快就能适应，有些却总也习惯不了。《哈佛幸福课》（*Stumbling on Happiness*）作者、哈佛心理学家丹尼尔·吉尔伯

---

* 同时，长途通勤带来的惨况似乎有着病毒效应，也感染着开车通勤者的家人。其伴侣的通勤时间越长，被调查者的幸福感就越低，这可称为"延迟性路怒效应"。

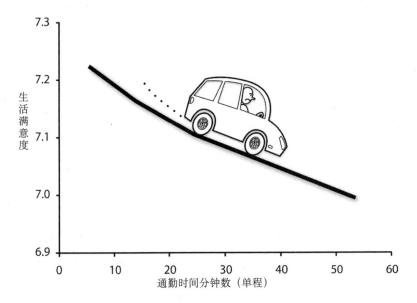

图 9：开往不幸

所选通勤距离越长，人们对人生整体幸福感的汇报就越低，这显示了长途通勤者在效用最大化方面的整体失败。（绘图：Dan Planko，数据来自：Stutzer, Alois, and Bruno S. Frey, "Stress That Doesn't Pay: The Commuting Paradox," *Scandinavian Journal of Economics*, 2008: 339–66）

特（Daniel Gilbert）这样向我解释通勤悖论：

> 随着我们的不断适应，多数好事变得不那么好，坏事也变得不那么坏了。不过，适应一成不变的事要比适应不断变化的事简单得多。所以我们会很快适应大房子带来的喜悦，因为每次进门，房子的大小都一样。但我们很难适应开车通勤，因为每天都是一种有点不同的痛苦：不同的人对我们按喇叭，不同的路口因交通事故而堵塞，不同的天气状况等等。

一个或许有益处的做法是把两种目标更明确地区分开：能带来持续奖赏的目标，以及不能的。心理学家通常将引发人们行为的事物分为两类：外部激励因素，内部激励因素。顾名思义，外部激励因素通常带来外部奖赏：我们可以购买、赢得的东西，或可能改变我们地位的东西。虽然新的花岗岩厨房台面或意外的加薪让你在短期内感到更幸福，但这些变化对长期幸福感而言作用不大。你从收入增加中感受到的幸福一年之内就会烟消云散。幸福的终点线移动了。

内部激励因素则在于过程而非结果。一些活动和状态与我们的深层需求有关，我们深深地需要感到与他人的连接，感到自己有能力和影响，感到自主性和对自身行动的掌控。而内部激励的回报，正是随这些活动和状态而来。卡罗尔·吕夫描绘了一份"终极幸福地图"，在其中，上述活动和状态能促成一种很有韧性的幸福感，且非常持久。对一些好事，我们永远不会习惯，比如体育运动、创意性活动或兴趣爱好，甚至只是集中精力地做事。如果活动本身就是一种奖励，那么每次这样的活动都会让你感觉更好。在社交世界尤为如此，你见朋友的次数越多，友谊就越亲密深厚。

问题在于，我们所做的决定一再反映出，我们不太擅于区分短暂快乐和持久快乐。我们一错再错。

校园谜题

缺陷性的选择估算影响着我们所有人，包括美国最聪明的一群年轻人。哈佛大学的住校生们很是焦虑于宿舍问题。大一学年结束之际，新生们会得到住宿分配抽签结果，这决定着他们本科剩余 3 年的住宿地点，被视为改变命运的时刻。毕竟抽签决定了他们的宿舍和周围环境，一定程度上也决定了他们未来 3 年的社交生活。

哈佛的各栋宿舍在建筑、历史和社会声誉上有很大差异。最著名的罗维尔堂（Lowell House）拥有宏伟的红砖外墙，是典型的佐治亚复兴风格，其蓝顶钟楼是当地的标志性建筑，校友包括约翰·厄普代克和日本的雅子妃（如今已是皇后）。

哈佛最新的宿舍建于 20 世纪 70 年代，在声誉地位和建筑方面都排在末端。比如马瑟楼（Mather House），其水泥塔楼被学生报纸《哈佛深红》（*The Harvard Crimson*）描述为"由监狱建筑师设计的奇怪防暴建筑"，尽管那里纵酒狂欢的肥皂泡派对已声名鹊起（著名校友："柯南秀"主持人柯南·奥布莱恩）。

分配到差宿舍被视为一场心理和社交上的双重暴击。伊丽莎白·邓恩（Elizabeth Dunn）现在已是英属哥伦比亚大学的心理学家，1996 年，她在哈佛经历了宿舍分配，那时装结果的信封还是拂晓之前从门缝下面塞进来的。邓恩回忆道，有些同学甚至作态向"安居神"祈祷，希望别把她们分配到差宿舍。"我所有的朋友都想住罗维尔堂，"邓恩对我说，"那里太美了，古典风的餐堂，地下壁球场，图书馆的墙壁铺着木板——这才是理想的哈佛生活该有的样子。"

邓恩和舍友撕开信封，发现她们被集体分去了罗维尔堂，所有人都喜出望外。他们相信，罗维尔堂对他们的幸福有予取予夺之力。

真是如此吗？在观察新生宿舍抽签事件数年之后，师从丹尼尔·吉尔伯特研究心理学的邓恩仍然不是很确定。在老师的指导下，邓恩开始着手去寻找答案。

她先调查了一批哈佛新生，让他们分别预测被分到 12 座宿舍楼后的幸福程度。一年后分了宿舍，她和一位合作者回访了这些学生。等学生们在新宿舍又住了两年，二人再次回访，看学生们实际有多幸福。

图 10：建筑美学的干扰

学生们认为他们住在哈佛大学罗维尔堂（左）会更幸福，马瑟楼（右）则不会。他们错了。（左：Jon Chase ／哈佛大学；右：Kris Snibbe ／哈佛大学）

结果可能让许多哈佛新生意外。被分配到自认为是差宿舍的学生比预期的要幸福得多，入住理想宿舍的学生却没有期待中那么幸福。罗维尔堂的生活是很不错，但备受诟病的马瑟楼也不差。总的说，哈佛的天选宿舍并不比冷遇宿舍更能让谁多些幸福。

为什么学生们对幸福感的预测如此不准？邓恩找到了其中的行为模式，这种模式不仅存在于哈佛学生中间，我们多数人都是如此：人们太过注重住所之间的显性差异，如位置和建筑特征，但对不那么明显的东西，如社区氛围和宿舍的人际关系质量等，给予的关注太少。

让人感到幸福快乐的东西可不止建筑、历史或室内装饰风格。好的校园生活须有友谊和社交文化的滋养，而这些又是在宿管和辅导员的长期呵护下形成的。比起罗维尔堂宏伟庄严的餐堂，马瑟楼的肥皂泡派对更能引发学生们的欢呼尖叫。

让人好奇的是，大多数学生表示明白社交生活比宿舍楼更重要，但他们仍然更在乎建筑的物质特征。这是衡量外在与内在价值的典型错误：我们可能会说体验比物质重要，但是我们不断做出的选择却好像我们根本不相信这一点似的。

哈佛学生还是幸运的，他们只是估算幸福感，实际上不能去选择宿舍。但在城市的其他地方，数百万人不仅错误地估算了自己的幸福感，一错再错，而且还要为此忍受多年。

眼见不为实，调查也出错

速问速答：生活在美国加州和中西部，哪种选择会让你更幸福？

如果选加州，那么你和大多数人一样，甚至中西部人自己都告诉调查者，他们确信加州人更幸福，加州人自己也同意。所有人都错了，加州人和中西部人自我汇报的生活满意度完全相同。

为什么我们大多数人都弄错了？部分原因在于我们的决策方式，以及被称为"聚焦幻觉"的认知癖好。我们倾向于关注不同选择之间的一两个明显差异，它们都是我们看得到想得出的东西，比如天气；却会忽视或低估不甚明显却影响极大的细节，如犯罪、通勤时间、社交关系网和污染状况等。无论俄亥俄州的友好程度、生活的惬意程度超出加州几多，我们脑海里盘踞的依旧是明媚阳光、海边冲浪与沉郁冬日、路边雪橇之间的鲜明对比。

悲哀的是，一个地方的受欢迎程度实际上却可能破坏那些增加幸福的因素。我们越是涌向大城市追寻美好生活、收入、机会和新奇感，这些地方就会变得越发拥挤昂贵，环境和交通状况也会下降。

结果？调查表明，美国那些富裕州，在全国范围内最不幸福。在加拿大的富裕大城市（如多伦多和温哥华，一直位列全球生活质量榜单前列），市民的生活满意度要比生活在小城镇和糟糕的回水泻湖区（如魁北克省得舍布鲁克、安大略省的布兰特福德）的人低很多。* 但人们总是来到大城市，在我们的集体追逐下，这些最受期待的地方却更难让我们幸福。

我们做决定时远不如自己有时认为的那么理性。如今神经科学家已开始研究，人脑是如何将一个理应是理性的决策，变成一场逻辑与情感间的骂战的。

靠不住的决策

建筑师大卫·哈尔彭（David Halpern）偶尔也会给英国政府当顾问，他曾进行过一项实验，让一群志愿者给一系列人脸图像和建筑的吸引力打分，其中也有建筑系的学生。志愿者们对人脸的反应大体相同，但如果哪个人学习建筑的时间越长，那么他对建筑的品味就与群体的差距越大。所以对于迪士尼乐园美国小镇大街的仿维多利亚风格的立面，普通人觉得很好，但大多数建筑师都不能接受。相反，后者会惊叹于路德维希·密斯·凡德罗（Ludwig Mies van der Rohe）设计的西格拉姆大厦，那就是立在曼哈顿的一个黑盒子，其建筑美学要义

---

* 英国的调查则表明，尽管伦敦是其最富有地区，居民却位居全英最不幸福人士之列。

在于精微难辨的工字钢骨架。

所以建筑师是一群自以为是的家伙？未必。学习研读建筑理论之后，建筑师的大脑可能发生生理改变。弗吉尼亚理工大学神经生物学家乌尔里希·柯克（Ulrich Kirk）和同事们使用 fMRI 研究建筑师和其他非专业人士的脑对建筑照片分别会作何反应。当一位典型的建筑师被要求评估建筑物时，她的眶额前皮层中部（这部分大脑会帮我们估算决定会带来多少回报）比非专业人士活跃得多。这位建筑师的海马体（脑中形状类似海马的部位，如同记忆图书馆的管理员），也被完全激活了。

并非有意贬低建筑师，这种反应也存在于人们最平常的选择中：比如选可口可乐还是百事可乐。志愿者只是看到可口可乐的标签，就比喝可乐的真实行为对海马体的激活程度更高，这让人们更愿意选择可口可乐（百事可乐标签的无甚效果）。由此产生的观点是，接触的文化信息可能改变人脑的工作方式，挖掘出能改变我们具体体验的图像和感受。*大脑结构极其复杂，由数十亿神经元组成，其工作方式如同人类社会的缩影。就像数百万人的声音和行动最终会形成社会决策一样，大脑做决定时，各组神经元也会为更大的影响力合作或竞争。

"你的决定最终取决于信息传播，"神经科学家扬·劳维伦斯（Jan Lauwereyns）对我说，"特定种类的信息会成为焦点，好比在电视黄金时段播出，而这会让我们的决定产生偏差。"

建筑师会被他们的学识带偏，我们也会受一大堆文化信息的拖

---

* 另一项实验中，柯克在所有志愿者的脑中都观察到了文化影响，他所做的只是给了志愿者一点背景信息。他和同事们让志愿者评价数十件艺术品，并告知志愿者某幅画作是来自画廊的收藏，而非随机选自图片库。志愿者们于是更喜欢这幅特殊作品。又一次，背景信息点亮了志愿者大脑的不同部位，使他们产生了偏好。

累。为了让这些信息在每次决定中起作用，海马体和大脑其他部位会不断争斗，无论我们是否意识到这一点。

结果就是，我们对什么是"好"的评判可以是完全主观的。我们的脑被记忆、文化和图像的强大协力来回牵拉，所以我们对好房子、好汽车、好社区等的概念，既可能来自对这些因素将如何影响生活的理性分析，也可能源于过去的幸福时光或大众媒体大量传播的图像。

从当今城市居民的海马体显示的图像看，信息爆炸很容易使人产生不切实际的期望。比如小女孩，第一个梦想之屋一般都是娃娃屋。玩具制造商美泰公司（Mattel）在 2011 年举办了一场比赛，为他们的标志性产品芭比娃娃创造一个新家，获奖设计实际上相当于一座占地 3 英亩、面积为 4880 平方英尺的玻璃豪宅，真实建筑成本可能高达 350 万美元。房子当然得是粉红色的，而如此规模的它当然也会转变为每一个玩着芭比娃娃长大的小女孩的热望。

我曾去过西雅图郊区，参加一位快乐单身汉家中的圣诞派对。巨大的圣诞树上挂着闪亮的装饰灯，但我印象最深刻的是他的大客厅、四间卧室和无比宽敞的后院。很显然，房子在大多数情况下都是空的。四间卧室里有三间没人睡过，院子里也没有孩子玩耍的身影。所有这些面积几乎只剩下了象征意义，让主人想起了小时候成长在怎样欢欣好客的家庭。但那晚派对结束后，他的朋友们开车好几十英里回他们在国会山的公寓，留下他孤零零一个人，和他的圣诞树。

当然，如果文化为的就是向我们传递关于社区和设计的不同信息，那么今天被人不屑一顾的社区和设计也可能是明天的地位象征。这已经在发生了。多年来，电视一直在将美国家庭与社会生活定位于郊区。但过去 20 年里，《老友记》和《欲望都市》等电视剧的主角通常出现在市中心的公寓里。曼哈顿东村过去地位很低，而现在上流人士不断涌入，出自著名设计师之手的公寓大厦也如雨后春笋般耸出于廉价公寓之间。新一代人的记忆图书馆已经不同，而这会改变他们的居住品味。

上层的失误

不幸的是，大多数人在选择生活方式、出行方式时，不如自己想得那般自由。我们的选择非常有限，都是由规划师、工程师、政治家、建筑师、市场营销人员和地产投机者规定出来的，是他们把自己的价值观刻进了城市景观。城市不仅是这些手握权力的陌生人的一念之差、地位驱使和系统性判断失误的产物，也出自我们自己不完美的选择甚或意外事件。我们每个人都会在选择住所或理想通勤时间时会犯错误，同样，城市缔造者们简直就是替我们搞效用误算的大师，就群体而言，我们会犯的认知错误他们也都会犯，都在意料之中。

一个特别常见的陷阱就是人倾向于把多侧面的问题简单化。世界是非常复杂的，人类则一直依靠简化、隐喻和故事来解释世界。人类学先驱克劳德·列维-施特劳斯（Claude Lévi-Strauss）*认识到这一点时，正住在巴西尚未工业化的部落里。定居森林的部落民将他们对世界的了解整理成神话，这些神话的叙事结构也非常类似：一切都化约到一个二元对立的系统。这样的结构几乎贯串于现存的每一个伟大神话。理念与否定性理念，善与恶，友与敌。想想你自己的生活经历和记得它们的方式。故事多会每讲一次就更简单一点，因为这样听上去才更像那么回事。我们很难设想出中间状态、复杂安排或重合模式，

---

* 我通过电话与他进行了交流，施特劳斯于 2004 年去世。在所罗门群岛旅行时，我发现那里的居民大多把他们的历史改编成了二元对立的神话。

即使这些在我们的生活中随处可见。

城市尤其充满矛盾，尤其是考虑到城市融合了生活、工作、购物、休闲等多种功能，存在固有的复杂性。柯布西耶也承认，要是也面临城市规划者面临的所有那些可能性和需要考虑的因素，"人都会彷徨无计，疲惫不堪"。柯布西耶和他的追随者开启了对极端简化的崇拜。他们"宏伟的直线束"和严格的功能划分让城市在图纸上一目了然，但城市可不会像简单问题那样行事。

以一个最充分体现现代主义的城市为例。上世纪 50 年代，建筑师奥斯卡·尼迈耶（Oscar Niemeyer）在一片旷野上为巴西设计了新首都，以体现巴西有序、健康、平等的未来。*早期图纸上的巴西利亚，形似一架飞机或一只展翅的巨鸟。从高空俯瞰，这设计着实令人兴奋。尼迈耶依巨鸟身体的双轴做了功能分区：鸟头部位是三权广场，宏伟的广场内排布着政府各部的建筑，国会大厦高耸其间；纪念碑大道沿鸟的脊柱一路铺设；一个模子的住宅大楼则沿鸟的双翅一排排整齐码放。建筑师希望借简单的几何规划，用设计之笔就为巴西利亚消除巴西城市的典型通病：贫民窟、犯罪和交通堵塞。行人与车流分开。每位居民享有正好 25 平方米绿地。平等原则贯串整个设计，所有居民都拥有面积相近的住房。一切井然有序。在设计图纸上，它成功地体现了直接、平等的核心规划理念。

但当第一批人来到巴西利亚生活工作时，简单化路径的缺点就暴露了出来。人们在完全相同的住宅群中晕头转向，自感迷失在了完美的秩序与巨大的空旷之中。人们想念老旧逼仄的集市街道，那些地方虽然混乱复杂，却能邂逅各种景色、气味和其他人。巴西利亚的居民

---

* 原始图纸来自受尼迈耶委托的卢西奥·科斯塔（Lucio Costa），此后尼迈耶在此基础上继续完成。

图 11：现代主义的极致完美

巴西利亚现代主义社区的居民发明了一个新词，以表达他们在完美有序、宽敞绿色的都市中的迷失与疏离之感：巴西利亚炎。（© Bruno Daher）

们甚至发明了一个新词"巴西利亚炎"（brasilite / Brasilia-itis），用来形容这里生活的病态："户外没有快乐，没有让人留意的东西，没有聊天和调情，也极少有仪式感的东西。这些却是别的巴西城市的一部分。"这样的规划简单又理性，却抹杀了杂乱的公共空间于社交的内在益处，也给市民施加了全新的精神负担（最终城市发展超出了规划，现在大区的形状更像是鸟双翅之外乱糟糟的鸟巢）。

当心危险

上个世纪的极盛现代主义者有着救世主般的笃定，这使他们很容易受到指摘。但对注定复杂的系统进行简化的趋势，却也存在于当代都市的规划者的决策过程中，有时会造成灾难性后果。为了让城市更安全，人们付出了许多努力，但这一高尚目标却因人们（包括城市的规划者和工程师）评估危险的方式功亏一篑。

诺贝尔奖得主、心理学家丹尼尔·卡尼曼认为，当决策关乎风险时，我们会基于以往经验创造一套简单规则，或称为"启发法"（heuristics）。如果你被一辆车撞到或是看到别人被撞，下次过街时你会更小心。问题在于，我们一般不会把事情记得特别准，也不会立刻想起所有事情，不同的记忆对不同人的刺激也不尽相同。

试想一件可能导致你残废或死亡的事吧。你脑海里出现的是飞机坠毁，带刀的黑帮或腰上绑了炸药的恐怖分子吗？想到了这些让人不寒而栗的画面的话，说明你的大脑运转正常，但并不准确。流行文化充斥着暴力和死亡的故事和图景，这些危险自然会深植我们的脑海，也会对情感造成巨大冲击，让我们心里感受到的危险比理性计算出的要多。在你做决定的时刻，那些饱含情感的生动回忆也比庸常内容更容易被唤醒。你越是能回忆或想象出某个场景，你就越有可能认为它会再度发生。因此在做决定时，我们常常过分关注那些看起来吓人却极少出现的威胁，但对慢慢爬来的危险却视而不见。*

因此，无怪乎社会一直在刻意付出巨大的努力转移人们对工业革命的恐惧。危险就在身边：阻塞肺部的烟尘、令人绝望的拥挤、阴暗的廉租公寓、有毒的饮水和贫穷催生的犯罪——这些问题今天依然显著。为远离这些危险，我们兴建城市，却引来了看不见的新危险。

2012 年，加州大学洛杉矶分校的环境健康科学教授理查德·杰克逊（Richard Jackson）对《纽约时报》表示："我们成了自身成功的受

---

* 尽管患胃癌病逝的几率是被谋杀的 4 倍，但人们依然觉得自己被谋杀的几率更高。这种心理机制便是原因之一。

害人。于是我们住得远离工作地点，以此减少拥挤，提高空气和水的质量，进而降低传染病发生率。"所有这些都很好，但看似安全健康的分散型郊区营造的生活机制，却很可能是致命的。

最大的危险是郊区那天生的毫无激情，这是一种由于什么都不做而得的病。公共卫生专家甚至发明了一个新词"致胖"（obesogenic）来描述威斯顿牧场这样的低密度社区。除了久坐不动的沙特阿拉伯人和南太平洋及太平洋中部岛屿的居民，美国人是世界上最胖的一群人。足有 1/3 的美国人属于肥胖 *，近 1/5 的儿童超重。加拿大有超过 1/4 的人肥胖。英国儿童 30% 超重。过去 30 年，中国的肥胖率几乎变为原先的 3 倍，如今是世界上超重人口最多的国家。

成年肥胖患者中，超过 3/4 患有糖尿病、高胆固醇、高血压或冠状动脉疾病中的一种。疾病控制中心（CDC）发出警告，因生活方式导致的糖尿病已至流行病水平。同时，生活在低密度扩张区的居民面临更高的风险罹患关节炎、慢性肺病、消化障碍、头痛和尿路感染，这一定程度上与自己驾车或身处汽车尾气环境时吸入有毒气体有关。但最关键的是，这些都是因为人们生活的社区令自己只得驾车。光是住在城市扩张区，就能让人老上 4 年。

过去几十年，郊区曾被视为安全港湾。因为距离较远，近年来更有了大门、警卫和防盗墙，郊区被认为可以保护人们免受抢劫、偷窃或凶杀等犯罪的侵扰。但如果目标只是免于被陌生人伤害或杀害，那么城市边缘的社区实在是糟糕的选择。弗吉尼亚大学建筑学系教授威廉·露西（William H. Lucy）梳理了美国数百个县的"因陌生人而死"的数据，发现了这个悖论。为准确评估陌生人造成的危险，露西的研

---

* 1960—2004，美国人口超重的比例从不到一半升至 2/3。

究把陌生人致人死亡的数据与交通事故致死人数结合了起来，结论是：开车致人死亡的司机在城市扩张区非常普遍，他们造成的死亡远超使用其他武器的杀人凶手。行走在远郊边缘地带的人死于陌生人之手的可能性，远高于美国中心城市或近郊地区的通行者。唯一的区别是，大多数郊区案件的凶手并非主观故意。

城市扩张使美国人每天的开车距离不断增加，美国的道路死亡人数也一直在每年 4 万人上下，比枪击死亡人数多 1/3，更比在 2001 年"9·11"恐袭中丧生的人数多 10 倍。试想一下：美国每年在高速路上死亡的人数其实就等于每 3 天有一架满载乘客的波音 747 坠毁。从全球范围来看，交通事故是 10—24 岁年龄段人群的头号杀手。* 一个理性的行动者会对郊区的道路状况感到恐惧，一个理性的政策制定者的宣战对象也会是交通死亡事故，而非其他国家。

情绪化的工程师

很可惜，有些本是用来防范道路危险的设计起了反作用。几十年来，道路工程师一直严格遵循行人与汽车分离的标准，消除干扰，拓宽车道。宽阔畅通的道路能提升安全性，这点长期以来被相关工程理论奉为圭臬，背后的假设是如果能被汽车碰撞的东西离汽车越远，撞车事故的发生频率就会越低。换句话说，工程师们关注的是一种价格昂贵但简单直接的解决方案。

采取了这些看似理所应当的措施后，意想不到的后果也逐渐累积

---

* 车祸是 35 岁以下人群死亡的主要原因。全球范围看，因汽车丧生的人数比因战争死亡的人数要多，每年超过 40 万人。世界卫生组织估算，除了造成流血伤亡，全球因撞车事故造成的伤害、医疗费用及财产损失超过了 5180 亿美元。

起来。把行人和其他干扰物从城市道路上排除出去的行动始于 20 世纪 20 年代的汽车革命，结果却让道路变得更加危险。问题在于，这种简单的便宜法门忽视了复杂的道路心理机制。工程师用围栏、路障和人行横道限制行人移动范围的同时，却似乎是在告诉司机油门可以随便踩。道路交通研究发现，我们大多数人开车的速度并非按照限速规定走，而是根据自己对道路安全的感受。道路设计让我们觉得可以开多快，我们就会开多快。结果是，在郊区宽阔的居民区街道上，死于车祸的行人数量是传统社区狭窄街道上的 4 倍，因为宽阔的道路让我们感觉开快车也很安全。真正致人死亡的不是碰撞事故，而是高速碰撞事故。速度为 35 英里 / 时的小汽车如果撞到行人，致死率是 25 英里 / 时速度时的 10 倍。若是路上能停几辆车或是在路中间种几棵树木，这些曾经被认为会引发道路危险的东西反而会帮司机放慢他们致命的速度。[*] 若能在路上增加一堆干扰物，包括大量的行人，司机就会更加留心，交通事故死亡人数也会骤降（我将在第 9 章继续此话题）。

另一个重大错误是人们为应对房屋火灾等显见风险而付出的善意努力。二战前，美国和加拿大的居民区街道通常只有 28 英尺宽。如果路的一边用于停车，那么相向而行的两辆车仅能勉强通过。当时觉得这种状况难以接受，特别是再有紧急车辆通过就更不行了。如果普通小汽车在这样的狭窄街道上都有剐蹭危险，那么要是一辆消防车因此没能赶到起火的房子，会酿成怎样的惨剧啊。道路规划者正是考虑到了这一因素，想到了浓烟、火苗、困在楼上的孩子，这些会引起关

---

[*] 工程师们多年来一直推崇清除路边的高低树木等干扰物体。干扰物造成的危险似乎显而易见。但得克萨斯农工大学交通学副教授埃里克·邓堡（Eric Dumbaugh）发现，道路两边的树木实际上与交通事故的数量负相关，因为树木提高了道路的复杂性，因而使人放慢了车速。拓宽路肩实际也会增加道路分隔处的碰撞事故。

图 12：专为速度设计

如此处所示的这类郊区道路设计正在引发更多的事故，因为司机很容易开到设计允许的速度上限。（主图：John Mihlig；插入图：Mark Kent）

注、左右决策的危险画面。因此，20 世纪 50 年代以来，道路的宽度标准不断增加，行人死亡人数也在急剧上升。

如今，许多住宅区的道路宽度已经达到了 40 英尺。研究人员则发现，这些原本希望减少显见风险的努力本身却引发了一系列悲剧。这些宽阔崭新的住宅区街道使人更容易开快车，而相关的行人死亡人数则是老旧窄街的 4 倍。

（对郊区居民来说讽刺的是，这些为消防车通行设计的道路在实际灭火过程中并未带来丝毫不同，比起街道老旧狭窄的社区，街道崭新宽阔的郊区在火灾中丧生人数一点不少。其中部分原因是郊区宽阔的街道和大幅地块占据了过多空间，市政无力在附近建设消防站，因而增加了消防车到达失火地点的时间。）

明日之惑，在与今日不同

在城市塑造方面，有一种认知错误产生了无与伦比的影响，叫"现在主义"：我们今天看到、感觉到的东西造成了我们对过去及未来看法的偏差。这一点也通常表述为，我们往往假设自己的思考和行为方式不会随时间的推移而改变。

想象一下你穿越到了 20 世纪 60 年代，那时佐治亚州的亚特兰大是世界上最分散的城市区之一，三座州际公路穿过此地，而你，就在通勤过程中被堵在其中一条上。在通勤的你眼中，缓解交通拥堵的最务实之法也许显而易见：让市政府或州政府提升道路容量。几十年来，工程师和政治家们一直持此观点。1969 年，亚特兰大外围建了一圈新环路，叫"周界"（the Perimeter），此后一系列高速扩建项目持续了超过 30 年。

但问题在于，这条新的沥青马路改变了城市的集体思维，使成千上万人看待道路的方式进而行为方式发生了改变。原本不开车的人看到宽敞的车道，开始驾车上路；原本开车的人改变了行车路线；还有其他会开车的人受此启发，搬去了更远的地方居住或选了更远的地方上班。与此同时，房地产开发商又充分利用新兴的"附近"地块，为人们在这样的分散区提供看似成立的生活与工作机会。

该地区于是渐渐呈现了一幅典型画面，即交通分析师所说的"诱增交通量"：数十万新司机驾车前往新增道路容量带来的新社区，但果不其然都堵在新建的高速车道上。这种趋势造成全新交通拥堵的速度，比给新车还完贷款的速度还要快。*城市若继续新增高速道路容量，平均需要多久才能再满足新的交通需求？大概要五六年。现在，虽然许多路段已经膨胀到 12 车道，但亚特兰大周界环路在高峰时段仍然堵得水泄不通。

更大的悲剧是，世界各地城市的过度建设和过度拥堵问题甚至比亚特兰大还要严重。2000 年以来，中国的快速路网（主要分布在城市）总长增加了 11.3 万公里，而拥堵情况也急速攀升。北京地区平均通勤时间近两小时，北京城因此每年要耗费近 110 亿美元。†

造路的结果？曾经企盼多建公路以缓解拥堵的司机，现在虽然得到了梦寐以求的新路，却依然堵在路上。当然，他们还极有可能忘记此前对增加道路空间的企盼是多么徒劳无谓，接着提出新要求，让工程师们再增加几条车道来解决问题。

正视危机

之前列举的错误，不管是出于个体还是集体的判断，都让人在沮丧之余感到警醒，但这些错误至少在与认知障碍造成的危险相比时，算是小巫见大巫了。认知障碍会使我们无法认识到城市生活方式与巨大风险之间的联系，而此类风险又正在会危及全世界、全人类。

---

* 亚特兰大的人口在不断增长，而这些高速路则将 90% 的人分散到了城市核心区之外。有数十项研究已经证实了这些诱导出的需求背后的原理。

† 仅 2012—2013 两年间，北京日通勤时间就增加了 25 分钟。2010 年，北京发生了 120 公里路段的严重交通堵塞，持续时间长达 12 天。——原注（2010 年北京周边出现了数次大拥堵，如 6 月京张高速、8 月京藏高速、110 国道，其中一些与施工有关；拥堵具体长度有争议。——编注）

您要是对环境或子孙后代不屑一顾，大可直接跳到下一章。但我们的宿命不会改变。敬请注意，我随后以幸福之名提出的城市创新方案有可能拯救世界。

我们目前了解的内容如下：

如今地球气候正在以前所未有的速度变暖，而这主要是由于人类活动造成的温室气体排放。对此，所有同行评议的期刊及各个国家的科学院都有普遍共识，这些国家包括加拿大、中国、巴西、印度、俄罗斯、德国、法国、意大利、日本、澳大利亚、墨西哥、英国、美国及其他数十个国家。* 此外这也是联合国政府间气候变化专门委员会（IPCC）的意见，这一机构旨在把关注气候变暖课题的科学家的成果最大量地综合起来。也就是说，根据目前人类的最可靠知识，我们正在向大气排放大量甲烷、臭氧、氧化亚氮和二氧化碳，等于在大肆破坏控制气候的精微系统。我们知道，气候变化可能引发更多的热浪、干旱、强风暴、气旋和龙卷风，造成地势较低的城市被淹、传染病蔓延、作物歉收和饥荒，可能导致数亿人死亡并让更多的人陷入贫困，此外到 2050 年，还会有 15%—37% 的物种从地球上消失。我们知道，这样的变化已经发生。我们知道，我们越迟做出改变，地球表面的温度就会升得越高，气候变化就会导致越发极端的后果。我们很有把握地知道，真实发生的这一切足够让全球的科学家和地缘政治战略家们辗转难眠。自然，保险行业也感受到了气候变暖的威力，1980—2009

---

* 该调查由多个支持联合国政府间气候变化专门委员会关于气候变化调查结果的国家科研机构进行：巴西科学院、加拿大皇家学会、中国科学院、法国科学院、德国国家科学院、印度国家科学院、意大利国家科学院、日本科学理事会、俄罗斯科学院、英国皇家学会、美国国家科学院（资料来源："科学院院士们的联合声明：气候变化的全球应对"，2005）以及美国气象学会、美国地球物理联合会、美国科学促进会及八国集团全体成员国政府。

年间，保险业因与天气相关的自然灾害，增加了 3 倍支出。

同时我们也极有把握地知道，我们消耗植物、动物、土壤、矿物、水资源和能源的速度超出了地球的再生能力。我们正在挥霍地球的原料，子孙后代会因我们跌入贫穷与艰苦的深渊。如果世上每个人都像美国人那样吃喝、建设、出行和弃物，我们得拥有九个地球才能满足所需的一切。这就像透支了所有的信用卡，却不往银行里存钱。

我们还知道，受气候变化和资源短缺的双重打击最为严重的就是城市。扩张型城市遭受的极端热浪是密集型市中心的近 2 倍，部分原因是前者的道路面积多得多。热浪会产生更多烟尘，加剧哮喘等健康问题。1995 年的芝加哥热浪造成至少 700 人死亡，2003 年席卷欧洲的热浪更带走了至少 7000 人的生命，而类似的热浪正越来越多地向我们袭来。在中国，每年或有上百万例死亡与污染、雾霾等带来的健康问题有关。在 2014 年，中国的碳排放总量超过欧洲和北美的总和。城市居民，特别是老年人和青少年，将承受更多热浪及呼吸道疾病带来的压力和痛苦。

我们知道，到 2030 年，气候变化将导致超过 1 亿的人口陷入极端贫困。环境科学家们正在试图找出气候变化、政治不稳与横扫全球的难民危机这三者之间的关联。2015 年爆发的叙利亚难民危机可能仅仅是第一波浪潮，随后或有席卷全球的气候难民海啸。

我们知道，有些城市将被迫收容数百万气候难民。服务将变得越来越贵，而公共及私人交通系统又近乎完全依赖化石燃料，城市因而将无法承担超低密度社区的公共汽车运营。此类问题将不仅出现在贫民区聚集的非洲城市。住在当前此种北美城市扩张区的人，也将加入一场锥心旅程，距离将不再是抽象概念，去往每一个目的地都会耗费更多的金钱和时间。谁如果太过依赖远距离的客户，那就只能消亡。

所有这些，我们不仅知道，有时也敢于承认，但我们建立并生活其中的城市系统事实上却在加剧这些威胁。城市约有世界的一半人口，却消耗 3/4 的能源、排放 4/5 的温室气体，而分散型城市更是其中最浪费的模式。郊区的独栋住宅吞占当地农田，供暖制冷也比公寓和联排住宅耗费更多。扩张区分散了建筑物和土地使用，使得当地几无高效的能源与交通系统使人获益。就连郊区的草坪也成了威胁：以汽油为燃料的除草机，其空气污染排放量是新车的 11 倍。平均而言，郊区人均温室气体排放量则是密集市中心居民的 2 倍。

任何明眼人的分析都会证实：城市及我们居住其间的方式，都对地球的福祉乃至人类的未来构成了直接威胁。任何理性的幸福评估都应包括我们的子孙后代将会面临的风险。多重危机不断汇聚，对此，我们的回应理当是改变个人和集体的行为，以阻止灾难发生。我们必须减少使用能源和原材料，这意味着要让出行更为高效、短途；意味着要生活得更紧凑，更多地共享空间、围墙和车辆；意味着要收获体验，而非物品。

但面对如此明显的威胁，大多数国家政府、城市和居民都未能采取有效的行动来自我改变。尽管签订了如 2015 年巴黎协定一类的里程碑式的协议，各国政府仍然未能充分减少温室气体排放，好足以避免长期的极端气候灾难。城市仍在不断扩张。你我这样的个人可以循环利用自己的废物，购买能效更高的汽车，但个人的行动，罕能匹配应对当前规模的危机所必需的碳足迹减低要求。我们不仅要面对各种自有其势头和顽固性的城市系统，为它们的自生之力羁绊，也在因自己的考虑不周而难以前行。

很难再想出哪种危机会比气候变化更让人无所作为了，心理学家们如是说。很多人就是对气候变化一无所知。对某些人来说，相关科学与我们的世界观太过冲突，难以接受：如果你相信只有上帝或大自然母亲才能改变气候，那么多少证据也无法让你信服。[*]但是对了解相关科学的人，危险又不够明显，还不足以因之采取行动。他们感觉危险在遥远、遥远的未来，大可给它们打些折扣。气候科学就像一块写满数学式的黑板，它不会在夜里朝我们尖叫，也不会像蜜蜂那样叮咬，更不会真用温度灼烧我们大多数人——至少现在还没有。虽然卡特琳娜飓风、桑迪飓风这样撕心裂肺的自然灾害越发与温室效应相关联，但其中的因果链条对我们大多数人来说仍像空中的水蒸气一样难以辨认。而与此同时，石油公司、游说团体和自由市场智库一直在精诚团结地试图说服我们：（1）危机是假的；（2）化解危机的行动将破坏我们的繁荣发展，并导致多年的艰难困苦。

甚至最大的愧疚感也无法撼动我们。"人们对基于内疚和恐惧的宣传无动于衷。人们很难将自身现下的行为与远在未来的代价联系起来，也讨厌政府对他们处以罚款或其他惩罚，即使他们知道现在的情况是不可持续的。"规划设计事务所 HB Lanarc 的城市气候与能源政策顾问亚历克斯·波士顿（Alex Boston）表示。

结果呢？人们依旧毫无作为，心如止水。我们正缓缓挪向未来的险境惨况，似乎这一切可以避免。遭遇这样的心理障碍，我们如何才能拨正航向，付诸行动？

解决方案在于转向纯粹的个人利益。

---

[*] 认知语言学家乔治·莱考夫（George Lakoff）曾解释，我们对世界的理解需要在脑中预设某种物理形式，具体而言就是神经回路的形式，他称之为"框架"。框架可以由经历、长期持有的道德观点甚至广告宣传（只要我们经常听到某类消息）形成。是它们决定了我们会感受到什么是对的，而我们则用它们来了解一起新来的信息。莱考夫写道："如果事实不符合这些框架，则是框架予以保留而事实遭到忽略。"所以有人说出"气候变化"一词时，如果这一信息与听者长期持有的观点相矛盾，那么听者的脑产生的想法和情绪更可能是怀疑，而非行动的激励。

我们知道，分散型城市破坏幸福，也破坏地球。此类城市耗费了最多的能源、使用了最多的土地，也产生了最多的碳排放，恰恰也让数百万人变得更不健康、更肥胖、更贫穷、彼此更疏离，也更加无法承受避无可避的能源震荡。眼下就有一个极好的机会。

可持续发展城市应该承诺更高的幸福感，应该比分散型城市更健康、更有乐趣，并提升所处地位和适应性能力。城市应该引人相聚而非彼此疏远，应该鼓励人做高效率的出行选择，应该洋溢着人们的满足之感和高浓度喜乐而不以地球环境为代价。城市塑造了我们的决定，古往今来一直如此。既然分散型城市限制了我们的选择，抻长了我们的作息表，那么能够拯救世界的城市就应当从行为经济学中汲取教训，确保好的选择就是幸福的选择。

这样的城市已在孕育，或说正以碎片化的形式出现在世界各地的城市之中。这样的城市诞生在市中心，那里的居民已经受够了城市的种种不适、那些也是选择远距离生活的人倾倒在这里的不适。新型城市因社区的反对运动焕发了生机：有时只是一场意外，有时则因有权人士一时的公义之心而呼之欲出，却极少因迫切担忧气候变化、生物多样性和遥远未来的悲剧而涌现。然而这样的新生城市证明了，我们在追求幸福的同时也可以让城市拯救世界。这也就是我要在余下章节中讲述的故事。

6. 如何更亲近

真正的家是一片和平宁静之地，这处避难所不但会挡下所有的伤害，还有所有的恐惧、怀疑和分歧……

——约翰·拉斯金，《芝麻和百合》

　　我们面临的挑战起初似乎非常明白：若要逃避城市的分散效应，那么密集地区应比扩张区更能满足人的心理需求。我们选择居住在密集地区，那么这些地方就必须能培育、滋养我们，让我们感到快乐。这不是一项简单的任务，因为人类不是简单的物种，会在相互抵触的多种需求之间煎熬纠结。没什么比选择亲近还是孤立更矛盾的了。某种意义上，我们的需求是在彼此敌对。

　　我们既需要来自他人的温暖滋养和帮助我们，也需要接触大自然获得疗愈。我们既需要联结，也需要一定的距离。我们享受了近距离的便利，但相应的代价可能是过度的刺激和拥挤。唯有理解了这些矛盾的力量，解决了它们之间的紧张关系，我们才可能解决可持续城市生活的难题。我们与他人之间到底需要多少空间、隐私和距离？我们又需要多少与大自然的接触？有没有一些设计，能将城市扩张与人际密切接触这二者的优点融为一体？

有证据表明，为了彼此更加亲近，我们反而需要与他人增加一点距离，也需要更多一点自然：当然也不能太多，而且也不是我们自认为需要的那种自然。

我会先谈一谈关于自然，然后再转到邻里问题。

第一步：自然的红利

2011 年，应古根海姆博物馆（Solomon R. Guggenheim Museum）的邀请，我加入了一个团队，调查纽约市的舒适水平。博物馆委托日本建筑设计事务所汪工房（Atelier Bow-Wow）在纽约东村一处空地上设计一处临时住所，接着邀请了世界各地的人组成合作团队，将这一临时住所作为我们实验的大本营。博物馆馆长希望宝马古根海姆实验室能成为创造城市生活新型解决方案的引擎。实验室手握资金，并有实习生辅助工作。我计划利用实验室的资源，收集有关城市空间如何影响人的情绪和行为的数据。这是一次千载难逢的机会：研究极端城市化，曼哈顿堪称最佳地点。

实验室位于纽约东村与下东区的交界地带，那里混合了无电梯的低层廉价公寓和较新的中高层公寓楼，其间交错着奔忙的主路和拥挤的人行道。新来的人着实会兴奋一下，因为这里精炼了纽约市的粗砺、喧嚣、匆忙、意外和可能性。我在那里第一次出门，是从位于东 13 街的公寓出发，信步 15 分钟，就遇到了所有我在一个月之内可能需要的店面：五金店一家、银行一家、大大小小的杂货店、文身店、美甲店、干洗店、手工冰淇淋店、酒吧和餐馆等等十几家。每隔几个街区就有下到地铁的楼梯。这都与我在圣华金县行驶过的空旷支线大道完全不同。你可以在这里生活、工作、购物、就餐、社交、恋爱，全凭步行。这里密集、便利、四通八达，刺激源源不断。

我的最初体会是这里的城市景观让人激动兴奋。但我想剖析一番，好理解密集城市中不同的人行道、建筑物和公共开放空间是如何影响市民的。于是，我请了滑铁卢大学心理学家科林·埃拉尔（Colin Ellard）来帮忙。行进于城市之中时，有着怎样的神经科学机制？在这方面，科林已做出了开创性的研究。我们给数十名志愿者佩戴设备，测量他们在社区中行动时的情绪状态。科林破解了一组黑莓手机，用它们探测人们在不同停驻点的情感水平（当时的幸福感）和唤起水平（兴奋）。我们还给一些志愿者戴上手环，记录他们移动时皮肤的相对电导率。因为导电率与出汗直接相关，所以皮肤电导率能客观且出色地反映志愿者的情绪唤起程度。

为什么用这些测量方法？情感测试是显而易见的选择，大多数人认为幸福比痛苦好。唤起度测试则让数据更加细化，不同的兴奋度相对水平或好或坏，视不同情境而定。平静且幸福很棒，激动且幸福也可能很棒。但持续的唤起状态对免疫系统可不是什么好事。而高唤起与低情感的组合，换句话说就是感觉既兴奋又悲惨，显然是最糟糕的搭配，而这也就是多数人所说的压力过大。

每隔几天就有几组新志愿者在我们的导览下行走于街区，并为我们提供心理生理数据。我们发现，在不同的城市环境下，人们的情绪也有不同。数据显示，人们在进入萨拉罗斯福公园里的姆分达卡伦加（M'Finda Kalunga）老年花园不久后，幸福感升至最高，唤起度则减轻。这还是在公园管理员给他们看那里可爱的小鸡之前。

这样的结果并不使我们惊讶。花园宛如茂林，绿叶植物、灌木与成木林林总总。过去几十年的证据强烈表明，面对自然，单是走进、接触和观赏，就会感觉良好。医院里的病人若能看到自然景观，比起只能看到砖墙的病人，需要的止痛药更少，恢复也更快；甚至模拟的自然景观也有帮助。接受了心脏手术的病人，若能看到包含水体林木的画作，要比那些整天只得凝视抽象画作的同类病患更少焦虑，也更少汇报重度疼痛。在牙科诊所候诊室墙上挂着自然风光画的日子里，患者的压力也更小。学生在视野内有自然景色时，考试表现会更好。*加入自然景观的理念现在也应用到了一些有着高压环境的建筑设计中。比如位于加州圣罗莎市的索诺玛县立监狱，在建筑师在其登记区的墙上添了一幅草甸风景画后，狱警们忘事的情况就少了。

　　所有这些都印证了爱德华·威尔逊提出的"亲生命性"（biophilia），他认为人类天生就会觉得特定的自然景色有利于平静和恢复。有一个理论从我们运用注意力的方式入手来解释自然景色的这些好处，该理论由生物学家斯蒂芬与蕾切尔·卡普兰夫妇（Stephen & Rachel Kaplan）提出，他们认为人注意周遭世界的方式可分为截然不同的两种：主动和被动。主动注意是我们有意识地处理问题或走在城市街道时采取的注意力模式，它需要耗费大量的集中力和能量，会让人疲惫不堪。确实，在拥挤的城市街道上待上一段时间，大多数人都会更难集中精力，也更难记住东西。可问题是，大部分已获建设的地方都充斥着刺激，迫使我们要不断决定将注意力放在何处，比如即将到站的公共汽车、打开的门和闪烁的停车灯；也迫使我们决定要去忽

---

* 早期证据来自环境心理学家罗格·乌尔里希（Roger Ulrich）。他调查了1972—1981年间在宾夕法尼亚州一所郊区医院接受过胆囊手术的病人的记录。一半病人在术后卧床休养时可以看见窗外树木葱郁，另一半则只能看见砖墙。相比视野沉闷的病人，看得见自然风景的病人需要的止痛药更少，康复出院的时间也要早上一整天。另有几十项类似研究印证了乌尔里希的结论。

视什么，比如抽脂手术的广告牌。相反，被动注意则是我们给予大自然的注意力，它无须费力，就像做白日梦或听歌时脑内的感觉。你可能都没察觉到自己在付出注意力，却由此得到了恢复，脱胎换骨。

绿荫下的社交

我用"脱胎换骨"这个词可不是在夸张。

20 世纪 90 年代中期，环境心理学家弗朗西丝·郭（Frances Ming Kuo）和威廉·沙利文（William Sullivan）参观了艾达威尔斯楼（Ida B. Wells-Barnett House）。这是芝加哥的一片低层住宅楼群，用于社会保障，不同庭院间的鲜明对比给两人留下了很深的印象。有的只是光秃秃的水泥地，覆盖苔藓，有的则种了高树低草。赤地庭院一直空空荡荡，而绿色庭院尽管确实有些杂乱无章，但无论是妇女坐着剥豌豆，还是孩子在角落里玩耍，所有的活动都让这里充满了生机。"这片地方活起来了，我们好像置身客厅，"郭回忆道，"当时我们就觉得，天啊，这可能是个重要发现。"

两人招募附近保障项目的住户当志愿者，观察并记录人们与威尔斯楼的来往。果不其然，绿色庭院经常举办一些社交活动，而赤地庭院则一贯死气沉沉。郭也发现，所见景色是绿意还是水泥，会给住户的心理造成巨大的差异，她说："窗外一片光秃秃的人告诉我们，他们心里很累，也很容易暴躁、突然光火，气头上的时候也更有可能扇对方耳光。他们更难调整心态。"甚至，他们也更多地对孩子大喊大叫。

着手调查警方记录后，两位研究者发现，大批量的坚实数据揭示了庭院绿化情况与当地犯罪率之间存在联系。种有草木的楼宇，相比庭院光秃的建筑，遭遇的暴力犯罪大约只有一半。周围绿植越少，发

图 13：环境优美，绿意盎然

绿色空间令芝加哥社会保障房居民的情感与社交生活"脱胎换骨"。左边的院子枝叶
繁茂，住在周围的人比那些住在右边光秃院子周围的人更加幸福、友善，也更不易遭
遇暴力，尽管这两片区域的治安水平都不太好。（威廉·沙利文摄）

生袭击、殴打、抢劫和谋杀的次数就越多。而犯罪学家提出的却是各
种高矮树丛会为非法活动提供方便。因此这一发现尤为值得注意。

　　郭表示，自然的缺位不但不健康，而且非常危险，部分原因是这
会让人难受，因而攻击性变强，还因为大多数居民不会去光秃秃的地
方，让那里缺少了看护安全的眼睛。

　　郭的这些发现，进一步在接触自然、幸福、行为等因素之间建立
了更为明确的联系，并揭示了强有力的社会后果。居住在绿色空间附
近的人更了解邻居，会汇报称邻居们更为友善且乐于助人。他们办的
聚会有更多人参与，他们也拥有更强的归属感。

　　原因之一是人们会在绿色庭院里花时间社交。不过，罗切斯特大
学的心理学家最近指出，其中还可能隐藏着更深层的魔力。他们让志
愿者们坐好，观看一系列亲生命的幻灯片内容，待到志愿者沉浸其中
后，心理学家们发现，观看自然风景的志愿者与观看城市天际线的志
愿者，对待他人的态度截然不同。自然观看者更有可能表示自己重视

与他人之间的深厚关系，而城市观看者则更侧重外在目标，比如挣更多的钱。而真正的测试是，研究者发给每位志愿者学生 5 美元，告诉他们可以选择与其他学生分享或自己保留。结果惊人：与自然接触越多的学生越是慷慨。这些结果也在实验室外不断得到印证。洛杉矶的一项研究显示，无论被调查者的收入与种族如何，生活在公园较多区域的人都更愿意伸出援手，也更值得信任。自然不仅对我们好，还挖掘出来我们自己"内在的好"。

热带草原景象的误区

这些发现乍看起来似乎对密集型城市不利，尤其是考虑到我们自己对城市景观的偏好所带来的误导。

1993 年，俄罗斯艺术家维塔利·科马尔（Vitaly Komar）和亚历山大·梅拉米特（Alexander Melamid）请一家专业调查公司为他们调查生活在亚非欧美等国家的人分别喜欢看什么。参考调查结果，两位艺术家挥动画笔，在画布上创作出了在统计上最有可能讨好不同国家大众的作品。他们显然意带反讽（美国人最喜欢看到包含乔治·华盛顿巡视场景的作品），但这些作品却揭示出了一套模式。画作中的场景都有些类似：开阔原野的近景有几棵树和几处灌木丛，可能还有点儿野生动物，此外就是清澈宁静的水域。统计上看，肯尼亚、葡萄牙、中国和美国的民众，品味惊人地相似。

过去几十年，在人类的景观偏好方面已有数百项研究，而两位艺术家的做法正反映了这些研究的成果。很多人确实很爱热带草原式的景色，这类景色往往有中等偏上的开阔度，低矮的草类地面植被，树木或单棵散落，或少数几棵聚集。我们的集体偏好也很具体：可选的情况下，人们表示更愿意看主干低矮、枝桠层叠、树冠宽大的树。

　　当然，正是这些树木和景色，养育了我们的采猎祖先长达数千年，即使是在人脑的增长速度超越其他所有动物的时期也是如此。进化论学者认为，是基因让我们更倾向于喜欢这样的风景，因为这种偏好有利于旧石器时代人类祖先的生存。英国地理学家杰·阿普尔顿（Jay Appleton）认为，大多数人现在仍然会无意识地评估地形可能带来的威胁和机遇，从而会根据区位资源的质量调节感受变好还是变差。我们喜欢开阔的视野，但也想感到安全：根据阿普尔顿，这两种价值的前者称为"瞭望"，后者称"庇护"。

　　如今，景观园林专业的学生都要学习"瞭望—庇护"理论。事实上，自景观园林专业出现以来，相关从业者一直在努力复制这一理想型，有时甚至自己都没察觉到这一点。汉弗莱·雷普顿（Hamphry Repton）是一位景观设计师，曾在 18 世纪为英国几十处物业设计花园，在塔顿园、乌邦寺、西维康比园等物业的华美地片中，他将相关技术发展完善。雷普顿的手法在他为地主客户绘制的设计图中可见一斑：树木从森林边缘移至开阔空间，并加入放养的畜群和水坑状的人工湖来模拟热带草原景观。当时的人甚至还挖了"隐篱"沟（haw-haw），好把动物圈起来，又不致使用栅栏破坏自然景观。

　　这些设计理念，连同遮阴树、宽阔的草坪和湖水，在一些大型城市的中心被完全复制了出来，在伦敦的海德公园、墨西哥城的查普特佩克城堡以及 F. L. 奥姆斯特德（Frederick Law Olmsted）的杰作——纽约中央公园与展望公园——中皆可见到。

　　在很多方面，我们对景观的偏好都支持着绵延至今的 19 世纪观念，即城市本是有毒的非自然环境，分散发展则是对生物性事实的自然反应。圣华金县郊的拍卖房屋参观团感觉像是一场游历，参与者充

图 14：理想中的景色发展历程

心理学家认为，热带草原式的景色天然具有平复心情的作用，也许是因为它与人脑中形成的景色类似。建筑师在加州一所监狱的登记区挂上左侧所示的图像后，看守们不仅心率降低，也更不容易忘事了。（istockphoto.com）

18世纪的景观设计师汉弗莱·雷普顿将理想景观融入了英国庄园的设计中。（Repton, Hamphry, *Observations on the Theory and Practice of Landscape Gardening*, London: printed by T. Bensley for J. Taylor, 1803）

现代的郊区房地产开发商为每个人都打造了一片原子化的热带草原。（Todd Bennett/©2013 Journal Commons）

分领略了亲生命性，并向其屈服。每栋止赎住宅门口都是加工版的旧石器时代景色：屋前是大草坪，墙边围着一圈低矮灌木，至少种上一棵树，不太高但能遮阴的那种。从 5 号州际公路的较高处，你可以瞥见大公园、高尔夫球场或郊区版热带草原标志性的人工湖，连公路的护坡上也种了洋溢自然气息的草坪和灌木丛。

如果草坪景观对我们普遍有利，那么从市中心分散出去的设计带来的美学红利将毋庸置疑，但是这种"伪热带草原"对人脑来说是否真的算最佳景色，我们并不确定。看起来，景观问题也逃不脱幸福不论，即我们的选择和对我们真真有利的事物之间的鸿沟。

生物学家理查德·富勒（Richard Fuller）向我解释道："据我观察，人们偏爱的景观和真正有益的景观差别很大。"富勒和同事们调查了英国谢菲尔德地区的公园游客，结果发现，现代人模仿热带草原景观的努力可能是误入歧途。比起待在那些将自然简化为稀树高草的公园，在树木禽鸟繁多的公园待上一阵，游客会感觉更健康，和自然更亲近，也更"接地气"。景观越多样、越"凌乱"，才是越好的。

对生物复杂性的美学价值探索才刚刚开始，但相关研究表明，贫瘠的草坪和象征性的几棵树对渴望自然的大脑来说就像无营养热量，比什么都没有强，但并不够好。说复杂多样化的生态系统和景色给人的心理冲击比整整齐齐的一块草地要多，这当然很容易理解，因为前者更可能调动起我们的被动注意，这很舒服。

我们如何在城市实现生物复杂性？要么让绿色空间变成真正的原始自然，要么我们自己在其中培育生物复杂性。这是一项艰难的工作。我发现，我越深入远郊地区，看到丰饶前院的机会就越少。人们已苦于远途通勤和超大院落，花在园艺上的时间只会更少。另一方面，极盛现代主义者也未能在高密度城市培养出亲生命复杂性。上世纪的社会保障大高楼之间的巨型草坪也被当作"绿色空间"使用,但与它们原本可以成为的样子相比,简直就是沙漠。

郊区的"热带草原"过于孤立,而高密度又往往荒芜贫瘠、令人紧张兮兮,那么,两者的平衡该取在哪里?

郭表示:"人们读了我的文章后得出结论,城市扩张是个办法,铺草坪、降低密度、把住宅远远分开就可以。但完全不是这样!看了我文章的主体部分你就知道,我研究的是自然的作用,它可以发生在每个层面。"她强调,健康生活的重点不在于你接触的自然面积有多大,而是要定期去接触自然,把它变成一种日常。因此,关键是我们如何将自然及自然的复杂性融入密集地区。有一番相关探索很值得一看,就在我的家乡。

以景观为中心的城市化

加拿大温哥华花了 30 年时间让人们适应新密度,从根本上改变了已持续半个世纪的退居郊区潮。这场探索始于 20 世纪 70 年代初,当时市民抗议把市中心包在高速公路"缎带"之间的规划,从而使温哥华成为北美唯一一座全无高速路贯穿核心区的大城市。此后,温哥华也一直强硬地拒绝为汽车创造更多道路空间。*最重要的是,周围的海洋、陡峭山脉及农耕保留地保护了这座城市,抑制了郊区发展,再加上稳定的移民流入,推动了市中心的建设热潮,并且在其他北美城市持续空心化的几十年里依旧保持了这一势头。

温哥华市中心是一个半岛,约有 20 个街区那么长,两面临海,

---

* 温哥华的工程师也正在积极努力让车速慢下来,每年温哥华都会新设数十处步行标志、人行横道和交通信号灯。

覆盖着斯坦利公园的壮丽雨林。温哥华市中心经历了飞速的"脱胎换骨"。自20世纪80年代末，超过150栋高层住宅楼如雨后春笋般拔地而起，而此前的六七十年代已经建造了百余栋。1991—2005年间，城市人口几乎翻了一番。在美国人争先恐后地奔向郊区边陲的时候，温哥华人则涌回市中心，熬夜排队等着房屋预售，甚至在公寓大厦还没浇筑地基的时候就抢着支付数百万加元。

这里有一个引人注目的悖论：温哥华越拥挤，反倒有更多的人想住进来，温哥华在世界最宜居地点调查中的排名也越靠前。在美世咨询、《福布斯》杂志和经济学人智库发布的各种生活质量榜单中，温哥华也是名列榜首或前几位。* 过去15年里，许多公寓套房价格翻了一番，即使经历了全球性经济危机，价格依旧坚挺。不仅如此，温哥华还是北美人均碳足迹最低的大城市，取得这一成就，部分原因在于人们住得更近，因而降低了交通和采暖所需的能源。†

温哥华的垂直城市探索既与众不同，也颇令人向往，部分原因在于它满足了居民对亲生命性的需要。新的市中心建设很大程度上是围绕本地人对景色的执着而展开的。尽管冬夜漫漫，温哥华人也几乎都不想去南方，因为那边经常下雨，太阳只会偶尔探头。他们本能地把目光转向了西北的山脉、雨林和海洋，换句话说，就是大自然粗犷

---

* 2009年经济学人智库"全球最宜居城市"排行榜中，温哥华第二度高居榜首。2010年《经济学人》的宜居指数榜单与康泰纳仕读者选择奖名单中，温哥华也名列第一。此外，在美世与福布斯的生活质量调查中，温哥华也常常位居前五。

† 密集城市的另一项悖论：即便现在开车通过城区的用时增加了，温哥华居民反而觉得通勤更轻松。1992—2005年间，加拿大其他城市的往返通勤时间增加了14分钟，但温哥华的平均通勤时间却保持不变。这并没有违反科学规律，因为在垂直城市工作的人住得更近，拉低了平均数值。温哥华市中心的交通出行，有2/3是步行、骑车或乘坐公共交通。经济危机爆发很久之前，居民们就逆整个北美的趋势而动，开始出售自己的汽车。2005年，温哥华平均每户拥有汽车1.25辆，而这一数字在素里市的郊区则为1.7辆（而即使经济大熔断后，美国平均每户也拥有1.9辆机动车）。

的复杂性。任何可能阻挡人们欣赏北岸山色的建设项目都会遭遇强烈的民愤。有鉴于此，城市规划者颁布了城市天际线的相关细则，在市中心创造出一条条"景观走廊"，让人们在山南的多个位置都可以便利地尽赏山景。实际上，规划者还迫使一些建筑公司改变了大厦的朝向，以保证人的视线不被遮挡。

住在高级公寓大厦里的人希望透过窗户即可欣赏自然风光的全景，而公众也有一睹山脉的权利，两者之间的张力促成了本地建筑标准的确立，也像曼哈顿那样，对建筑体积和采光的考虑塑造了一批又一批摩天大楼的形制。在楼宇越建越高的情况下，1916 年纽约通过了区划决议，强制开发商缩减建筑体积，从而形成了曼哈顿标志性的阶梯状高楼，多少为街道保留了一点自然采光。温哥华的垂直设计改造不是借鉴自纽约，而是来自香港。20 世纪 80 年代，许多香港人来此定居。那时的香港土地稀缺，人口爆炸，建筑商们为容纳人口，采用了一种可以叫作"极限堆叠"的方法。常常是多层楼的商店和服务机构先组成庞大的裙房，在此之上再建五六栋甚至更多的高层住宅楼。进入此类复合建筑体，有时即便到了 30 层也可能完全看不到周围的山色。这种模式在重视景色的温哥华必须调整。城市规划师把裙房高度减至三四层，也收窄了其上的高楼，并保证楼间距至少有 80 英尺，所以最终，天际线处仿佛是一群又高又薄的玻璃碎片，彼此间留有广大空间。于是，每位高楼住户都能欣赏到自然景色，街上的人也总能看到一点儿。在底部裙房，连排住宅或商业空间一字排开，因此街道依然安全且富有生气，琳琅满目的商店和服务机构让生活变得和在与纽约一样方便。

这种设计模式大受欢迎，也让开发商有利可图，它因此催生了一个新名词：温哥华主义。圣地亚哥、达拉斯、迪拜等多座城市都有它

图 15：香港主义／温哥华主义

左：在土地稀缺的香港，极高密度的多用途裙房高楼处处可见。（Charles Bowman）

右：香港模式在温哥华得到了改良，街边建筑瘦了身，住宅楼之间的距离也得以增加。温哥华主义能为每个人提供充满活力的城市生活和街道景观。（作者摄）

的身影。但追随温哥华主义的各个城市似乎从未充分把握其精髓。也许是因为这些城市没有温哥华这般如画的自然风景，也许是因为没有几座城市能做到温哥华的程度，把高密度的好处极力返还公众。

与许多其他城市不同，温哥华的市政规划者在评估新的开发项目时享有更多的裁量权，因此能从开发商那里逼出很多社区福利，如果后者想换取把楼盖得更高的许可的话。想给你的大厦加盖几层公寓？没问题，只要你为城市建一座公园、一个广场或一所日托中心，为社会保障经适房提供土地也可以。用这种办法，温哥华把新开发项目因上调容积率而收获的额外产权价值收回了高达80%。而居住密度的必要条件，又是社区的生活方式能为人提供红利。于是随着城市密度的不断提高，居民也享有了更多的公共绿地。在温哥华的中心街区，你只消走路几分钟，就能看到公园或是围绕整个半岛的壮观海堤。

点滴绿意

拥有一大片绿色空间或自然景观，无疑有许多好处。但仅从一个城市的公园面积总数字中，很难看出每位市民接触自然的情况。例如，伦敦中心区的人均绿地面积为27平方米，比温哥华多出近1/3，但因为后者的绿地更邻近居民，温哥华会让人"感觉"绿化更多。再以纽约居民和中央公园的关系为例：我在位于曼哈顿下城的宝马古根海姆实验室的时候，调查了几十名纽约居民，发现在刚过去的一周里，他们没有一个人去过中央公园。纽约能有这么个公园，他们应该很高兴纽约能有这么个公园，但因为没有亲眼看到或亲身接触，他们并没有从中受益。我不是在批评这片园林胜景，也不是在责备曼哈顿人没有尽力去那里的"绵羊草原"遛遛，但这确实显示了规模和可及性方面的问题。单独一座大公园是不行的。

"我们不能建了中央公园就算完了。自然必须是你生活的一部分，是你日常居所和路线的一部分。"郭强调。为了让纽约人充分领略大自然的好处，自然必须融入城市肌理之中。

我们的那次非正式小实验也为不能在大型城市公园周边生活的人提供了一些有建设性的好消息：一丁点儿的自然景观也能引发心理上的涟漪效应。

那番影响情绪的观览中，最不愉快的一站就是社会保障房项目了，它们的外立面都是光秃秃的砖墙。就在十几步外有家餐馆，外墙也是保障房那种廉价砖块，唯一的区别是，有人把餐馆外墙涂成了泥土般的棕色，并嵌了两处花槽，里面的藤蔓疯长，高已逾顶。从参加我们实验的志愿者填写的 4 分值幸福量表可见，他们在餐馆处的幸福度要比在街边光秃秃的砖墙那里几乎高出 1 分，也就是说他们的幸福感有了极大提升。虽然很难排除其他因素，比如在不同地点不经意间听到的对话的语气，偶尔飘到餐馆门外的比萨饼香气等，但志愿者们的反馈表明，绿色的出现带来了巨大的不同。

更出乎意料的事发生在我们走在艾伦街的中央路岛上的时候。艾伦街是附近一条喧嚣拥堵的主干道，路岛的两侧虽然都有低矮的围栏和自行车道作为缓冲，却仍是孤悬在汽车汪洋之中。出租车按着喇叭，发动机在咆哮。几名流浪男子把这里当成了避难所，大概是因为这里没人管。包围这片孤岛的各种刺激大概会让很多纽约人疯掉，但我们的志愿者汇报的结果却是既高度兴奋，又高度幸福。

我很是好奇，于是挑了道路特别繁忙的一天，在那天结束之际去那里逛。在这里，城市全貌一览无余：它北面与休斯顿街相交，穿过一片高楼大厦的密林后是第一大道，它又通向曼哈顿中城。真是个观光的好地方，这很可能就是为什么纽约市区以外的人在这里比纽约人更高兴。但充分感受之后，我发现这里的自然红利也非常明显。路岛的整片林荫步道旁都种了大大的枫树，即使没去特地注意它们，你也能听见叶子的沙沙声响，看见脚下树影婆娑。我坐在那里，不怎么去看那些树木，而去用心感受。我内心平静，满怀感恩之情。

添进绿色

人们对自然可能带来的好处进行了大量研究，研究表明城市里的绿色空间不应被视作可选的奢侈品，而是一种必需品。郭强调，人类若想健康栖居，自然是重要的组成部分。每天都要自然，这很关键。如果不能看见、不能触碰自然，你就无法享受自然的好处。邻近自然很重要，就算是零星的绿色都会颇有助益。

这意味着，我们需要在各个层面都将自然融入城市系统的建设，融入我们的生活。诚然，城市需要能让人与自然零距离接触的大型热点公园，但也需要家家户户附近皆有步力可及的中型公园和社区花园，以及迷你公园、绿化带、盆栽和绿植墙等等。吉尔·佩尼亚洛萨就曾指出，城市需要小中大号超大号等各种尺寸的绿色。否则，人类的生态系统就不完整。

如果城市和市民能改变关注的重心，那么即使在房地产高溢价的地方，亲生命性方针也能贯彻。最近的一个例子是 2005 年，当时韩国首尔的市长是敢作敢为的李明博，他下令把市中心的高架主路拆除了 5 英里，让其下历史悠久的清溪川重见了天日。挣脱了混凝土建筑的阴影后，现在的清溪川如一条玉带，流经草甸、苇荡、别致的角落和小小的沼泽，流域面积 1000 英亩。夏天开放的时候会有 700 万人来到这里，人们散步，躺在草地上，或在溪流的浅窝涤荡双足。我曾在 2015 年深秋的一个晚上到访清溪川。我离开熙熙攘攘的小商品市场一路向下来到河边，发现这里装饰着数百盏精美的灯笼，俨然一片夜色剧场。想要徜徉这片灯火谷地的人好多，市政府只得聘请一些年轻人拿着发光指挥棒疏导人群。

多年未见的各类鸟、鱼、昆虫也出现了。"以前你只能听到街上

图 16：清溪川

左：清溪川步道；右：清溪川上下

车流轰鸣，但现在你能听到潺潺水声！"一位已经退休的司机激动地说道。城市推出了新的快速公交服务，曾经填塞主路的车流消失了，城市焕发出了亲近自然的新生。不久之后，这位拆除了清溪川高架的市长当选为韩国总统。

要提升亲生命性，运营不佳或未投入使用的交通基础设施是不错的着手之处，纽约高线公园（High Line）即是例证。这座线型公园位于曼哈顿西区，由废弃的高架铁路线改造而成，开始的几段，蜿蜒如荒野小径，长度超过 19 个街区，引导游客与他人、也与自然生态密切接触。沿公园而行，游客不仅可以凌空一瞥附近的办公室和私人客厅，还可以走下观景台来到街上，而夜间的车流，在公园灯火的映照下宛若星河。而游客身边左近，则是数百种植物，有野樱莓、柳树、悬钩子、秋酸沼草等等，其中大部分在铁路平台改造前就已经在这里生息。应邀来亲近自然，总会收获出其不意之感，其乐无穷。一个温暖的日子，我和一群陌生人一起，脱了鞋，在一处才没脚背的浅水塘里踩起水来。

自从高线公园开放以来，每座城市的规划专家就都疾呼建设自己的高线公园，但每座城市都独一无二，机会也是如此。比如洛杉矶市，就正在将 32 英里长的洛杉矶河，这条由混凝土衬砌的孤寂河道，改造为由公园和小径组成的"翡翠项链"。

城市可以留给自然的空间比我们想的要多。以伦敦的帕丁顿购物中心为例，这是一处高档的多用途区域，夹在帕丁顿火车站的铁轨和西路高架（Westway）之间。在我和我的团队向此片地产的业主英国地产公司（British Land）分享了自然对精神健康有益的证据后，他们很快将帕丁顿中心作为幸福改造的实验场。面积有限，所以他们把狭窄的王国街上留给汽车的空间进一步缩减，以建设"林地步道"及香草园，并把水泥墙改造成垂直的生物丛林。这些变化对这里的商业大有裨益。研究表明，员工接近大自然，不仅会变得更加冷静、健康，效率也会更高。

新研究让亲近自然的立论更进了一步。最亲近的关系不只是看看自然景观，而是真正地触摸植物和泥土，与它们零距离接触。这种关系对我们的益处超乎想象。生物学家已经发现，土壤中天然存在着某种细菌，能促进实验小鼠分泌血清素从而降低焦虑，于是他们猜测，这种细菌若进入人的呼吸道或消化道，也会产生相同的效果。此番神奇的发现令人振奋。我们已经知道园艺活动能增强亲生命性方面的益处，部分原因就在于它需要投入更高的关注，而不仅仅是观看自然。

园艺同时也是社交行为，特别是在密集型城市里。2012 年夏天，我在柏洛林娜区的一片中心草坪上遇到了几位老太太。柏洛林娜是前东柏林的一片大型苏式共有产权房，拥有极盛现代主义所有的疏离式几何设计：极长的住宅楼（其中一栋竟长达 400 米）矗立在大片绿色空地之上，这些绿地则极少得到使用。20 世纪 90 年代，一些楼体得到了翻修，加装了阳台，楼间公共空间也略做了些点缀，但那些草坪仍然毫无生气，上面空无一人。

聚在草坪上的老太太们，大多已经在柏洛林娜生活了超过 40 年。那天早上，她们第一次使用了高楼间的公共空间。是心理学家和城市运动倡议者科瑞恩·罗丝（Corrine Rose）说服了她们答应与柏林洪堡大学的农学家合作，建设一座小型社区花园。我到那儿的时候，她们已经戴上 Day-Glo 花园的手套，正把几包黑土倒进高身花槽。

"过来，干活儿啦！"一位脸色红润、白发凌乱的前民主德国老太太笑着朝我喊道。我们种了罗勒、百里香、月桂叶、胡椒和生菜。每个人身上都沾了点儿土，但大家都非常开心。红脸老太太通过科瑞恩的翻译告诉我，已经有住处安排给了她们，好让她们和当地小学的孩子们一起做园艺。等到 9 月，她们就会和孩子们一起翻土。这位老太太难掩脸上的笑容。园艺活动不仅是一种亲近生命的融入，更是社交的助推器。

在设计纽约市的这次实验时，我们忘记了一点：我们当时推测，光是看到城市的自然景观就会让人高兴起来。但我们应该也测试一下亲身与自然互动的结果。不过证据已经有了：随着时间的推移，做"绿化"工作的志愿者比做其他志愿工作的人更健康、更快乐。* 在城市，每当有一小片土地变身为社区花园，这种健康效应就会灌注全身心，影响的不仅是做园艺的人，还有路过的人。

和干预环境系统相比，在任何层面上，增加绿色皆能事半功倍。

---

* 加利福尼亚州阿拉米达县的一项研究发现，经过 20 年，做"环境"志愿工作的退休老人出现抑郁症状的可能性是只有非志愿者的一半，而做其他形式志愿工作的退休人员，相应风险只降低了 10%。

植物和水就是城市的空调（在首尔酷热的夏季，新生的清溪川沿岸比周边地区低 3.6 摄氏度）。植被能清除空气中的有毒微粒并制造氧气，捕捉碳并予以储存。城市也可以通过建设生态湿地（或半天然的路缘集水区）来管理地表径流，借此创造微观野生环境，在降低生态足迹的同时让城市放松紧张的神经。

现在我们知道，城市里的自然景观会令我们更加健康快乐。我们知道，自然让我们更加善良友爱。我们知道，自然能帮我们与他人、与自身生活环境建起重要纽带。我们若能在城市中添进自然的多样性、复杂性，特别是直接感受、触碰和体验大自然的机会，便可取得亲生命性挑战的胜利。达成这一点也不难：必须让生物密度成为建筑密度的先决条件。

第二步：社交助推器

曼哈顿人口密度大，人行道数不胜数、热闹喧嚣，其中的生活无疑有着无限的可能和兴奋之感。一次我走路去上班，在这段短短的路途中，我看到遛狗的人被狗绳缠住，卖花的瓜达拉哈拉人在整理花茎，一对穿着热裤的女孩子叽叽喳喳聊着八卦，一家中东烤肉店的店主一边用肩膀和下巴夹着手机打电话一边割着架子上的烤羊，一队穿制服的孩子手牵手徐徐前进，还有几位老奶奶提着杂货穿街越巷。我也像每个刚来纽约的人一样，萌发出激动的心情，想去认识所有人。我每有请求，都得到回应。我与陌生人交流目光，有人朝我点头，有人露出诡异的微笑，也有人断然不理。这座城市是如此生机勃勃，充满令人战栗的可能。在其 19 世纪的杰作《布鲁克林摆渡》（"Crossing Brooklyn Ferry"）中，沃尔特·惠特曼描绘了自己在曼哈顿街头与数千陌生人擦身而过的交流之感：

> ……还有什么神灵能够胜过眼前这些：他们紧执我手，我一靠近，就用我爱的声音即刻大声叫我最亲昵的名；
>
> ……还有什么比这更精微：它把我和这些端详我面容的男男女女连在一起，
>
> 并将我融入你，也将我的意思倾诉给你？

对惠特曼来说，就是在这种与人人共享的观看、推搡和触碰过程中，拥挤的城市仿佛创生了一种普世的灵魂。时至今日，如果长时间漫步街头，你仍能感受到它。

但生活在曼哈顿这种超高密度中的所有人都会说，你不可能只活在人群中。这一点，住在东村公寓的我很快就懂了。

我住的是东 13 街一座老旧廉租公寓的二楼。厨房、客厅、卫生间和卧室都挤在一起，也是两个路边停车位那么大。公寓对着一面砖墙，上嵌几扇脏兮兮的窗户，还安着空调和生锈的逃生梯。第一次打开窗时，我闻到的是一股发霉腐臭的食用油味儿。窗下是一个黑漆漆的"院子"，里面散放着建材和坏家具。唯一一点儿绿色是一盆棕榈，被遗落在满是尘土的天井上。我探出头去寻找天空，上面还有六层楼，然后才是窄窄一条惨淡的蓝天。

经历了曼哈顿一整天的刺激后，人会渴望独处，但廉价公寓在这方面则十分小气。从我住这儿的第一天晚上开始，整座城市就拼命往屋里钻。才关灯不久，我就听到街上的笑声，然后有人唱歌。时间缓缓流逝，歌声更变糟成了大学里那种大喊大叫，继而是吵架声，最后是全力呕吐时才有的干哕，听着都令人窒息——就在我的窗户底下。

我必须睡觉，已经是凌晨 4 点了，可又被摔碎玻璃和轰鸣的卡车引擎惊醒，收垃圾的来了。清晨 5 点，小汽车的喇叭开始鸣响，那不是宜人的嘟嘟声，而是压抑已久的烦躁和愤怒。

早上 6 点，我放弃了，拉起百叶窗，看到天井对面一扇结满灰尘的窗户里有个好似人脸的影像。我用了一小会儿才确认那确实是张人脸，正盯着我看。我又撂下了百叶窗，合上了窗叶。

这个地方开始令我精疲力竭，不是因为没有景色、光线太差或是天井里一团糟，而是我从来没有感到过那么孤独。走进屋子的瞬间，我就会感到幽闭恐惧症和孤独合力袭来。家人来看我时，情况就更糟了。狭小的空间里，所有的活动、声音和气味仿佛都必须事先编排，才能避免互相冲突。

我猛然意识到，正是这种公寓引发了第一波出逃郊区潮。当然，与一个世纪前这里的肮脏和拥挤相比，我这点儿不爽不足挂齿（而这些问题依然存在于九龙、加尔各答等地的廉租公寓里），但我应付曼哈顿这座城市所需的力气已被这里耗光，大大降低了我对外面人群的耐心。此时我对邻居的态度就好像兰迪·斯特劳塞对待他山屋的那帮邻居一样，很不友好。我开始同情那些逃往城市边缘或去内华达沙漠住房车的人，还有日本超过 70 万的"蛰居族"，他们完全与社会隔绝，宅在家中。我觉得自己像 20 世纪 70 年代被研究者塞进拥挤笼子里的大鼠：它们忘了如何搭窝、如何社交，最后开始吃自己的孩子。

这是密度引发的另一项重大挑战：市中心的紧张状况，既在于社交方面，也在于审美方面。

20 世纪 40 年代，亚伯拉罕·马斯洛绘制了著名的人类需求金字塔来展示激励因素的层级结构。金字塔的最底层是基本生理需要，即饥饿、口渴和性欲。据马斯洛，一旦满足了这一层次的需求，你就会寻求下一层的满足。所以人一旦吃饱，就会开始担心安全；满足了安全感后，才会去寻求卡罗尔·吕夫在终极幸福感的广义定义中所说的爱情、尊严和自我实现。在现代化都市里，威胁我们的不是天气或捕食者，对多数人而言也不是饥饿，而是别的人：那些让我们耳中充斥噪声的人，污染我们呼吸的空气的人，威胁要打我们的人，开枪打我们、偷我们东西、和我们挤来挤去、打扰我们享用晚餐或只是想让我们难受的人。虽然我们被抢劫、被袭击的风险很低，但总是生活在密集人群里，真的会让人发疯。

几十年来，心理学家一直认为，密集型城市因其拥挤，尤其会对人的社交产生毒害性影响。他们已经发现高人口密度与失眠、抑郁、易怒、神经质等身心失调疾病间的相关性。比起生活在平房里的人，高楼住户即便看得到风景，也会汇报更多的恐惧、抑郁和自杀倾向。

周围陌生人太多会导致社交上的不确定性和缺乏掌控之感，带来混合型的压力。曾生活在纽约布朗克斯区的心理学家斯坦利·米尔格拉姆观察到，小城镇的人比大城市的人更愿意帮助陌生人。他认为产生这种差异的原因是"超负荷"，即城市单凭拥挤就产生了大量刺激，居民必须把自己与噪声、物体及周围的人全都隔开，才能应付下来。米尔格拉姆觉得，城市生活需要一定的冷漠和距离，所以摩肩接踵的物理拥挤实际会让我们在社交上彼此远离。

米尔格拉姆的观点得到了证据的支持。例如，住在高楼里的人总是对心理医生说，他们会同时感到既孤独，又被人群包围。其他研究表明，感觉所处环境很拥挤的人，不太可能去寻求甚至回应邻居的帮助。他们以回避为应对策略，因而也就无法获得社会支持带来的好处。米尔格拉姆指出，如果有足够多的人经常性地回避，事不关己就会成为一种社会规范：麻烦邻居是不合适的。

弱化拥挤

虽然以上看起来像是对城市密度的全面谴责，实则并非如此。拥挤是一种感知问题，是一个可解决的设计问题，至少可以通过理解社交微妙的物理意义来部分地解决。

首先很重要的一点是，理解人口密度和拥挤的不同。人口密度是一种物理状态，拥挤则是一种主观心理状态。拥挤最常见的地方就是公共电梯：人人都知道搭很长一段时间的电梯会有多窘迫，偶尔还会感到幽闭恐惧。但心理学家发现，只是改变你在一趟挤满人的电梯里的位置，就能改变你的感知和情绪状态：就站在电梯摁键前方，这个可以选择停在哪层的地方，你就很可能觉得电梯没那么拥挤了，甚至还变大了一些。这里真正改变的其实只是你的控制感。

如果知道自己能够远离他人，我们也就会更能容忍他人。住在熙熙攘攘的街道附近的人如果有自己的房间可以退守，就会汇报出更好的感受。全社会的幸福与人均拥有房间数之间存在相关性：重要的不是面积，而是有能力弱化与他人的接触。甚至家里很挤的人，如果能容易地逃到某个安静的公共场所，他们也会觉得还好。*

我们大费周章把自己与陌生人隔开，办法包括退到郊区边缘或为城区公寓加装更多安保设施等等。但此类习惯会让我们失去生活中一些最为重要的人际互动：它们发生在"模糊地带"，即存在于既不是完全的陌生人又算不上朋友的人之间。

社会学家佩吉·索茨（Peggy Thoits）曾访谈数百人，研究他们

---

* 窗外的景色也会影响你对拥挤的感知。即便是在郊区，窗外如果是一大片开阔地而非别家的窗子，也更可能让人觉得自己拥有足够的空间，而这与他们的居住面积无关。窗外的景色不仅仅是通往自然的一条通道，更是一种社交工具。

扮演的社会角色，包括明确的定位如夫妻、父母、工人，也包括相对自愿选择的浅关系角色，如学校附近的交通协管员等。索茨发现，人们与志愿团体、邻居乃至常在街上看到的人之间关系虽浅，却可借此提高自尊、掌控感和身体健康，而这些项目都是达成卡罗尔·吕夫提出的理想状态"挑战性繁荣"的要素。而另一方面，真相令人难过：我们的配偶、子女和同事会让我们精疲力竭。浅关系令人如沐春风，可以平复心情，消除顾虑，这都正是因为它们的浅。*

于是出现了一个难题。正如兰迪·斯特劳塞从山屋地区学到的，去远郊分散区住独栋房屋不是个特别好的办法：若是想和核心家庭成员或近邻逃离城市，它是一种强大的工具；但若想培养其他的紧密人际关系，立足那里就相当糟糕了，你的社交生活必须提前安排，也会正式起来。偶然的缘分因为通勤吞噬的时间，因为车挡风玻璃、车库大门之间的距离而消失了。但另一方面，生活在过于拥挤、难以掌控的地方会让我们受过多的刺激，让我们疲惫不堪，因而孤独地隐遁远郊。无论是哪种情况，我们都无缘于宽广的关系范围，没有这样的关系，我们就无法让生活更为丰富和轻松。

随着家庭规模不断缩小，独居人口数字空前，上述问题就更为令人担忧。20 世纪 50 年代的核心家庭是一父一母养育两三个孩子，这再也不是常例了。美国平均家庭人数已经缩小到 2.6 人，英国更是从 1961 年的 3.1 下降到 2011 年的 2.4。在亚洲，社会越来越富有，但生育率越来越低。台湾等地的家庭人口规模已经跌至 3.4 以下。如今许多人独自生活，独自上下班，独自吃饭，数量史无前例。事实上，现

---

* 索茨发现，女性担当配偶、母亲或职员等"义务性"角色时往往需要投入大量时间和精力，更可能进入她所说的"角色紧张"状态。自愿的浅角色就不会如此，并且与福祉息息相关。人在生活中扮演的社会角色越多，身心就越强大。

在美国最常见的家庭就是一人独居*，这恰恰是与不幸福和心理不健康最相关的一种状态。

我们需要的，是既能帮我们降低与陌生人的交往密度，又不必彻底逃离城市的地方。

亲近性测试

好消息是，我们可以将交游之乐和掌控感一起融入住宅的设计。这一点在 1973 年一个振聋发聩的研究中已经初见端倪。当时，心理学家安德鲁·鲍姆（Andrew Baum）对长岛的纽约大学石溪分校两处宿舍区的学生行为进行了比较研究。这两处宿舍区截然不同，其中一处是一条长走廊，两侧是一个个双人间——这有点像酒店，只是其中的 34 名学生要共用玄关尽头的同一个大型卫生间和同一片休息区。另一处宿舍住同样数量的学生，但楼层是分成多个套间，每套有两三间卧室、独立的休息区及小型卫生间。宿舍虽然是随机分配，但学生们对环境的反应却有规律可循。

住长走廊两侧的学生觉得很拥挤，心理压力很大，抱怨经常遇到毫无必要的人际互动。问题在于，长走廊的设计让他们很难控制自己想碰见谁、多久碰见一次。这里没有任何过渡空间，你要么待在自己房间里，要么就在玄关的公共区域里。

走廊的空间设计不仅让学生感到烦躁，还改变了他们对待彼此的态度。住套间的学生互相成了朋友，而住在走廊两侧的学生却没有，后者互帮互助的意愿也更弱。实际上，后者会彼此回避，而随着时间

---

* 美国的独居人数从 1970 年的 17% 升至 2007 年的 27%（当年有子女的已婚夫妇占比是 22.5%）。加拿大的家庭人口规模 1921 年是 4.3 人，1971 年降至 3.7，2006 年则低至 2.5。

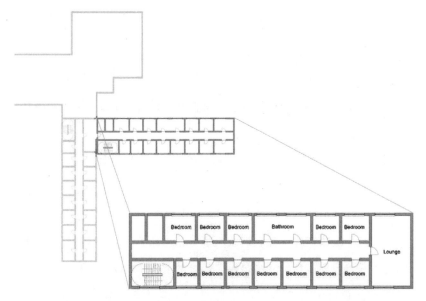

走廊式设计

套间式设计

图 17：更友好的设计

住套间宿舍（下）的学生身在其中能掌控社交互动，感到的压力也较小，且相比住长走廊式宿舍（上）的学生，前者能建立更多的友谊。（Valins, S., and A. Baum, "Residential Group Size, Social Interaction, and Crowding." *Environment and Behavior*, 1973: 421. 由大卫·哈尔彭和研究项目 "Building Futures" 重新制图）

的推移，他们会越发不爱社交。

更震惊的是，这种宿舍的行为模式影响了他们生活的其他方面。某次，学生们被叫到办公室，和一个邻居一起在外面等待约见。住套间的学生会聊天，且有眼神交流，彼此毫无戒备，坐得也更近，而住走廊宿舍的学生则不然。

爱好社交的关键不在人的密度本身，而在于我们对交往时间及深度的控制力。孤立和过度刺激，两者是一体两面的。个人心理健康乃至一般的社区福祉，某种程度上都取决于我们调节社交活动的能力。*

旧日的极盛现代主义我们留下了十分惨痛的教训，缺少社交空间的地方就是反面教材，其中最出名的要数普鲁伊特艾戈（Pruitt-Igoe）住宅区，它位于密苏里州圣路易斯市，由日裔美国建筑师山崎实（Minoru Yamasaki）设计，建于 20 世纪 50 年代，共 33 栋大楼。设计师希望让内城的贫困社区重获新生，于是用一个模子的一排排崭新公寓大楼代替了之前摇摇欲坠的排屋和廉价公寓，并在周围铺设了大片草坪。在山崎实的建筑构想中，母亲和孩子可以在住宅楼之间公园一般的空间里游戏，但结果，这个住宅区是出了名的脏乱差，破坏公物行为随处可见，毒品活动猖獗，人心惶惶。没人会去楼宇间的巨大草坪，没人觉得这里安全。

建筑师奥斯卡·纽曼（Oscar Newman）在这片住宅区最为失能的时候考察了这里。他发现，景观的社交健康度与设计直接相关："只有两户的门前公摊区环境较好，而 20 户共用的走廊、150 户共用的大

---

* 对此，大卫·哈尔彭总结道："我们通常认为，孤独的主观体验处于一个极端，相对的另一端是过度社交，中间是连续的过渡。但现在我们认识到这种假设具有误导性。一个人如果无法控制与谁见面、什么时候见面或见面地点时，很有可能会同时感到孤独和过度刺激。由于没有任何半私人空间，双方若无约定就不能进行非正式互动，所以社交互动对他们来说要么完全不存在，要么明确地就是社交。"

厅、电梯和楼梯则维护极差，住户对后者没有任何认同感或掌控感。"纽曼在这些大楼的连通平台和两栋建筑之间毫无特色的大片空地之中发现了一种社区失能，他为此刻画了一个术语，就是日后著名的"撤守空间"：在这里，没人对公共空间心怀拥有之感，垃圾高高堆起，公物被随意破坏，毒贩频频出没。二十几年后，2/3 的公寓无人居住。尽管这里的社区确实饱受贫困与糟糕管理的困扰[*]，但设计也非常重要：普鲁伊特艾戈住宅区的崩坏与街对面的排屋形成了鲜明对比，后者的居民与普鲁伊特艾戈的住户背景相似，但却能在普鲁伊特艾戈情况最糟的时候维护好自己的社区环境。1972 年，圣路易斯房屋委员会着手拆除普鲁伊特艾戈住宅区。

当然，设计只是影响保障型住房居民幸福感的众多因素之一。居民常要应对失业、贫困、被迫搬离及单亲抚养等问题的挑战，某些情况下还需要适应新的文化。必须承认，社会科学研究者各有自己的特定关注点，因而对不幸高楼生活的汇报存在一定偏向性。在对比分析了数百项人口密度研究后，大卫·哈尔彭发现，大多数研究关注的都是位于世界上最密集城市区域的社会保障住房或贫民窟，这些地方住的往往是赤贫者，他们的生存资源极少。也就是说，研究者们调查的是生活艰难的人，而他们的生活环境本身就会让他们更不幸福。我们现在知道，人口密度的影响是很微妙的。一方面，住高级公寓大厦的富人比穷人活得好。富人们不仅有钱来支付门卫、维修、园艺、装饰以及托儿等费用，并且在选择了住所后，他们往往认为自己更有身份地位了。如果住所能彰显不一样的身份，你对住所的好感会更大。（建筑物的地位可以在不做出任何实物改变的情况下发生变化。位于

---

* 关于普鲁伊特艾戈住宅项目的悲剧，可见 2011 年一部纪录片《普鲁伊特艾戈的迷思》。

伦敦市中心的社会保障性住房曾经遭人嫌弃，但后来上市公开出售时却让喜欢复古现代主义设计的中产阶级买家向往不已。）

社交密度与反社交密度

但即使在档次较高、条件不那么艰苦的地方，设计也会影响社会生活。俗话说得好，"好篱笆造就好邻居"，这是有证据支持的，鉴于"篱笆"让我们能够掌控自己的社交活动。罗伯·麦克道尔（Rob McDowell）是一位外交官，他在温哥华耶鲁镇 501 号公寓大楼 29 层买了一间公寓。罗伯单身无子，所以 47 平方米应该说绰绰有余，何况还配了全景落地窗。向外望去，是海洋，是远处的岛屿，是目光越过其他高楼后所见的北岸山脉的苍翠山坡。起雾的时候，这里仿佛浮在雾霭之上。这里集自然风光、地位彰显和隐私保护于一体。

"我激动地邀请了所有朋友上去看风景，"罗伯后来对我说，"那时我很幸福。"

但几个月之后，事情起了变化。

每次离开公寓，麦克道尔都要经过与其他 20 人共用的走廊，然后登上与近 300 人共用的电梯。电梯门打开时，他不知道自己会看到谁，反正这些人几乎不可能是他自己的邻居。麦克道尔和同楼住户们站得只有一两步远，这点儿距离完全就是在个人空间的范围，他们盯着电梯的 LED 屏，尽量避免眼神交流。*像鲍姆研究的那些住不同宿舍的学生一样，麦克道尔的幽闭恐惧不断加深。窗外的景色完全缓解

---

* 周围人都熟悉这种感觉。温哥华 501 公寓楼街对面是福溪北社区，那里的居民在接受入住后调查时就抱怨说，公寓楼的这些邻居在社交方面让人猜不透。其中一位告诉调查员："他们不想靠太近。我觉得他们是怕走太近后发现不喜欢对方，就不知如何是好了。"

不了这种孤独。他自己表示："上电梯，进公寓，关上门，这里就只有你自己，和外面的美景了。我开始讨厌这一切。"

麦克道尔的公寓大厦提供了自然景色和一定的地位感，但作为社交工具却远远不够。后来麦克道尔突然进入了新的生活轨道，这一点就更清楚明晰了。

市政府命令 501 公寓楼的开发商在这栋大厦的底部裙房建排屋。排屋有些逼仄，但每户的大门都正对公寓三楼天台的花园和排球场。麦克道尔发现，住排屋的人经常在园子里打排球。他和其他高楼住户当然可以去，但他们从没去过，就好像是，因为近水楼台，拥有这片空间的家是排屋住户。

在一些朋友搬进排屋之后，麦克道尔也放弃了美景，在朋友们旁边买了一间房。几周之内，他的社交情况就发生脱胎换骨的变化：他认识了所有的新邻居，参加每周末在那片公共花园举办的鸡尾酒会和排球赛。他终于有了家的感觉。

麦克道尔的新邻居并不是为人上就比之前的"高塔"邻居更友善、更讨喜欢。是什么拉近了他们的距离？某种意义上，社会学已经可以预测这些居民的行为，因为类似鲍姆校园调查的社会学研究已历数十年。排屋的大门都对着半开放式的门廊，在门廊上，住户可以尽览裙房顶的花园，因而彼此就有了轻松简短见上一面的大量机会。门廊是一个缓冲区，人们进退自如，大可按自己意愿行事。（如果高楼居民想在隔壁楼的走廊上"溜达"，会怎么样？不但他会觉得无聊、不自在，最后还可能有人会叫警察。）麦克道尔和他的邻居们没有察觉，自己正在践行一条由丹麦城市规划专家扬·盖尔（Jan Gehl）发现的社交空间规律。盖尔研究了丹麦人和加拿大在自家前院的行为方式，发现与路人聊天最多的居民是这样的：他们的前院与马路的距离既近到了让他们能与人交谈，又远得让他们能从容不迫退回屋里。对一个院子来说，这个完美的交际距离是多少呢？正好 3.25 米。

接下来便是社交规模的问题。麦克道尔以前每天会在电梯里随机碰上 300 多个陌生人中的任何人，而现在则是与 20 来个邻居反复接触，显然是花园里的社交生活更容易管理。这有点像阿拉伯世界常见的 fareej，这是一种足够大的居住空间，足以容纳几户数代同堂的大家庭。所有经过自己门前的人，麦克道尔都能记住他们的名字。

这些新友谊可不是泛泛之交。此后 9 年，麦克道尔帮邻居看小孩、保管备用钥匙。他的排屋邻居们也一直主导楼层的管理委员会。他们也一起度假。公寓大厦把人与人推远，排屋庭院却把人拉近。麦克道尔认为，22 位排屋邻居中，有一半是他的好友。

"其中有多少人，你会说你爱他们？"我问他这话的时候是一个下午，他正带我四处闲逛。这个问题有点私人，他脸颊有些泛红，但仍然掰着手指数了数。"爱他们，就像对家人一样？6 个。"这个数字令人震惊，因为过去 20 年，大多数人都表示自己的社交网络在缩小。"我们很爱我们的家园。我们所有人。"

魔力三角

爱家园，爱邻人，这些情感是相互关联的。约翰·赫利韦尔最近对多种全国普查做了一系列研究，发现紧密的社交网络不仅关联着信任度和生活满意度，还关涉了归属感这个难解的领域。上述三者形成了一个完美的三角：

- 自认"归属"于所在社区的人比不这么认为的人更幸福；

- 信任邻居的人，这种归属感更强；

- 归属感又受社交接触的影响；

- 不期而遇（比如某个周五晚在排球场碰见）对归属感和信任的意义，与和家人、好友的接触同样重要。

很难分辨究竟是哪个因素在起主要作用，赫利韦尔承认他的统计分析得出的是相关性而非因果关系，但我们仍然可以明显看出，信任、归属、社交时间和幸福就像扎在一起的气球束，是飘是落，都在一起。这表明，若只围绕核心家庭设计城市而牺牲其他联结纽带，便是犯了大错。这也表明，人们趋之若鹜、标榜亲生命性的垂直主义大旗，这套为温哥华主义和麦克道尔居住的高层公寓具体体现的理念，不能包治百病。2008 年，赫利韦尔撰写了一份报告，揭示出城市垂直核心区的居住者，主要是高层公寓楼的居民，并没有因为他们不错的经济地位而心情愉快。他们的幸福感排名低于大多数其他地方的居民。温哥华人的生活当然远非悲惨：从 1 到 10 的生活满意度评分量表中，温哥华的市中心居民评分在 7 到 7.5 之间，与大多数美国人一样；但密度低一些的社区，评分至少会高出 1 分。

温哥华也躲不开住宅设计与社交乐趣之间的恒久关联。住在温哥华中心半岛的人对邻居毫无信任可言，远不及平房社区的居民。* 该市规模最大的慈善组织温哥华基金会曾调查人们的社交关系，与独栋住宅的居民相比，高楼住户总是汇报感觉更孤独，社交关系也更少。而后者在此前一年的数据中，帮邻居一把的可能性也只有独栋住宅居民

---

* 一部分问题在于，温哥华垂直社区的居住者往往是暂住：留学生、年轻人和租房客，他们不会久居，无法铸就深厚的联结。成千上万说英语的留学生在市中心西区租住公寓，但一次只住几个月。2012 年，温哥华的高层公寓有近一半人居住时间不到 5 年。

的一半，也更可能表示结交朋友很难。

许多人喜欢住高层公寓，也有很多人对如何在高层世界建立社交网络轻车熟路。他们会使用城市的各种工具，如咖啡店、社区中心、社交俱乐部、体育俱乐部或社区花园等，把令人不适的密切接触变成机遇（如约翰·赫利韦尔强调的，和电梯里的陌生人聊天）。人们越来越多地使用在线工具和移动应用程序发现彼此。但对那些不谙此道的人，那些等着社交关系找上门的人，规模和设计无疑掌管着社交大门的开关大权。交际空间学并不简单。我们不能被迫相聚。最理想的社交环境是，我们可以全凭己意，想走近便走近，想离开便离开。这一切不会突然爆发，而是逐步累进，从私人区域到半开放区域再到公共区域，比如从卧室、客厅，到门廊、社区，再到城市，但大多数高楼设计师还未实现这一点。

妙在中道

如果你已经花了很多力气去寻找一些地方，可以平衡我们对隐私、自然、欢聚和便利这四种互相竞争的需求，那么你最终会发现，它们是介于垂直城市和水平城市之间的混合体。

麦克道尔和他的邻居们在地表之上的第三层楼找到了丰富且彼此关怀的生活，同样，世界各城市也提供了各自的幸福空间惊喜方案，有的通过设计，有的则全系意外。在哥本哈根，建筑师比亚克·英厄尔斯（Bjark Ingels）试图将郊区和城区的特点融入一座建筑之中，这就是英厄尔斯的"山居"，它由 80 套公寓顺坡势而上堆叠而成，共 11 层，每套公寓都带一片宽敞的露台，底层是一片社区停车场。每家每户都拥有一片朝南的私人"后院"，既可以在这个少山的国家欣赏难得的山色，所处地区的人口密度又足以支持不错的交通设施。

　　但打造幸福空间，不一定需要山居公寓这么强的概念和这么高的成本，只要其规模和系统能与足够的人群生活密度切合即可实现。此类空间遍布发展中国家，那里尚未受区划法案的限制，小小的住宅区和商业区错杂共处。在南太平洋的岛屿村落、墨西哥城中的印第安村、意大利托斯卡纳的山区小镇，都能见到此类幸福设计，这些地区的公共空间在汽车到来之前就早已经存在了。

　　在英国某些靠铁路通勤的城镇也能发现类似的情况，至少对那些不用每个工作日长途跋涉往返伦敦的居民是如此。我参观了伦敦西南的一片社区，那里距马桥（Hackbridge）火车站步行只需 10 分钟，简直是社会资本的新绿洲：这就是"贝丁顿零能源发展社区"（BedZED）。在这里，住房、工坊、办公室都充分地混合分布，楼层不高，房顶上整整齐齐地排列着天线宝宝一般的风向标。因为很多居民其实就在这片建筑群里工作，所以 BedZED 已经把 1/3 的车位空间改造成花园了。带我参观的那天，开发商普兰·德赛（Pooran Desai）一路都在碰到邻居，停下来聊两句。相关调查也发现了这种特点：英国人平均只知道 3 位邻居的名字，但这一数字在零能社区高达 20 位。

　　近乎理想的城市设计早在一个多世纪前就已经在许多北美城市贯彻实施，但它的支持者不是乌托邦式的规划者或社会学家，而是一群技术有限又想尽可能多赚点钱的老派奸商。

　　1887 年，弗吉尼亚州里士满开通了第一条有轨电车线路，此后，电车轨道迅速遍布数百座城市，新设电车的波士顿、多伦多、洛杉矶等地的郊区吸引了许多上班族。第一次世界大战前，几乎没人有私家车，因此地产开发商若想吸引业主购房，首要之事就是铺设轨道，然后在附近步行即可的范围内建房。购房者还需要步行距离内有商店、服务设施和学校，有时还需要公园。如果配套不够完备，出售房地产会非常困难。因此，在郊区的有轨电车黄金时代，房产开发和有轨电车的发展是齐头并进的。

帕特里克·康顿（Patrick Condon）是英属哥伦比亚大学城市规划学家，研究方向是动态关系，他说："交通服务提供方和商业地产开发商之间存在完美、有机的关系，都希望双方皆能获得足够多的客户。"康顿还表示，获利的关键在于计算正确。房地产开发商假设（我们现在知道这一假设相当准确），从家走到商店和电车站，大多数人乐意走上 5 分钟或者说 1/4 英里。但是为了让电车运营商和业主获取必要的客流，开发商必须减小住宅的占地面积。温哥华的电车线路周边社区，一处单户住宅的典型临街距离只有 10 米，每英亩地块上至少会有 8 套房屋，致使社区内密度是现代郊区的 2 ~ 8 倍。*配套学校的面积也很小，教室都塞在两三层楼里，好为操场腾出空间。

事实证明，受利润驱使的建筑空间，规模近乎是为了幸福生活的完美定制。市场街道热闹繁华，而其余的住宅街道又安静葱翠。大多数人都拥有自己的房子和院落，屋前是门廊而非车库，所以人们能留心街上的情况，孩子们大可以走路上学。那时没有现代郊区常见的大院子、宽马路和严格的用途分隔等等，无论有什么需要，步行 5 分钟或坐一小段电车就行。在电车城市，是贪婪参与促成了最佳平衡。

电车城市 2.0

20 世纪 50 年代后，多数依托电车的社区经历了多重打击，开始

---

* 如今，如果交通要实现 10 分钟一班或更高的频次，人口密度须达到每英亩 12 人左右。以及，过去 20 年里，马里兰州等地的郊区地块，平均面积从 0.5 英亩提升到了 1.2 英亩。

衰落。汽车渐受垂青，有轨电车被公共汽车取代，交通系统于是换了重点，许多社区失去了电车。电车的便捷和魅力于是消磨净尽，干道堵满私家车，电车和公共汽车的速度都受了影响。高速公路一举打破了这种脆弱的组织结构。许多社区被政府抛弃，也被一些富裕市民抛弃，他们只想逃去更远的郊区，随之而逃的还有税金。学校和服务水平也在下降。家庭人口规模缩小，零售商也随逃离潮去了城市边缘，规模、系统和人口密度各项指标丧失了原有的玄妙平衡。但在多伦多、西雅图、波特兰、温哥华等地，电车城市的设计存活了下来，实际上还得到了改善。

我关注电车社区全乎出于意外。前面说过，我在 2006 年买了朋友房子的部分产权，其实动机特别简单，我想要更多房间、一个更大的厨房和一片属于自己的土地。让我头疼的是，这房子的所在地块极小，只有 7.5 米 ×30 米，不到过去 30 年里郊区出售的典型地块面积的 1/4，后院只有半个羽毛球场那么大。站在窗户边上伸出手，都能挠到邻居房屋护墙板的油漆。起初我觉得整个设计只是因为小气，没意识到这实际上有助于我的房子与社区在隐私、欢聚和亲生命性三方面实现精微的平衡。最重要的是房子所处的整个系统：每英亩人口密度、每个街区的长度、与商业街的距离及各种各样的活动等等。

此处地形大概是这样：

房屋前面是一个院子，进深仅有 4 米。这条街上全部 12 个院子的面积都不算大，打理花草很轻松，所以沿街漫步时会看到许多花卉、灌木和果树。步行 4 分钟，能到达一片绿草如茵的公园，老人们每天下午都在这里打硬地滚球，用意大利语互相喊话。*走 5 分钟

---

* 硬地滚球（bocce）是欧洲地滚球的一种，其现代形制兴起于意大利。——编注

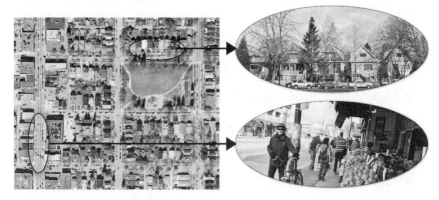

图 18：电车附近的市郊地区

有轨电车被无轨汽车取代了很久之后，东温哥华的这片区域才平衡好了人口密度和土地的混合利用，从而满足了人们对隐私、欢聚、便利和自然的需求。市场街道（右下，作者摄）虽不华丽，但满足了商业、交通和生活等多种需求。附近其他街道则绿树成荫，房屋林立，提供了单户居住和公寓式居住的方案（右上，Scott Keck 摄），学校、车站和市场全都步行可及（左：谷歌地图）。

下山坡，就是设施齐全的"商业大道区"，沿这条路双方向各走 2 分钟，就有一所邮局、一家五金店、一家意大利杂货店、两处中式蔬菜市场、一家面包店、一家鱼店、一家挨一家的咖啡店、两处二手家具店、几栋低层公寓、几间酒吧、一家健身房、一所高中，还有一所集图书馆、游泳池和曲棍球场于一体的社区中心。整条大道给人的感觉是松散不拥挤，但却与曼哈顿的商业街一样丰富多彩。有轨电车早已淡出视野，但商业街每 6 分钟就有双向公交，15 分钟就能到市中心。

为什么美洲许多电车社区都出了问题，而温哥华的这片社区仍在健康发展？原来，是同一批力量的合力滋养了温哥华的垂直中心：没有高速公路，地理受限，特别还有鼓励人口密度的地方性政策等等。世界为温哥华垂直市中心的崛起瞠目结舌，而同时，反而有更多的人来轻松的电车社区定居。15 年来，这座不大的城市（不含远郊区）人

之前

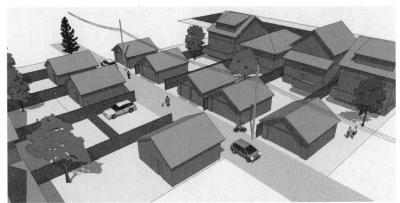

之后

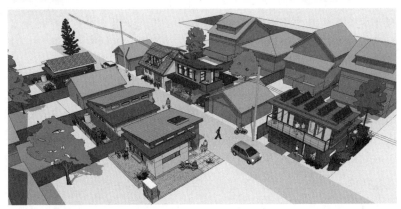

图 19：街巷改造

在温哥华及其他城市，新的区划规定允许房主将后巷车库（上）改造成小型居所（下），这是社区适度增加密度的众多方法之一。（住宅模型效果图，设计／建造：Lanefab 设计公司。Lanefab.com）

口增长超过 10 万，其中 60% 不在市中心，而在我这样的社区。

为什么会出现这样的情况？首先，温哥华鼓励对老旧电车线路沿线地区进行多用途开发。单层建筑渐被三四层的公寓取代，而公寓楼之下则是餐厅、银行和商店。同时，主干道之外的住宅街道绿树成荫，像我一样的单户住宅也已经开始悄然巨变。

许多独栋住宅被拆分为多间公寓。大多数地下室得到了翻修，添了半窗、卫生间和全功能厨房，作为套房使用，这种做法最近已经合法。2009 年，温哥华决定，在独栋房屋后院建造所谓后巷屋亦属合法。想想看：超过 7 万处房产的所有人可以推倒现有的车库建房子了。这样的新建小屋平均占地约 47 平方米，不比小型公寓大多少，但却能让房主有机会招待亲戚或接收租客，又不致太过打扰自己的隐私。这意味着，温哥华的绝大多数单户住宅如今都可以合法改造，容纳至少三户家庭：正房、地下室和后巷小舍各一户。这些规定一起促成了北美规模最大的城市新增项目之一，并且证明了北美几乎每个老旧电车社区都还有充足空间容纳更多的人。

多元的密集与密集的多元

社区升级改造大大增加了住宅的选择范围，这意味着即使各人在收入水平、出行方式、距离感、年龄和品味等方面不同，可以住在同一社区。我家边上就是一栋价值百万加元的三层小楼，住着一户四口之家，旁边的一所房子是三对情侣合住，再旁边的房子则属于辛西娅，她是独居，目前已经退休。她把房子拆成三套公寓，这样方便还贷款，也可以日子充裕些，不致节衣缩食。有些人喜欢公寓，有些人喜欢排屋，有些人则必须和邻居保持一定距离才行。而在这里，每个人都能找到适合自己的住处。

当然，该模式与近一个世纪的城市规划实践相矛盾。在以往的实践中，有钱的人都在尽可能地远离没钱的人，也确实在城市规划者的帮助下成功实现了这一点。然而我们中间住独栋房的人，是应当感谢那些买不起房子或只是更喜欢公寓及共享空间的人的。是他们让商业街财源滚滚，让意大利饺子店有生意可做；是他们让公共泳池更加热闹，让公共汽车保持频繁的班次，我们不必费神去查时刻表；也是他们的目光守卫了街道的安全。是他们让每个人的生活都更加轻松。

即使在市中心，温哥华这座城市也说服了身份地位悬殊的人比邻而居。新开发项目必须拿出 20% 的土地建设经济适用房，这种做法叫包容性区划，也没有因此遏制需求。有一栋高层公寓 W 楼，夹在穷人的保障房项目和戒毒患者康复住所之间，但营销人员售卖 W 楼的公寓时会对购房者使用激将法："要么勇敢，要么搬去郊区！"结果整栋楼在一个月内即告售罄。当地一座大学也买下 W 楼的一部分，现在，住户和学生共享同一家杂货店和同一片带顶棚的中庭。在附近的福溪（False Creek）北区，高档公寓大厦的居民向调查者表示，保障房项目是他们遇到的"最大好事"，它让更多家庭迁居至此，使这里有了更强的社区氛围。

温哥华的"邻近性实验"越发普及，但也带来了一个新问题：房屋和公寓的价格已一路飞涨，远超大多数本地工作者的购买力。世界范围的资本流动让这一情况雪上加霜。国际投资者把大量资金投入温哥华的房地产市场，导致市场严重扭曲。温哥华因此或许成了北美房价最高的城市，这意味着许多在此工作的人或是无力负担这里的生活，或是必须非常努力地工作因而没有多少时间社交，而社交又正是让生活更加幸福甜蜜的要素。

为缓解住房压力，温哥华正在竭力找办法，既让市民买得起房，又能提高人口密度。我之前写到，温哥华市议会将批准某房地产开发商建设由两层轻工业经济空间和三座商品公寓大厦组成的综合建筑，条件是开发商将其中 70 套公寓交还政府作为经适房出租。项目建成后，会将不同的经济水平和工作场所融合起来，这是数代人未曾遇见过的景象了。温哥华也在计划在老旧电车社区建更多房屋。遗憾的是，所有这些措施都无法满足需求。2015 年，温哥华的独栋住宅的均价已达难以理解的 250 万加元，部分原因就是国际投资者的购买。

志愿联盟系统

单靠设计并不能解决温哥华及世界各城市的住房购买力危机，政府必须调动一切手段，保证在城市人民安居乐业。这不仅是设计问题，更是政治问题。未来，谁能在温哥华或其他大城市里生活？这个公平方面的问题，我将在第 10 章再次回顾。

现在我们必须意识到，修复城市的亲近距离、增添城市复杂性，方法成百上千，而且不一定出自城市规划者和政治家之手。我们可以向丹麦人学习，围绕一个大的公共庭院建造公寓；也可以向阿布扎比的阿联酋人学习，他们传统的社区模式 fareej 用窄巷和紧密的公共空间将各所带院子的房屋连接起来，以适应大家庭的聚居。

我和我的顾问小组花了几百个小时研究如何在多户住宅中融入更紧密的社交关系。从堆积如山的研究资料中，可以明显得出一些教训。比如，如果共用一座大门的家庭少于 8 户，这里的人往往就能建立起更好的朋友圈。对于规模再大一些的开发项目，如果各家各户的扎堆分组总共不超过 12 个，彼此的联系也会更强。知道了这些，我们就能设计更幸福的居所。

但在我的发现之旅中，从来没有哪种设计能像位于加州斯托克顿市郊的一处社区那样，在个人隐私与群体快乐之间实现此种程度的平衡。这个社区由居民自己兴建，位于斯托克顿以北一小时车程之外。

1986 年，两位年轻的环保主义者凯文·沃尔夫（Kevin Wolf）和琳达·克劳德（Linda Cloud）在当时的戴维斯大学城边上的 N 街购买了比邻的两处房产。而后，他们拆了房子之间的篱笆，于是多数室友开始来这座新的"大"房子里一起吃饭。随着越来越多喜欢社区氛围的人来这儿购房或租房，篱笆越拆越多，一起吃饭的人也越来越多。这些居民就组成了所谓的 N 街共享家，并被戴维斯市议会列为计划开发项目，这让他们能为自己的家增加更大的附属空间。2005 年，沃尔夫和克劳德两人出资建了一个更大的公共房屋，用作小型的社区中心，设有洗衣设施和可容纳数十人的餐厅。

2010 年一个星期五的晚上我去了那里，那时，占地两英亩的共享家已经住了超过 50 人（密度比典型的扩张区高 5 倍，但并不觉得拥挤），也完全不设后院围栏。我穿过一条狭窄的通道，两旁是牧场式住宅，来到中间才发现这里已经被改造成了草木茂盛的开放空间。这里还有片果园，种着苹果树和橙子树，有一个鸡舍和几个小花园，还有几片草坪，上面散落着孩子们的玩具。

我对沃尔夫说，这里感觉有点像公社。

"可不是公社，"沃尔夫纠正道，"这里没有哪处土地是公有的，都是私有地块。我们住在自己家里，拥有自己的院子，我们只是选择分享了这些院子和一些资源。"

这种操作模式非常简单。N 街共享家的成员每月支付 25 美元，便可使用公共房，但它仍属沃尔夫和克劳德所有。有人轮流在大厨房里为几十位邻居做饭，有人喜欢自己在家做饭、用餐，还有人两种方式都尝试。一些人集资买了个按摩浴缸，邻居们只要支付很少的费用便可共享，当然也有人不喜欢和一群人一起泡热水澡。成员可以对自己的院子任意处置，但也都愿意维护穿过院子的公共小路。

这是一种独特的市场型共享模式，人人皆可在自己认为合适的时候自主选择参与多深或退开多远，合则聚，不合则散。这种模式也带来了亲生命性的红利，因为建筑共享，等于每个人都享有一大片绿色后院。安全保障上也有好处，父母会很放心送孩子去超大后院玩耍，因为周围的住家里有好几十双眼睛帮忙照看。

人们自愿走到一起，惊喜之事也不断发生。我和沃尔夫及十几位朋友共进晚餐之后，一位邻居来了，还带着一个小女孩，说是沃尔夫和克劳德的女儿。小女孩 5 岁左右，活泼可爱。沃尔夫送她上床睡觉后，解释道，这孩子实际上一开始不是她女儿，是在 9 个月大时被社区的一位单身女性领养的，后来这位养母因癌症去世。孩子对家庭变故的接受还算自然，当初她母亲的健康每况愈下时，孩子便和几位亲近的邻居待在一起，并越来越多地来沃尔夫和克劳德的房子过夜。他们之间建立起了非常紧密的情感联结和照护关系，孩子母亲去世后，她也就来了这个有爱的新家（被正式领养）。社区则成了她的大家庭，将她温柔地呵护其中。

没有什么完美社区能令所有人满意。我们对拥挤和安静都有各自的接受度，对新鲜感、隐私、音乐或园艺也各有不同喜好，与地点、气味和回忆也各有自己的复杂牵绊。但我们生活其中的城市系统无疑在影响着我们的情感生活。电车郊区和 N 街教给我们的，不是网格状的城市规划，不是有轨电车建设，也不是必须拆掉篱笆或回顾一个世纪以前的优秀城市设计。它们教给我们的，是我们可以通过各种各样的城市空间设计来拯救自己和地球。这些设计不一定都要把大楼越堆越高，让我们的生活直上天际，但几乎一定要拉近我们的距离，一定要比分散区的倡导者兜售给我们的生活更紧密。

7. 欢聚

马路既然让我们身心俱疲，为什么还依然存在？

——勒·柯布西耶

我们的文化中需要接触的艺术，它让我们不致彼此伤害，而是更加平衡，以成年人的能力去应对复杂性，并从中学习。

——理查德·桑内特

建筑师和心理学家都是提出质疑的专家。1962 年，欧洲城市正处于急速扩张期，刚刚毕业于丹麦皇家艺术学院建筑系的扬·盖尔和同事受邀，以极盛现代主义的手法重塑丹麦的全部市区。设计师们执念于建筑的形式和效率，更关注自来水、照明和草坪，但盖尔的妻子英格丽德（Ingrid）作为一名环境心理学家，深深怀疑设计师一伙的单线条使命。她指出，建筑师极少考虑社区与其中生灵的关系。他们的确在效果图里加了人的形象，比如孩子们的简笔画形象在大草坪上玩耍，卡通母亲们站在光秃秃的混凝土墙边聊天，但他们没有真的研究人们会对这些建筑作何反应。难怪这些新楼完工后，效果图设想的嬉戏孩童和闲聊母亲常常并不真的出现。

要想让建筑师改用心理学家的方式思考问题，可得大费一番布置。盖尔夫妇获得了一笔资助去研究意大利中世纪城镇，此后6个月里，两人穿梭于明信片里出现的各种大教堂、博物馆和宫殿，但他们不太注意建筑本身，反而专注市镇建筑之间的人类活动，这些市镇还未被理性的规划者重新架构，也还未被小汽车侵占，与哥本哈根完全不同。夫妻两开始着手记录这里的生活：人们漫步在威尼斯运河的沿岸，急匆匆穿行于佩鲁贾的蜿蜒小巷，在锡耶纳的原野广场上安逸地闲逛。哥本哈根的人行道了无生气，没人驻足下来喝杯咖啡，相比之下，意大利的中世纪风格城市的公共空间则生机勃勃。

壮观的原野广场坐落于锡耶纳的心脏，它又以"贝壳广场"闻名，内低外高，从锡耶纳市政厅起一路扩散并上斜，止于一条宽阔的半圆形步道，道边伫立着一排威严的五层高大型建筑。广场视线开阔，可用作全城游行时的路经舞台。没有汽车行驶其中。

盖尔夫妇就驻守在原野广场边缘，一连几日。每半个小时，他们就记录一下人们的动向，就像生物学家记录有蹄动物在水洼边的行踪一样。清晨十分安静，随着太阳不断升高，人们穿过通入广场的石头拱门和阴暗小巷，不断地涌入。人们停下脚步，喝水聊天，通常聚在咖啡馆或餐厅，而这些店铺的餐桌摆得都溢出了广场的北缘。步道边上，每隔一小段就有一根齐胸高的石柱，人们也会倚在上面歇息（这些石柱除了给人靠一下之外也毫无其他用途）。晨露消失，游客们就盘腿坐在广场的倾斜砖地上，看着高耸的曼吉亚钟塔投下阴影，一点点划过这座露天剧场。日落后，穿着考究的锡耶纳人会举家来此散步，在大理石砌的欢乐泉那里聊天。

人们因原野广场而相聚一处，慢下节奏。广场则把人捧在掌心。

图 20：为欢聚而生的设计

锡耶纳原野广场形似露天剧场，边缘排满一间间咖啡馆，石柱也很利于人休闲，是引人驻足的绝佳设计。（Ethan Kent／Project for Public Spaces）

这片人气旺盛的"原野"着实令盖尔困惑。难道因为遗传因素或传统文化的推动，意大利人真的比丹麦人更喜欢一起在公众场合放松吗？也许吧。* 但即便原野广场这样的城市空间是当地的文化和气候的反映，盖尔也在隐隐猜测，实际上是这种出色的空间设计引人聚集和逗留，从而塑造了人群的行为。

要验证这个理论，哥本哈根再适合不过了，因为哥本哈根正在开启一场翻天覆地的实验。

第二次世界大战后，这座丹麦首都像所有美国城市一样，热衷于扩散型发展。人人都买了车，郊区从城市的中世纪风格心脏地带分割了出去。为了尽力容纳川流不息的私家车，哥本哈根的公共广场和建筑之间的空隙都改造成了停车场，而这些地方本来一直是有各种需求的人共用的。哥本哈根市中心的窄街上越发塞满车辆，到处充斥着金属、噪声和废气，这座城市开始失灵。警方完全无力疏导交通，而拓宽市中心的道路又一定会破坏诸多建筑瑰宝。当城市规划专家提出，可以在市中心东缘的国有湖泊群中间架设高速公路时，这座城市显然已经到了攸关的十字路口。哥本哈根可以像许多其他城市一样改造市中心来适应汽车，也可以选择退回过去。

1962 年，纽约高速公路大亨罗伯特·摩西（Robert Moses）正试图推动一个项目，让一条快速路穿过曼哈顿下城区中心，差不多与此同时，哥本哈根却向反方向迈出了一步。受反汽车抗议活动的推动，哥本哈根市议会决定在市中心的主干线路上禁车，这条线路由一连串

---

* 原野广场的位置、形状和设计确实反映了锡耶纳的变迁。这里起初只是一片草甸，多条贸易路线交汇于此，数百年来一直作为市场使用。直到 12 世纪，九大家族掌管了锡耶纳，他们给广场铺了地砖，地砖上镶嵌九道射线，象征九大家族的统治。自此，原野广场就成了锡耶纳各宗族合作与角逐的舞台，最著名的要数年度举办的赛马节，每个锡耶纳家族都选出马匹，围绕着广场彼此竞赛。

市场街组成，一起称为"斯特拉耶街"（Strøget）。这是城市发起一场探索实验。

报纸纷纷表示这势必是场灾难，企业主也吓坏了。马路上怎么能没有车呢？我们丹麦人认真务实，要建筑之间的那些空地到底有什么用？专家则警告说，这片历史文化街区将被遗弃。

"人们说：'我们是丹麦人，不是意大利人，才不会在冰天雪地的大冬天坐到咖啡馆外面喝卡布奇诺！'"盖尔在他的哥本哈根办公室里告诉我，此时距离说这番话的时间已经过去了半个世纪。那时人们相信这座城市及其市民文化只能以一种方式运作，而这也是过去几十年工程师们在其他城市一直坚持的原则。

但哥本哈根确实变了，变得非常彻底。没人比盖尔更热爱这座城市的巨变了。从意大利一回来，他就立刻去了新的斯特拉耶步行街。

"我每周二和周六都去坐坐，无论晴天、下雨还是融雪难行，我要去看那里的冬夏、昼夜、忙闲之日都在发生什么。我坐在那儿看孩子啊老人啊都在做什么，或只是什么人来了这里，"他对我说，"当时的想法是研究在一天、一周和一年的周期里，城市的节律会怎样变化。我想尽力让公众看到每个人对城市形制会怎样反应，这样我们就可以进一步讨论城市形制与生活的相互作用。"

他在斯特拉耶街度过了一年，目睹了这里的改变。人群涌入原先被汽车占据的空间，大家夏天来，冬天长夜漫漫的时候也来。商业也在蓬勃发展。

是什么让人们愿意走出家门？盖尔眼上关注，手上不停，记下人的每一个动作，以便找出答案。城市每添一张长椅，盖尔都去数数过来坐坐的人有多少。长椅能道出很多事情。一张面朝来往行人的长椅，使用率是一张面朝花坛的长椅的 10 倍。盖尔还注意到，聚在建筑工地边上的人比百货商店展示窗前的人多，但施工人员一下班，围观群众也就散去。盖尔表示："比起看花儿、看时髦东西，人们对看别人做事兴趣更大。"他的结论似乎显而易见，但在当时却具有革命性意义："最吸引人、最引人驻足观望的，永远是其他的人。人的活动就是城市最大的吸引力。"

凸显人的因素

交通工程师只计算车流量，而盖尔当时算的则是人流量。他的研究第一次让城市规划者注意到了行人因素。比如，盖尔算出，每平方米街道每分钟可承受10名行人。[*] 还有，遇到拥堵时，人会抱团前进。这两条原则适用于任何出行情况。

"我们发现，增加路面空间，车辆就会变多；增添自行车道，自行车就会变多。如果为人增加空间，人也会变多，这样当然也就有了公共生活。"

盖尔被授予丹麦皇家艺术学院建筑学院教授头衔后，哥本哈根市政府前来寻求他的协助。盖尔的数字为哥本哈根逐步深化又不可阻挡的脱胎换骨提供了支持。每年，这座城市都改造几条街道，也将城市道路建设预算多投一点在其他街道上，使这些街道对行人更友好，更能吸引人走出汽车。

斯特拉耶街满员后，菲约尔街（Fiolstræde）这条横穿大学城北的窄街也变身为步行街，接下来则轮到弯弯曲曲的哥布迈耶巷（Købmagergade）。渐渐地，步行街和广场形成一片网格，覆盖了整个

---

[*] 斯特拉耶成为步行街的第一个夏天，一些10米宽的路段上每分钟会通过145人。道路的通行量比汽车盛行时期高了许多倍，但如此大的行人流量也已是斯特拉耶的满负荷。

市中心。因为还有认真规划的自行车道将城市的其他地方连至这里，于是涌入这片步行区的人越来越多。其中许多人不是因为有购物或工作任务在身，而只是想过来凑凑热闹、看看人。事情正在起变化，这意味着后面还会有更多变化。

盖尔和他的建筑学院同事拉尔斯·甘绪（Lars Gemzøe）多年来一直在记录哥本哈根街头人群行为的每桩变化。他们不只测算步行者队流量，也清点其他人数，包括坐在咖啡馆外的，观看街头表演的，或只是坐在长椅上、喷泉边的。他们清点什么事也不做的人的数量。（所以他们可以很有权威性地指出，1968—1995 年，在哥本哈根街上闲逛的人增加了超过 2 倍。）

斯特拉耶街附近有一个绿树成荫的小广场，格罗布略泽广场（Gråbrødretorv），意为"灰僧广场"。1968 年，这里不可以再停车辆。那年夏天，广场上有咖啡馆在自家门外设了几张桌子。人们坐在桌旁，点啤酒和肉丸，享受着北国的阳光洒在脸上。当时这似乎有些奇怪，但这些桌子只是巨大洪流中的几滴水。如今，市中心满是这种户外咖啡馆，据盖尔最后一次统计，全部座位接近 9000。丹麦的冬天十分凄冷，风从北海吹来，带来一波又一波雨水、雨夹雪和雪暴，虚弱的阳光在下班还早时就会消失。但现在即使是严寒的冬日，你也能看到哥本哈根人在广场上裹着羊毛毯，啜饮小杯浓缩咖啡。盖尔用照片记录了这些变化，证明了重构城市空间确实能令文化脱胎换骨。

晚于盖尔的研究几年，美国记者、机构分析师威廉·怀特（William H. Whyte）用延时摄影拍下了纽约街头和广场上的人，并用标记法不厌其烦地统计出人数。他研究了纽约、墨尔本和东京的人行道及广场上的人群行为，结果表明，即便可以选择一个人待着，人们几乎总还是选择和别人坐在一起。奇怪的是，人们往往会在步行人流最大

图 21：行人专属街道
哥本哈根的斯特拉耶变为步行街前后。
（扬·盖尔和拉尔斯·甘绪 / 盖尔建筑公司，城市质量咨询部）

的地方驻足聚集。怀特及其团队中的标记、摄影助手反复发现人们聊天时喜欢欢迎着门口的人流或选择人多的角落，并不会挪去一旁，似乎是更喜欢摩肩接踵的感觉。

　　仔细想想，人群具有的亲和力当属意料之中。几乎所有人都会选择坐在餐厅里能看到别人的位置，最普通不过的小镇游行也有很多人参加。我们喜欢看别人，享受和人既不陌生又不过于亲密的中间状态；我们想要更多的机会看别人、被别人看，尽管我们可能并不想真的彼此建立起什么联系。

　　人类普遍渴望身处陌生人之间，乍看之下，这似乎与让人远离城市、逃往分散区的那股冲动相矛盾。

陌生人赤字

斯特拉耶街这样的地方传递出了一条越发紧急的信息，即社会生活在城市中的重要性。几千年来，城市生活让我们能随意地接触熟人，也接触完全陌生的人。在没有冰箱、电视、汽车餐厅和互联网的时代，我们的祖先别无选择，只能每天聚在街上做生意、聊天、学习和社交。这曾是城市的目的。

但现代城市和富裕经济体创生了一种社交赤字。我们不必聚集在公共场合就能满足各种需要。科技发展和社会繁荣让人际交流的领域极大程度地私人化了，基本只存在于商场、客厅、后院及电脑和手机的屏幕上。我们不必起床就能观赏电影，交友也完全不用顾忌距离。我们能在脸书、微信等应用上闲聊、争论，还可以在线相亲。将心灵慰藉、休闲时光、沟通交流等全都私人化，做这些我们如今已是轻车熟路。而结果是，与不是同事或亲朋好友的人共处的时光，全被清洗出了城市生活。"社区"一词越来越多地指使用同一种媒体或碰巧喜欢同一种产品的一群人，成员在现实生活中是否认识完全不重要。

随着独居人士越发增多，上述便利性更促成了一种史无前例的生活方式：家不再是团聚之处，反而更像是一团孤独的涡流。

目前，科技能做的只是填补部分的孤独。电视是了解世界的一扇高窗，但幸福而言无疑是场灾难。你看电视越多，拥有的友谊就很可能越少，越发不信任他人，你的幸福也就随之变少。*互联网一直是柄

---

* 上世纪 80 年代，加拿大的一些社区接入了电视服务。这些社区本来很健康，但电视几乎损害了这里的公共参与性。与看电视正相关的是物质期望和焦虑程度，负相关的则是

双刃剑。像看电视那样频繁地使用电脑、平板、手机等设备，也有类似的负面影响。使用网络设备交流确实可以帮我们巩固亲近的关系：一项研究发现，波士顿多个社区在推广了某在线讨论工具后，居民们坐在屋外门廊上、邀请邻居共享晚餐的次数变多了。但我们的电子工具本身还不够好：越来越多的研究证明，线上关系完全不如面对面的关系那样深厚真诚，值得依靠（举个例子：相比站在对方身边的时候，人们发信息时更可能撒谎，这你其实已经知道了对吧）。面对面的互动很重要，这不是什么新鲜事，我们花了数千年的时间，把彼此的互动奠定在了所有感官之上：我们不但用眼睛和耳朵，甚至还有鼻子去接收细微的信号，了解别人是谁，喜欢什么，想要什么。真正在场的面对面交流无可取代。*

经济状况满意度、对他人的信任及社交活动频度。

* 对触觉的关注促使柏林艺术大学发明了一些手机原型，来模拟人际交互的真实感觉。一款手机能模拟握手的感觉，方法是将发出者的握捏动作通过张力带传送到接收者的手部周围。另一款手机原型则是通过接收者手机外壳上的一块覆膜湿海绵，再现发出者的亲吻。这些装置的体验，连发明者自己都觉得诡异不适，这说明科技创造人际亲密感的潜力是有局限的。

有鉴于此种现实，程序员们开始设计一些应用软件，好将线上邂逅转至线下。有人利用手机中的 GPS，将我们与附近的陌生人联系起来，这种技术率先由在线约会应用 Grindr 使用。而"嘿邻居"（HeyNeighbor）这样的软件，则让人们能向同一地区的人寻求或提供帮助。另外一些软件还在拓展利他主义的范围：比如 CLOO 让人能登记自己的私人卫生间，陌生人如若急需方便可"租用"。

而对于"脸书社会学"，现在也已经有了第一批研究。研究发现，脸书可以帮低自尊的人建立新的人际关系。因为害羞，你可能不敢邀别人约会，但仍可以向对方发送一个朋友请求。相比其他大学生，使用脸书的人会有稍高一点的社交资本和生活满意度。但在脸书上尽可能多地交友并不会产生更多的社交红利。因为大脑处理能力的缘故，大多数人可以经营的真心友情，数量是有限的。进化人类学家罗宾·邓巴（Robin Dunbar）的研究表明，我们多数人可以维系 150 个熟人，但真正可以依靠的好友，通常只有 6—12 人。不管你们是线上还是现实中结交的，这个数字都不会变化太多；而且目前，网友关系似乎仍不应视作现实友谊的代替。在接受网络人际关系的调查时，大多数人描述的线上友谊都不及面对面的关系那样足够深厚可靠，也没有现实交往中的相互依赖和理解。香港社会的互联网程度很高，一项对香港青年的研究发现，在生活中建立友谊的年轻人彼此共享更多细微的沟通准则，及更容易读懂对方字里行间的细微意思；他们也更

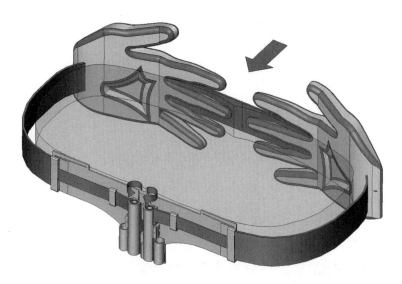

图 22：HaptiHug 远程拥抱交互背心

远程拥抱交互背心是日本庆应大学的舘研究室（Tachi Lab）的概念性感觉增强系统 iFeel IM! 的一部分。背心可将远程交流者的情感转化为一个真实的拥抱。发明者的目标是创造"一种情感的 4D 沉浸式体验"。我们真能完全复制出亲身会面的真实感觉吗？（承蒙丰桥技术科学大学电子启发跨学科研究所 [EIIRIS] 的 Dzmitry Tsetserukou）

    即便在一个迷恋虚拟空间的时代，对欢聚的追求最终也会让我们回归真实世界。问题依然存在：我们能否建立或重建一些城市空间，让我们无论与熟人还是陌生人都能简单地相互联结、更多地彼此信任？答案当然是肯定的。我们所处的空间不仅能决定我们的感受，也

可能认识对方的家人和朋友，会相互吐露心声，也自认更为了解彼此。

    网络社交环境对幸福程度的扭曲可能出乎你的意料。新近出现的一个洞见认为，在脸书上尽可能多地交友其实会让你更不幸福，这种现象植根于进化幸福函数，即将自己与他人进行比较的恒久冲动。马德里 IE 商学院的教授迪尔内·冈萨尔维斯（Dilney Gonçalves）研究了这一问题后解释道，人们通常在脸书上发布好的消息及个人的大小成就，以营造自己属于成功人士范畴的假象。因此脸书上的朋友越多，花在查看朋友更新状态的时间也会越多，而你对自己生活的评价也会越差（临界线是？ 354 个脸书好友）。

能改变我们看待他人、对待彼此的方式。

欢聚的科学

伟大的社会学家欧文·戈夫曼（Erving Goffman）曾表示，生活就是一串表演，从头到尾我们所有都在不断地调整自己留给别人的印象。如此说来，公共空间以及我们自己的家和客厅就都是舞台，而建筑、景观、舞台规模和我们身边的其他演员，则提示我们该如何表演、如何对待他人。

一名男子可能会在满是涂鸦的小巷里小便，但如果是在养老院外修剪整齐的草坪上，他就不会想这么做了。比起在脏兮兮的后巷，这人如果感到是身处家人朋友之间，或是在被别人注意，在这样的环境里，他更容易表现出一份善意。在戈夫曼的理论中，这些都是有意识的行为，是对"舞台布景"经过考虑的回应。但最近的研究表明，即使无意识的情况下，也会出现某些类似的社会性反应。和其他动物一样，我们也进化出了在无意识间评估周围存在的风险和奖赏的能力。

进化生物学家 D. S. 威尔逊和丹尼尔·奥布莱恩（Daniel O'Brien）展示了一组纽约宾汉顿的街景照片，这些照片都只有景没人。一些街道的路面坑坑洼洼，草坪无人打理，房屋也破烂不堪。另一些街道则是，人行道干干净净，房屋和院落也非常整洁。研究者邀请志愿者参加一场由实验经济学家设计的游戏：志愿者看到照片中的哪个社区，就要与那里的人做生意。你可能已经猜到了他们的行为：如果认为对方来自干净整洁的地区，志愿者就会给予更多信任，也更大方。你可能会认为，两个社区都展示出了一些社会文化线索，比如整洁表示那里的人尊重社会规范；面对这些线索，志愿者们有上述反应合情合理。但就连路面状况这种与居民的可信赖度毫无关系的因素，也会影响志愿者的反应。

事实上，我们对环境的反应，经常与有意识的思考或逻辑没多少关系。比如我们多数人都会认为，凭手的温度就决定对陌生人的态度，实在荒唐；但实验结果表明，手上拿着热饮的时候，人们相信陌生人的可能性比拿着冰饮大。另一项研究发现，人如果是刚从上行的自动扶梯上下来，会比刚从下行扶梯上下来的时候更乐于助人，也更慷慨大方。事实上，任何形式的上升似乎都会触发更善意的行为。*

心理学家力图解释这些相关性。一种理论认为，我们会从环境状况中感受到隐喻，因此会把身体上的温暖转化为社交的温暖，在位置提高时也会感到自己在道德上的提高，或是变得更加慷慨。另一条研究路径是恐惧管理理论，它认为，对于死亡，我们都有持久的深层恐惧，并都被这种恐惧驱动；如此说来，就是宾汉顿人行道的碎裂让我们下意识地感到了恐惧，想避开那里的人。不管机制如何，可以肯定的是，环境会给我们提供一些细微的线索，让我们在第一时间对不同的社会景观做出不同的反应，即便这些线索还不能为任何对环境的理性分析解释清楚。

神经科学家发现，环境的提示甚至在被人意识到之前就会引发人脑的直接反应。进入一个空间时，海马体作为大脑的记忆库管理员会即刻投入工作，将看到的内容随时与之前的记忆比较，以便在脑中为

---

* 北卡罗来纳大学的研究人员在观察大型商场的购物者后发现，若遇到救世军慈善组织的募款，刚从上行自动扶梯下来的人，捐助人数是刚从下行扶梯下来的人的 2 倍。他们还发现，刚看过飞机窗口景色剪辑的人，比看的是汽车窗口景色剪辑的人，在玩电脑游戏时的合作精神要高得多。还有几个实验也都展现了高度与利他性之间的关系。研究者认为，位于高处或者只是处于上升过程当中，无形中提醒了我们要以崇高的方式去思考和行动（该论文发表以来，一直有研究者质疑论文作者数据的有效性）。

这个区域制出一幅心理地图。但海马体也会向大脑的恐惧中心和奖励中心发送信息。旁边的下丘脑收到这些信号后会相应地释放激素，而此时大多数人都还没有确认这个地方安全还是危险。太单调或太混乱的地方触发肾上腺素和皮质醇的释放，它们是与恐惧和焦虑有关的激素。熟悉、宽敞、激发美好回忆的地方，则更可能激发让人感觉良好的血清素，以及一种鼓励并奖赏人际信任感的激素：催产素。

我在加州阿纳海姆见了神经科学家保罗·扎克，他表示："人脑具有适应性，会不断调整自身以适应所处环境。"扎克研究发现，催产素在协调人际关系方面发挥了关键作用。和一些更喜独处的哺乳动物不同，人类在脑的最原始部分都有高密度的催产素受体，它们在人相互交谈之前就会开动起来。

城市建造者们应当意识到这一问题。人与人虽然相互吸引，但文化和生物性机制都不能确保我们能一直善待陌生人。比如，荷兰研究者发现，本应奖励人的合作性与利他性的催产素，却也能触发排外偏见。研究人员向参与实验的学生喷了人工催产素，然后向他们提了那道标准的道德难题：如果可以挽救 5 个人的生命，你会让另外 1 个人暴露在火车前吗？在催产素的影响下，学生不太会去牺牲一个有典型荷兰名字的人，但如果那个人的名字听起来像东方人，却更可能被学生们牺牲。这种反世界主义的部落主义可能让人沮丧，但别忘了，伟大的城市，尤其是杰出的公共空间，还是会塑造出信任与合作的奇迹。城市设计让我们乐于信任和同情他人，这样我们认为值得关心和顾及的人也会变多。

为展示这一理念，扎克带我去了南加州最有欢聚气息的街道散步，它就在迪士尼乐园入口售票处附近，是美国公共空间状况的一条悲哀注脚。

我们穿过围绕主题公园的护坡，路过仿造的城市广场和前有门廊的"市政厅"，在美国小镇大街中间停了下来。这里模拟的是一座无比幸福的都市氛围，不同年龄不同种族的人在各个游戏区和饮食点之间推着婴儿车、牵手散步、看看商品、拍拍照片。

在扎克的催促下，我们在人群中加入一些不太文明的行为。我斜着肩膀，去碰身边来来往往的人，一开始只是轻轻擦一下，之后则完全撞上。要是在其他街上我这样的举动肯定会招致路人的老拳，但在这里，我一次又一次得到的却是他们的一个微笑、一只搀扶的手或是一声道歉。还有几次我故意丢下钱包，每次都被欢庆人群中的热情好人送了回来。于是我们继续加码，随机搭讪陌生人，请求拥抱。两位成年男性提这样的要求是很奇怪的，但美国小镇大街上的男男女女还是毫不犹豫地对我们敞开了双臂。这里展示出的亲社会风尚几乎和迪士尼的布景一样充满卡通气息。

迪士尼的美国小镇大街充满了欢乐，这有很多原因，其中不容忽视的一点是，人们是特意去那里开心的。但扎克提醒我不要忽视周围景观那强大的启动效应。美国小镇大街上没有一家店面的高度超过三层楼，但闲置的顶楼设置了一种视觉花招。顶楼缩小为原来的5/8，使建筑看起来有舒适亲和度玩具气息。同时，从条纹图案的遮阳篷、到金灿灿的橱窗文字、再到每面墙上的人造石膏细部，这条人造街道的每一处细节都是为了让你深深沉浸在放松的怀旧状态之中。*

---

* 迪士尼及其设计师都来自电影行业，他们设计主题大街，就是要让它起电影场景的作用，到处都是吸引眼球的道具，让每位游客享受身临其境之感。设计方从一开始就特别希望游客能忘记洛杉矶的非人性扩张，这种苗头那时就已经显露了。

约翰·亨奇（John Hench）在1978年时是迪士尼的首席副总，负责带领"幻想工程师"（迪士尼发明的措辞）团队。他这样解释："在有些城市里，我们如惊弓之鸟……我们不和人说话，不相信听到的一切，也不与人对视……我们不信任别人。我们只有孤独。我们如果继续关着百叶窗，切断自己与他人的联系，就会一点一点死去。沃尔特希神经免疫学先驱埃丝特·斯腾伯格（Esther Sternberg）第一次到访时便被这里的景象迷住了。通过调查环境、健康和人脑三者之间的联系，斯腾伯格认为，美国小镇大街的设计师对神经科学有着深不可测的理解。"他们做得非常出色。早在五六十年代，在我们懂得什么是神经科学很久之前，他们就已经精准地发现怎样能用设计让人从包含焦虑与恐惧的地方来到一处充满希望与幸福的所在。"她说。

产生效果的关键在于，大脑会将记忆和情感联系起来。一方面，美国小镇大街古雅的火车站、市政厅、难以接近的睡美人城堡等地标性建筑极富唤起作用，会立刻引人关注景观，降低人的焦虑情绪——在复杂环境中，人会对身处之地产生疑虑，这时会不可避免地感到焦虑。这些建筑元素还能触发情感。能激发海马体反应的不仅是视觉信号，我们所有的感官都可以，包括嗅觉。无论是糖果条纹的遮阳篷，还是人行道上弥漫的熬制巧克力软糖的甜味，迪士尼的各种标记触发的记忆都让人感到平和安全，尽管这些记忆既可能来自我们自身的经验，也可能出于对过去的想象（此类效果好到让痴呆患者护理机构的开发者干脆在机构的公共区域复制了美国小镇大街，用地标性建筑和街上的活动来让住院者想起小镇的过往，平复他们的心情）。

反社交设计

某人可能真的知道某个真实的地方，而迪士尼的街道或许只是对相应概念的模仿、拟像（simulacrum），但它对人产生的平复心情、亲近社会的效果毋庸置疑。这不是说每个公共场所都应该尝试迪士尼的

望让人们都能安心……这里有一些怀旧元素，但怀的是什么旧？过去没有一条主街是长这样的，但它能让你想起关于自己的一些事，而这些事你本已忘记。"

心机经验，而是我们应当承认，每处城市景观都是能激发记忆与情感的符号的集合体。每片广场、每座公园、每面外墙都在发送信息，告诉我们自己是谁，街道又做何用途。

美学对情感确有影响，这方面的记录非常多。比如我们知道，经常看到垃圾、涂鸦和年久失修的景象，人会产生疏离之感和抑郁情绪，老年人尤其如此。对亲生命性研究的表明，融入自然不仅能平复心境，还能改变态度，让我们给予他人更多的信任与慷慨。

我们也知道，看到建筑的尖锐棱角也会像看到尖刀或锐刺，大脑的恐惧中心会被激活，释放应激激素，我们也就不太可能停下脚步和与他人和景致互动。这种效果，在多伦多的皇家安大略博物馆新增的"水晶馆"外面的街道上就体验得到。该建筑体由丹尼尔·李伯斯金（Daniel Libeskind）设计，其钢铝金属和玻璃片组成的巨大棱镜颇有威胁意味地指向人行道，于是后果惊人：布鲁尔街这处曾经熙熙攘攘的路段如今门庭冷落。

其实城市景观无需如此的威胁性手段就能逼人离开。反社交空间在城市里就像光秃墙面一样普遍，而这种裸墙也正是问题的一部分。

扬·盖尔对街道两侧墙面的研究提供了相关证据。盖尔等人发现，如果一条街上所有的外墙都形制统一，极少设门，缺乏变化或功能，人们就会尽快地离开这条街。但如果外墙各具特色，有很多开口，每栋建筑都有密集的功能，人们就会慢下脚步，也更常停留。比其在死气沉沉的墙下，行人在生动活泼的墙下更有可能驻足打电话。

通过宝马古根海姆实验室的实验，我们发现这种了无生气的长墙不仅加速了人的脚步，还让人的情绪更加低落。2006 年曼哈顿下城区的东休斯顿街，果园街与勒德洛街之间本就不大的地块改成了一家全食超市，于是整块街区都几乎成了全食那不间断的烟色玻璃墙。参与

图 23：影响情绪的景观

纽约市东休斯顿街：人们表示，比起整洁而空寂的外墙，热闹杂乱的街道让自己幸福得多。上：全食超市（Alexandra Bolinder-Gibsand）；下：更东一段（作者摄）。

我们街区心理之旅的志愿者表示，走在这里，幸福感简直比在其他任何地方都低得多。他们沿休斯顿街往东又走了一个街区，感觉立刻好多了，那段街道虽然粗陋，但生气勃勃，有很多商店和餐馆。

几年后，我与合作者发现，街道两侧的情况不仅影响我们的幸福感，还会改变我们的待人方式！我们与西雅图的一家非营利组织"未来智慧"（Futurewise）合作，派出志愿者站在路边假装自己是迷路游客，选择的街道类型仿照了我们之前在纽约研究的那些：一条路两边光秃秃，另一条的两边则是小店列立。志愿者们按要求站在人行道上端详地图，装出迷惑的样子。两厢的结果大不相同。在活跃的街边环境中，路过的行人停下帮助这些"游客"的可能性是对照组的 4 倍。

所有这一切都在告诉我们，城市设计正朝灾难性的方向前进。郊区零售商开始对市中心展开攻势，夫妻店规模的小楼、生意成街区成街区地被单调冰冷的空间取代，街道的温情和社交气氛被洗刷得一干二净。这种侵占行为全无必要；一个零售巨头霸占了整个街区后，恶果不仅在美学方面，甚至也不仅是商品及服务种类的大幅减少：城市建筑的大卖场化还在损害附近居民、特别是老年人的身体健康。在这种死气路段临街生活的老年人，比住在到处是门窗、门外台阶和可去之处的街区的老年人，衰老得更快。超大型建筑和光秃秃的人行道把他们的日常去处挤去了步力所及之外，于是他们的身体更加虚弱，动作也更缓慢，外出社交、参加志愿活动也都变少了。[*]

所幸，一些城市已经开始立法禁止开发商损害街道的社交功能。澳大利亚的墨尔本市规定，禁止设立延伸较长的空白外墙，新商铺和

---

* 对蒙特尔老年人的研究发现，生活在有前廊、前阶街区的老年人，手脚会比生活在较空街区的老人更强壮；而可以步行去商店和服务点的老人，参加志愿活动、拜访他人并保持积极生活的几率也会更高。

餐馆的门加展示窗，至少要占整个门面的 80%。丹麦的城市走得更远。20 世纪 80 年代，丹麦的多数大城市就已经限制银行在主要购物街上开设分支机构，不是丹麦人不喜欢银行，而是无趣的银行外墙会吸走人行道的生气，数量太多就等于宣布了这条街的死刑。公民享受健康振奋的公共领域的权利，高于任何扼杀它的权利；而在曼哈顿的街区，这一点很可能就被忽略了，四大银行各据街角，互不相让。

纽约市从 2012 年开始奋起直追，采用新的区划制度，限制上西区主要街道上新开店铺的临街层店面宽度。在喧闹的阿姆斯特丹大道和哥伦布大道上，占地宽度超过 15 米的建筑须至少有两家非居住用店面，并设透明外墙。百老汇大街上的银行，门脸将被限制在 8 米之内。此类举措的部分初衷是希望阻止大型全国零售企业和银行吞噬掉太多夫妻小店，后者才是社区性格的塑造者。"商店是社区的灵魂，"社区的议员盖儿·布鲁尔（Gale Brewer）对《纽约时报》表示，"药店、鞋店之类的小店铺对我们来说无比重要。"拯救这些小生意，也就是拯救人类尺度的街区。

温哥华的例子已经证明，密集城市可以在满足商业房地产需求的同时保持建筑的友好性。连大卖场零售商也只得改变形态，以便在城区获得立锥之地。因而，开市客超市（Costco）和它的停车场开设在温哥华市中心半岛一端，藏在瘦高的公寓大厦和一排排标高排屋之间。市政厅附近的家得宝家具建材超市（Home Depot）和 Winners 服装折扣店像汉堡肉饼一样被夹在中层，其下是一溜儿临街店铺，上面则是绿意盎然的花园公寓。几家大卖场的入口被安排在拐角，其余的门面则由一家星巴克、一家杂货店和其他几家商店分享。结果是，对低价的冲动并不会使街道失去生命力。事实上，人们会走路、骑车或坐地铁来大卖场，然后坐在星巴克外，在雨中啜饮拿铁。

重返城市

一些设计师的设计用意就是要将人驱离。曼哈顿中城的反社交公共空间一度可能是最密集的。1961 年，曼哈顿颁布了一个用意良好的法令，它允许开发商建造更高的楼房，但条件是必须也在该地块建公共广场。接下来几十年发生的事表明，将公共生活的设计交到个人手中是有多么危险。

这些私有公共空间通常称为"附赠（bonus）广场"，大多是极端的反人类设计。1968 年，通用汽车在其位于第五大道的庞大楼宇前建了一个广场，以此换取了七层楼的加高，但是建筑师将广场沉于地下，四周还设了围栏，正如威廉·怀特所说，如果你坐下来，围栏恰好在你的腰际。这种思路并不稀奇。至 2000 年，曼哈顿中城和金融区一半以上的附赠广场既不引人驻足，也不刻意逼人退散，这正是设计意图所在。埃默里·罗斯父子公司（Emery Roth and Sons）的理查德·罗斯设计了曼哈顿中城和市中心 1/4 的附赠广场，他对社会学家格雷戈里·史密斯西蒙（Gregory Smithsimon）表示，客户明确让他设计的广场要让人快速通过而不停留。"客户一直要求减少元素，一直说'不，我希望它越简单越好'。"罗斯回忆道。让人们在建筑前驻足欣赏一下可以，但不可以让他们太舒服。

有时，设计师们会利用大门和围栏实现客户需要的反社交效果，不舒服的座位、带棱角的边缘及阴冷可怕、难以接近的下沉区域也同样有效。有时设计师会把广场完全留空，在一度拥挤狭小的区块里创造出一片无人的荒漠。市民将城市的上空交给开发商，以换取急需的地面公共空间，但开发商却通过设计把这些空间又偷了回去。

尽管如此，邀请人们重返城市空间的运动已在哥本哈根兴起，并席卷世界各地。在纽约市，威廉·怀特的追随者秉持他的社交性理论修复了一些状况最差的地方。怀特曾经的研究助理弗雷德·肯特（Fred Kent）创立了非营利组织"公共空间项目"（PPS），尝试将他的愿景变为现实。此前，洛克菲勒中心的业主方曾向该组织寻求建议，如何安装防护刺才能防止人们坐在他们广场的紫杉树下或是触摸树木。广场管理方一直视人为问题，他们不想费神应付流浪汉和乱丢垃圾的人。肯特礼貌地建议他们，应当增设供人休息的长凳，而不是加强对树的保护。业主方于是趁机改造了广场，让它容纳而非拒斥人群。巨变于是渐渐开始，后来，洛克菲勒中心成了整座城市到访量最高的地点之一。怀特的信徒运用的是怀特称作"三角效应"的方法：安排外部的刺激物，促使人们相互靠近，近到开始聊天。最简单的三角效应，可能就是将一座公用电话亭、一个垃圾桶和一张长椅放在一起，或者允许街头艺人在一段台阶附近表演——一切能让人放慢脚步、亲近彼此的方法都可以。

一旦了解了这种方法，你就能在世界上大多数最受欢迎的公共场所看到它的身影。原野广场的咖啡馆、博物馆、护柱和倾斜的砖地露天"剧场"给了人许多到此一游的原因。巴黎历史最为悠久的孚日广场自400多年前建成时起，就被当作城市的客厅；如今，又有了草坪、沙坑和喷泉与广场外圈拱廊下的商店和咖啡馆争夺人们的目光。

阿曼达·伯登（Amanda Burden）也是怀特的信徒，在她任职纽约市总规划师期间，三角效应在更为大胆的设计中焕发了新的生机，附赠广场的人流提升计划也正式启动。曾经人迹罕至的通用汽车大楼广场重获新生，公众的舒适与商业的光鲜融合在了一起。六棵皂荚树眺望着附近的一汪浅池，下设可移动桌椅，非常适合午餐小聚。而广场上最令人印象深刻的是一座房子大小的玻璃立方体，就坐落在广场正中心，让人不禁想起贝聿铭在卢浮宫中庭设计的玻璃金字塔，实际上是一家地下苹果商店的入口。这个空间让生活速度、熟悉程度各不相同的人在这里相遇。9月的一个傍晚，我看到一名年轻女孩用手拨拉着自己在池水中的倒影，一位西装革履的商人瘫在一边睡得正香，几十对情侣在吃午餐，还有几十对只是看着我们这些剩下的游人。是人让空间变得更为有趣、更具价值，但只有设计才能让我们聚在一起、放慢脚步，直至将那些由大理石、混凝土、水和玻璃组成的景观转变为社交环境。

将实现公众欢聚视为某种高科技是很有吸引力的，而这完全取决于城市总规划师和具体地点的设计人员，但有时这只需要围绕着城市的自然系统自由地设置街道生活。我曾经住在墨西哥城南端的克比尔克（Copilco），到处都是钢筋和砖块，乱糟糟的。但在这片街区，我最喜欢的地方正是最丑的：那是一处小广场，紧挨着一条8车道的大道"南10干线"（Eje 10 Sur），小巴士（当地称 peseros）冒着蓝烟，像公牛一样猛冲到路边；头顶上悬着的输电线，除臭剂和手机的广告牌划破天际。尽管都是这些糟糕东西，这片广场上还是有着特别的化学反应，因为两方面因素：第一，广场西端有大理石楼梯通往地铁站，每小时有数百人进进出出，换乘小巴或走去附近的国立自治大学；第二，广场周围密排的小吃亭拦截了部分人流，小贩在波纹钢板搭建的摊位出售鲜榨橙汁、番木瓜汁或烤猪肉塔可饼。日落时分，一串串彩灯亮起，丑丑的天际线在上方消失。夜空中咚咚响起坤比亚舞曲。在烤肉店的橙红色灯光下，我们这些旅行者紧紧围在一起，手托塑料盘，往塔可上挤青柠。南10干线的凌乱路边成了我们的客厅，和旅途中一处欢聚的节点。

这向所有城市建造者发出了一条信息。如果三角效应利用得当，即使外表最丑的地方也能拥有温暖人心的力量，让人们有充足的理由放慢脚步，让陌生人彼此熟悉。这个案例中，地铁站为欢聚之火提供了燃料，但火焰的大小则取决于此地真正发生的事情。有些事会发生，正是因为它们被允许发生，汽车和过度监管往往令此类情况很是罕见。但餐车正得到富裕城市的规划者青睐。从波特兰到波士顿再到卡尔加里，规划者以流动摊贩作为城市化战略的手段，为死寂已久的街区注入足够的活力，吸引人流，最终引来实体坐商入驻。

速度

克比尔克小广场尽管散发着粗砺的光焰，却也显示了更为突出的教训。从北边过来，人们需要乘小巴、出租车或自驾车一路狂奔在南10干线，这条 20 世纪 70 年代时开始横贯墨西哥城的高速网干路之一上。路边于是充满敌意：发动机和车喇叭的声音让人心烦意乱，危险之感四处笼罩，可不单来自停靠路边的小巴。人的情绪和行事方式皆受影响，只是靠近街道，人都会更为冷漠。

讨论城市的宜居性时，人们往往从效率、空气质量、便利性等角度考虑车流，有时也考虑安全因素，但这忽视了重要的一点：交通对公共空间之心理体验的影响。

人的骨骼已进化到能承受速度高达 20 英里／时的硬物冲击，这几乎和健将的跑步速度一样快。*如果迎面而来的硬物比这速度还快，人自然会感到不安。如果再有一堆速度极快的物体，体积还大到显然很危险，人的不安之上会再添不安。如果这些物体还四处乱窜，发出噪

---

* 在 2009 年田径世锦赛的百米冲刺中，博尔特的平均地面速度是 23.35 英里／时。

声，人就要面对一片纯然的刺激风暴，进入其中，任何人的任何保护壳都会失效，而这就是大多数现代城市的街道设计。

多少三角效应也无法抵挡高速交通对公共空间的心理腐蚀。1971年，唐纳德·阿普尔亚德（Donald Appleyard）对旧金山的几条平行街道做了一番非常经典的研究，发现了交通与社交间的直接联系。在一条交通流量较低（2000辆/天）的街道上，孩子们会在人行道和马路上玩耍，大人则在家门前的台阶处社交，人人都表示自己与道路两侧邻里的联系很是紧密。而另一条与之类似的街道每天却有8000辆车通过，社交活动和人际关系水平急剧下降。还有一条类似的街道，日均通过车辆达1.6万，公共场所空空荡荡，社交联系稀少且距离疏远。这些街道之间唯一的显著区别就是车流量。但如果让居民描述所处的社区，住在繁忙街道的人更难记起街边的样子，会形容所住街道气氛孤独，这与住在安静街道的人正好相反。汽车的力量，足以让社区街道变得面目全非。

结果可以部分归结于车流带给街道的危险和不确定性，但交通对社交的腐蚀也来自其产生的噪声。周围环境嘈杂时，人们往往不讲话，聊了也会提早结束，还更可能意见不一，情绪激动，甚至与说话对象大打出手。人们帮助陌生人的几率也会变低。*不管街边如何丰富诱人，我们都会损失耐心、慷慨、助人等品质，也更不愿意社交。

即便我们自己浑然不知，噪声也在影响着我们。即使晚上车辆不多，产生的声响也足以让人的神经系统弥漫应激激素。就算知道车辆的鸣笛、紧急警报和自己没关系，大部分城市居民也会条件反射般地把它们当作危险的信号。压力一大，我们就想远离彼此及外界。

---

* 田野实验表明，嘈杂环境中，人们都更不可能帮陌生人捡落地书本或给人零钱打电话。

交通流量较小的街道

每天：2000 辆车；每栋：3.0 位朋友 / 人，6.3 位熟人 / 人

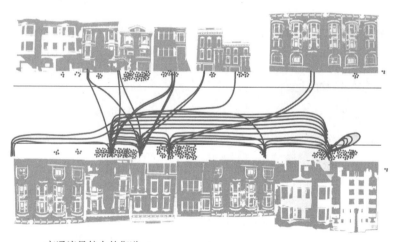

交通流量较大的街道

每天：16000 辆车；每栋：0.9 位朋友 / 人，3.1 位熟人 / 人

图 24：交通如何改变街道的社交生活

在 1972 年的研究中，唐纳德·阿普尔亚德为我们展示了交通对人际关系模式的影响，研究对象是旧金山的多条平行街道。交通流量越大，人们在本地居民中拥有的朋友和熟人就越少。（图片基于：Appleyard, Donald, and M. Lintell, "The Environmental Quality of Streets: The Residents' Viewpoint," *Journal of the American Planning Association*, 1972: 84–101；重新设计：Robin Smith / Streetfilms）

这也许是分散型城市系统对市中心的密集居住者最阴险的惩罚方式。现代城市充斥噪声、危险、可感的拥挤和空气污染，是因为我们把城市空间改造成了适合驾驶私家车高速通行的模式。我们牺牲了欢聚，为希望尽快通过街道的开车人谋取便利。这对中心城市居民极不公平，因为对他们来说，街道是各目的地之间的软性社交空间。

城市空间中的社交生活是无法与活动速度分离的，放慢速度，我们才有公共生活。因此在哥本哈根，在英国的各个城市，降速已成为市政措施，一些街道的限速已降至 15 公里 / 时。哥本哈根的交通局长尼尔斯·托尔斯略夫（Niels Tørsløv）告诉我，如果某条特定街道的人停下脚步，盘桓不去，他的部门就会认为这是一项圆满成功，因为这表示他们创造出了一处值得驻足的地方。

停车场社交

就连对停车方式的设计也会影响社交。布鲁金斯学院的研究员、交通规划师劳伦斯·弗兰克（Lawrence Frank）发现，如果附近商店门前有停车场，人们认识邻居的可能性就会变低。其中的机制很明显：商店设置了停车场，目标客户便从本地人群转移到了开车驶入的小群体身上。我们不能因为企业想扩大业务而责备企业，但若整座城市都围绕停车便利的思路设计，那么人人购物就都要出远门，碰见别人的机会也就变少了。

宽敞方便的停车场是分散型城市的标志，也是消灭街头生活的凶手。游览洛杉矶，我们就能看到各种机制的生动呈现。据说洛杉矶市中心每英亩的停车位超过了世界其他任何地点，而它的很多街道又极尽萧索。上世纪 90 年代末，著名建筑师弗兰克·盖里（Frank Gehry）

设计了迪士尼音乐厅，这座标志性建筑外覆无瑕钢壳，被城市发展的推动者寄予厚望，希望它能为邦克山（Bunker Hill）街区注入活力。为容纳超过 2000 辆汽车，洛杉矶发行了 1.1 亿美元债券，在音乐厅正下方建了一座 6 层停车库。这既给音乐厅的租用方洛杉矶爱乐乐团带来巨大的经济负担（为履行合约、偿还车库债务，乐团每个冬季举行的音乐会高达 128 场），又没能恢复区域内的街道活力。这是因为开车去迪士尼音乐厅的人其实从来没有离开过这座建筑——加州大学洛杉矶分校的城市规划教授唐纳德·舒普（Donald Shoup）表示，他也是世界范围内研究停车场效应的一流专家。

"想全面体验洛杉矶的标志性建筑，起点和重点全在停车库，而非城市本身。"舒普教授和他的研究生迈克尔·曼维尔（Michael Manville）在一篇指责性分析中写道。听音乐会的人一般把车停在地下，乘数段自动扶梯后到达门厅，离场路线也完全一样。结果是什么？周围的街道依然空空荡荡，缺乏咖啡馆、酒吧和商店，也没什么可能在这些小店稍作停留的人。这里仍是孤寂的街区。

尽管我们都希望停车便利，但车库效应也会扼杀居民区街道的生命力。如果社区的所有住户都把车停到自家院内或地下车库，那么人行道上就很难见到他们了。只有亲眼目睹一桩大相径庭的反例，你才会意识这一点有多重要：我在德国黑森林腹地就见到了一桩反例。

沃邦（Vauban）是一个 5000 人左右的试验性绿色社区，前身是一个军事基地，距弗莱堡市中心是 10 分钟的有轨电车车程。公寓、排屋和小公园纵横交错，大路小径沿一条中央干路网格状分布，干路边上是甬道、宽阔的草坪和一条电车轨道。

9 月的一天早上，天刚蒙蒙亮，5 岁的小男孩雷奥纳德准备第一次骑车上学，陪同的是他母亲，还有我。我们摇摇晃晃骑在一条安静

理想家会员权益

人海中，我们彼此相认

节目畅享

看理想 App 已上线及未来一年上新，总价值超 8000 元节目免费听。

图书储值

理想国图书旗舰店 600 元储值卡，随心选好书；当年新书，享 5 折包邮购买，每本新书限购 1 册。

文化沙龙

每年多场文化沙龙，线下仅开放给理想家报名，线上仅开放给理想家观看。

线下空间

线下空间「naive 理想国」，咖啡、酒等消费 88 折。

专属年会

仅开放给理想家报名的年会，敬请期待。

节目赠礼

理想家年度会员在有效期内，可任选一档理想出品节目赠送亲友。

扫码加入理想家

理想国公众号

理想家

FELLOWSHIP OF MIND

独立思考

各自感受

但我们在人海中认出彼此

这就是我们，这就是「理想家」

的街上，向主干道骑去。此时主路正值最高峰时段，但几乎所有人都是走路去上学、去电车站或是去村边的两座外表很未来主义的车库。这里充满了建筑师希望在他们的效果图里增添的生机。

促成这幅图景的原因之一是速度的调整。你是可以开车通行于沃邦大部分区域，但步行要快得多，也省去不少麻烦：住宅街道的汽车限速仅为 5 公里/时。但真正的创新在于这里改变了停车的位置。街边长时停车是禁止的，且沃邦的住宅所有权结构彻底颠覆了住宅停车场的经济原理。在大多数城市，停车场的成本会打包进房屋售价中，但在沃邦，你有两种选择：你如果有车，就必须按合同规定在村边两个车库之一购买车位（价格惊人，雷奥纳德的父母为一处车位花了 2 万欧元）；你要是没有车，也愿意签一份略带威胁意味的无车承诺书，就不必为车位大出血，相反，你可以花 3700 欧元购买一份村边的绿地（这是一种投资：如果无车文化渐成主流，你可以和大家一起共享这片园地，而如果沃邦需要更多停车空间，你将收获丰厚的回报）。

将汽车成本合理化意味着，离家近的时候，沃邦人更愿意走路或骑车，不管他们是怎么去上班的。难怪街上都是人，难怪 5 岁孩子上下学也安全。

沃邦的例子证明，调整街道的速度以及停车区到家门口的距离，就能为社区注入活力。停车场越远，街头就越有生机。这在执着于停车的北美人看来似乎太过离谱，但停车不便的沃邦却成了弗莱堡市最受欢迎的郊区之一，反正雷奥纳德肯定喜欢。我们到达学校时，这个 5 岁小男孩向我大声说了句德语，笑容灿烂。他的母亲彼得拉·马夸（Petra Marqua）告诉我他说的是："明天我要自己骑车上学。"

街上车速很慢，到处都是熟面孔，这让彼得拉默认了孩子自己骑车也很安全。

当路不再是路

绝大多数城市没有从零开始的资本。市中心高密度地区的主要地产都已名花有主,所以城市要为市民争取更多空间,就只能用建设高度为筹码换取开发商建附赠广场,或是大力投资购买新地。但这些并不是仅有的选择,尤其是我们这些市民手中已掌握了大量资源。目前所有服务于私家车通行和停放的地产都属公有,我们大可以决定如何使用它们。重视市民幸福感的城市已经开始直面自身与速度间的关系,对于街道是为了什么、又是为谁而建的问题,这些城市正在做出曾被视为激进的决定。

探索公共空间的这次新浪潮可追溯至波哥大,那时,一个怪想法意外地获得了这座城市一位官员的鼎力支持:吉列尔莫·佩尼亚洛萨。他开始是作为协助者为公共生活而奔走的,曾为哥哥恩里克两次操办竞选,恩里克于 1991 年和 1994 年参加的头两次市长竞选都以失败告终。兄弟俩都认为设计可以让一个深陷不公和内战泥潭的社会重新振作,但弟弟尤其注重公园。在纽约市中央公园散步过后,吉列尔莫找到了自己的精神导师,公园的设计者之一 F. L. 奥姆斯特德。

"当时的纽约,人人都互相憎恨:黑人、白人、犹太人之间,当地人和移民之间,尽皆如此。"吉列尔莫聊的是 19 世纪中期的情况,那时中央公园刚刚落成。"奥姆斯特德认为,一个好的公共空间能让人们分享空间、了解彼此,从而帮所有人打破阻隔。"*这也是他为波哥大设立的愿景。

---

* 奥姆斯特德也确实将社交平等理念运用到了公园之中。中央公园有一条"林荫大道"(The Mall),是一条 12 米宽的散步道,两侧树木荫翳,在 66 街至 72 街之间。这条步道被打造为相对正式的社交景观,正是为鼓励各种人群漫步其中,遇见彼此。

图 25：自行车道

每周日波哥大 Ciclovía 项目实施期间，数十万人来街上散步、骑车、跳舞。项目将十几公里的马路临时改为城市公园系统的延伸。（吉列尔摩·佩尼亚洛萨 / 8-80 Cities）

1994 年哥哥选举失败后，吉列尔莫·佩尼亚洛萨向当选市长安塔纳斯·莫库斯（Antanas Mockus）呼吁，希望市长至少试试他的一部分想法。吉列尔莫不像哥哥那般强硬，他更像一位谈判家、说服者，而非传道士。令他惊讶的是，莫库斯市长聘请他为公园、体育及休闲方面的专员，给了他此方面的全权，吉列尔莫于是得以利用归城市所有的废弃土地新建了 200 座公园。但面对该市的公共空间赤字，这些不过是杯水车薪，而购买土地又价格不菲。吉尔·佩尼亚洛萨在"自行车道"（西班牙语 Ciclovía）这个项目上发现了机会。该项目已运营十几年，每周日都为 13 公里长的繁忙道路设上路障，开放给骑行者、散步与慢跑的人。它不那么像无车日，而更像是公园的暂时延伸。即使在这样一座阶级固化、暴力与恐惧肆虐的城市，项目仍然将各阶层的波哥大人汇集了起来，而且这里在过去几十年里都是大家无法企及的所在。吉列尔莫发现这也正体现了奥姆斯特德的思想："我认为'自行车道'项目可能就是波哥大的中央公园！"

要想通过这个项目让全城的富人和穷人彼此接近，就需要多得多的空间了。吉列尔莫扩大了项目范围，最终划出了由100公里的城市主路互联而成的交通网。这可能是波哥大史上成本最低的一个公共空间项目，资本投入几乎没有，只是花了一点小钱购买路障而已。真正需要的，只是政治意愿。

在规划皆以汽车为中心的时代，这种和车抢路面的行为仍属激进，但后来每周来这儿享受公共空间的骑行者、轮滑者及推婴儿车散步的人，数字超过了100万，这比教皇的到访还受欢迎。

如今，这种临时设立机动车禁行道的办法为哥伦比亚各地采用，也出口到了世界各地。从墨尔本到迈阿密，都有道路被临时改为仅供步行或骑行，而在以前想沿这些道路步行简直无法想象。北京为庆祝抗日战争胜利70周年，也禁止了250万辆汽车进入城市中心，还关闭了多家工厂。北京市民享受到了罕见的蓝天和干净的空气（可惜，庆祝活动结束后，雾霾又卷土重来）。

2008年夏天三个阳光灿烂的周六，上述无车概念迎来了最大的考验：纽约市交通局立起路障，以便让步行、骑行和轮滑的人在多条主干道上活动，包括公园大道这条曼哈顿的脊梁。数千人涌上了项目形成的"夏日街道"，聚众练瑜伽、跳桑巴甚至学习太极拳。当然很多人只是散散步，显然在为自己身处干道正中间而震惊。公园大道沿线的居民也都出来漫步，纷纷在草坪隔离带上摆下折叠躺椅，仿佛这里一百年前就应该是公园了。

这里是纽约，它拥有让人惊叹的垂直几何线条，充满刺激和社交方面的可能性，现在又突然有了舒展和呼吸的空间。没有内燃机的轰鸣，你可以隔着一个街区向朋友呼喊，而朋友会转身向你微笑。无论从哪个角度来说，这都是一段奇妙的经历。

这也是一次浸入式社会营销的演练。每次举办自行车道、夏日街道或者无车日活动都是在证明，城市和道路具有流动性和可塑性，它们随时都能改变，只要人们的意愿足够强烈。每次项目结束后，各个城市总是会开始考虑如何在更大尺度上改变他们的公共空间安排及出行方式。参与活动的人开始思考街道究竟为什么而建，答案无一例外，就是哥本哈根人几十年前的发现：街道全由我们自己定义，中心城市不必对分散发展造成的不适逆来顺受。

8. 宜行都市Ⅰ：交通体验与改进缺乏

> 诸天本身即不停旋转，日升日落，月圆月缺，恒星和行星恒久运行，气流随风，潮涨潮落，这一切常例无疑都在告诉我们：人也应是一直处于运动之中。
>
> ——罗伯特·伯顿，《忧郁的解剖》

谈及城市，我们通常聊到市内各处的风貌，有时也会聊身在其中的感受。谈话如果到此为止，那是只说了一半。因为我们体验城市往往是走马观花，不管去哪里都步履匆匆。所谓城市生活，既关乎身处各城市景观之中，更关乎在它们之间穿梭。

这一点很是关键，因为不但城市塑造我们的出行方式，我们的出行也反过来塑形城市。扬·盖尔正确地指出，只为单一种出行方式设计道路，这条路上就会全是以这种方式出行的人，比如为私家车设计的道路，路上就会全是开车人。但这种关系是双向的，越多的人选择开车，城市系统就越会为适应司机的需要而重构，如此便会形成出行方式与景观变迁的无尽反馈循环。

所以，如果不考虑在城市里出行的感受以及这种感受对人群行为的引导，我们就无法彻底理解城市对幸福的影响。出行心理就像一幢挂满镜子的房屋，我们的行为、愿望和真正带给我们良好感受的事物这三者，在其中往往很难统一。

我采访过世界各城市的数十名上班族，他们的通勤生活，实质和难度都有很大区别。他们之中，最能充分体现城市通勤者复杂心理的，是罗伯特·贾奇（Robert Judge）。贾奇48岁，家有妻儿，他曾给加拿大广播节目写信，告诉他们自己特别喜欢骑车去买杂货。如果贾奇不是碰巧住在萨斯喀彻温省的萨斯卡通市，他的信也许会不值一提，但萨斯卡通1月的平均气温在零下17摄氏度左右，近半年都有冰雪，这里大概是所有人都最不想骑车出行的地方。

我打电话给贾奇，问他写这封信是不是头脑发热。他说，自己和妻子几年前就决定无车出行了。贾奇喜欢挑战。他给自行车后面加挂了一个小型多用挂斗，这样一次可以买足100磅东西，他还给车换了带钉防滑轮胎。贾奇还买了远征滑雪服装，包括一件羽绒夹克，带毛领，可以保护嘴唇和嗓子不被冻伤。他就这样上了路。

贾奇说："冬天骑行，有点赴汤蹈火的意思，人们都说你做不来，这不可能！但你还是会去做。一开始，你会觉得鼻子和嘴巴里全是寒气。外面零下25摄氏度，寒风凛冽。骑过几个街区，你眼睛里就全是眼泪了，但过一会儿眼泪会干掉，你就可以接着骑。"

贾奇从近郊的家骑车去3.5英里外名为"超市"（Superstore）的特价大卖场，可以只骑大约20分钟，为此他尤为自豪。因为配了带钉胎，他在结冰路段可以比多数汽车还快。可别人看到他把自行车停在停车场边上时会露出诡异的表情，有人问他是不是流浪汉，也有人表示可以载他一程，但他不需要帮助。贾奇甚至已经喜欢上了沿途的积雪随风撒向路面的样子，他会驱车压过去，这样别人就能看到雪上的车辙，知道有位孤独骑行者已经来过、赢过。

相比开车，骑车速度更慢，难度更大，也不舒适，但奇怪的是，贾奇乐在其中。贾奇用一个故事来解释：有时，他会去日托班接 3 岁的儿子，把儿子放在双人自行车的后座位上，然后沿着南萨斯喀彻温河骑回家。雪将城市的噪声掩盖，黄昏则给天空涂抹了色彩，绚丽得让贾奇都找不到合适的词来形容。雪也披上了彩衣，像天空一样绽放光彩。贾奇呼吸着寒冷的空气，儿子的呼吸声从身后传来，他们俩仿佛也融入了进来，成为了冬天的一部分。

少有人能像贾奇一样耐得住不适、不便和辛苦，但我们多数人却比我们所想的更像他。城市中的旅途可以满足各类心理需求。加州大学戴维斯分校交通运输工程师帕特里夏·莫塔连（Patricia Mokhtarian）在听我说了贾奇的事之后表示，许多开车通勤的人也有相同的感受：“对许多人来说，通勤真的就是某种英雄征程。比如《奥德赛》里，那些英雄不是得先起航，迎接冒险和伤痛之后才能凯旋吗？通勤也是，出门工作也得战胜各种路况，活着回家，才能享受家的温暖。”

人们可能对通勤多有抱怨，但调查了加州数百名通勤者后，莫塔连发现，事实上平均而言，人们愿意每天必须花点时间在路上。“我们听到很多人说：哼，我的通勤时间还可以再长一点！”当然，极少有人喜欢超长通勤，多数人希望单程在 16 分钟左右。*然而，莫塔连和其他出行研究者认为，无论距离长短，每次通勤都是一番仪式，能

----

* 和她的调查对象一样，莫塔连也喜欢职住之间的往返仪式。她的办公室在戴维斯这个宁静乡村，但她没住附近，而是刻意选择住在旁边的林地镇（Woodland），因此每天必须开车上班。通勤时间？门到门 16 分钟。

改变我们对自身及所处环境的认知。

好车开坏

若以每天的使用人数来判断不同出行方式的快乐效用，汽车绝对名列榜首，至少在北美还没有哪种出行方式取而代之。在美国，有近9成的通勤人士每日驾车，加拿大和英国的比例分为是 3/4 和 2/3。

开车人能得到很多情感红利。道路畅通时，驾驶自己的车体现了"掌控感"这种心理状态：比起公共交通使用者甚至自己车上的乘客，自驾者表示出的对自身生活的掌管权要多得多。许多通勤者对莫塔连承认，驾驶的乐趣大部分就来自别人看到他们开的是好车。一辆高档车的象征价值能让人感到地位的强力提升，哪怕持续短暂。这种生化反应在年轻男性身上尤其强烈。蒙特利尔的研究人员发现，把一辆高级跑车（如价值15万加元的保时捷）给一名大学男生开仅仅一小时，他体内的睾酮就会飙升，但如果开一辆较老的高里程数丰田凯美瑞，男生们的激素分泌就会少很多。该研究的合作者、康考迪亚大学市场营销副教授盖德·萨德（Gad Saad）解释道："相关内分泌反应非常明显，不管有没有被人看见他们。"换句话说，即使不是为了吸引美女的注意力，开豪车也会触发激素反应，难怪4成美国人都热爱汽车。

虽然好车能让人心神荡漾，但住在大城市及郊区的通勤者中有一半表示自己不喜欢每天都要如此艰难跋涉，而其中大多是开车人。问题部分出在，汽车未能提供给我们它本可提供的速度与自由体验，其力量被城市系统中和掉了。豪车、跑车仍能提升开车人的地位感，可一旦被其他汽车包围，它的力量就不起作用了。

在拥堵中开车对人的大脑和身体都是折磨。在市区里开车的人，血液中的应激激素水平很高。拥堵越严重，体内的肾上腺素和皮质醇就越多，此类"或战或逃"液能在短时间内让心跳加速，气道扩张，并提高人的警觉性，但长期看会诱发疾病。长时的市内通勤结束后，人又需要花费长达一小时的时间去恢复注意力。惠普公司的研究人员曾在英国让一些志愿者在通勤期间头戴电极帽，结果发现，无论是开车还是坐火车，若在高峰时段出行，志愿者感受到的压力都比战斗机飞行员或面对愤怒示威人群的防暴警察还要大。[*]

要理解火力全开的肾上腺素激增带来的高度专注和警觉是什么以及有多重要，只要你曾驾驶宇宙飞船穿越小行星带，或曾在周五晚的圣安娜高速公路上从加州南部的安娜海姆驱车前往洛杉矶，就行。短时间内，这种体验可能是令人兴奋的，但如果长时间浸在此类激素里，你就可能遭受恶果：免疫系统受损，血管和骨骼也受影响，脑细胞因压力过大而接连死亡。慢性路怒症最终会改变杏仁核这个大脑恐惧中心的形状，并杀死海马体的细胞。

这就是城市公交司机经常生病缺勤、相较其他职业死亡更早的原因之一。抗压力药物专家约翰·拉尔森（John Larson）博士表示，他的很多心脏病发作的患者都有一个共同点：在心脏出现问题前不久，他们都在开车时发作过路怒。难怪通勤时间超过莫塔连的黄金 16 分后，人的生活满意度就会降低，即使当事人并不将此归咎于通勤。[†]

汽车曾向我们许诺了前所未有的自由和便利。而尽管对公路和高

---

[*] 通勤者的心跳为 145 次 / 分，足有正常心率的 2 倍，他们的皮质醇也会激增。大脑显然也采取了应对措施，而这让他们产生了奇怪的短暂变化，心理学家戴维·刘易斯（David Lewis）称之为"通勤失忆症"：大脑干脆拒绝接收外界刺激，通勤结束后，旅程的大部分都会被忘掉。

[†] 盖洛普与健康之路在调查过美国人后发现，距离越长，通勤者出现慢性疼痛、高胆固醇和普遍不快乐的情况就越多。通勤时间超过 90 分钟的人情况最差，最有可能出现焦虑、疲劳、肥胖等症状，对生活表示满意的可能性也比短途者低得多。

速投入巨大，且北美几乎所有城市都围绕汽车出行做了几近完备的建设，但通勤时间仍在持续增加。自 1800 年起，美国人的日均通勤时间长期保持在往返 40 分钟左右（不含中途办其他事的时间），但如今则超过了 50 分钟。在纽约这样的特大都市，下班回家要耗费 68 分钟，伦敦要 74 分钟，多伦多则长达 80 分钟。亚特兰大人凭经验得出的结论现已得到了几十项研究的证明：建造更多道路虽是显见的解决之道，但只会造成更多拥堵，和越建设越受挫的享乐适应症。

快乐的双脚

有人比其他人显得更享受通勤。他们快乐出行的方法很简单：和贾奇一样，靠自身的人体动力出行，走路，跑步，骑车。尽管明显花力气更多，但自动力通勤者会汇报称他们自感比大部分时间都坐着的旅客更轻松，也更容易觉得旅途有趣。孩子们都一边倒地表示喜欢自己去上学，不希望有车接送。而对于生活在美国和加拿大城市的人，这些只能徒增伤感，因为这些城市的设计往往让步行和骑行既不舒服也不安全。荷兰在设计道路时会为自行车开设安全区，相比自驾和乘坐公共交通，骑车让人自觉更快乐，恐惧、愤怒、悲伤等情绪也更少。即使在纽约这样嘈杂、拥挤、侵扰乃至危险的街头，骑车人自称享受旅途的情况也比其他人更多。

为什么速度慢、费力多的出行方式反而比开车更令人满足？部分答案就藏在人类的基本生理之中。我们生而为"动"：不是被"动"，而是要用自己身体的力量前行。我们的祖先已经行走了 400 万年。

我们曾经的每日步行量是多少？科罗拉多州立大学健康与运动科学教授洛伦·科登（Loren Cordain）将久坐上班族的人均每日能量消

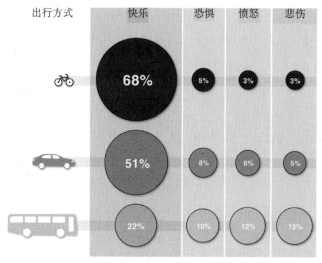

荷兰通勤者汇报不同情绪的比例:

出行方式	快乐	恐惧	愤怒	悲伤
🚲	68%	5%	3%	3%
🚗	51%	8%	6%	5%
🚌	22%	10%	12%	12%

快乐旅程

在荷兰,路为每个人都提供了一定的空间,骑车人则是最幸福的。和其他地方一样,使用公共交通出行的体验最差。(Scott Keck; from Harms, L., P. Jorritsma, and N. Kalfs, *Beleving en beeldvorming van mobiliteit*, The Hague: Kennisinstituut voor Mobiliteitsbeleid, 2007)

耗与现代的狩猎采集者,如南非的孔人(旧称布希曼人),进行了对比。在有些地方,孔族女性依然在日日采集坚果、浆果和植物根茎,男性则捕猎蜥蜴、牛羚及其他能在沙漠中追到的动物。女性往往每天步行 9 公里,男性则多达 15 公里,且常有负重。而美国的办公室员工的平均日步行量只有他们的 1/5。

这种状态非常不好,因为人体不运动,就会像老爷车生锈。长期不动会导致肌肉萎缩,骨骼疏松,血液凝结,人也更难集中精力解决问题。不运动不仅是接近死亡,它会加速死亡。只是长期久坐不动,就会缩短人的寿命。

进化让我们能通过锻炼变得更聪明、更快乐，只要气温不要过高或过低，我们也没有身处恐惧或其他致命危险之中就行。加州州立大学心理学教授罗伯特·塞耶（Robert Thayer）曾给数十名学生装了计步器后让他们继续正常生活。此后的 20 天中，志愿者们回答有关情绪、态度、饮食和幸福感的问题。他们平均每天走 9217 步，比普通美国人多很多，但仍远少于孔人。* 而在这些志愿者中，步数越多的人往往越感到精力充沛、积极向上，自尊也越强。他们感到更幸福，甚至觉得连食物都更好吃了。

"我们说的不仅仅是走路更多于是感到精力更充沛，这个现象有更大的意义：多走路会更幸福，自尊更高，也让人更注重饮食及营养。"塞耶说。这位心理学家毕生都在钻研人的情绪。经过多次测试，他证明了应对负面情绪最有效的方法就是快走。"走路就像吃药一样有用，而且只走几步就开始起效。"

正如哲学家索伦·基尔克果所说，没有什么沉重思绪是不可以"走"开的。我们真的可以走进幸福。

骑自行车也是如此，而且还有一个优点，骑车速度比走路快三四倍，消耗的能量却不及步行的 1/4，这让懒人也能消受。自行车可以将自动力出行人的活动范围扩大 9—16 倍。简言之，人骑自行车是所有生物与机器组合中最高效的出行方式。

骑行旅途就算再艰辛，骑车人也能乐在其中。他们会感到自己有能力，有自由，也更健康。改为骑车通勤的人，第一年平均会减重 13磅。骑行者也许不会个个像罗伯特·贾奇那样豁达，但是他们会觉得自己与周遭的联系更紧密，这是在私家车、公共汽车或地铁车厢等密

---

* 多处信源都估计，人一步的平均距离为 0.762 米，1 公里即 1320 步，所以每个学生日均步行距离约为 7 公里，远超过美国人的平均水平。

闭环境里无法感受到的。骑行是运动与情感的融合。

上述总总都指向城市交通的两个问题：第一，人们的通勤幸福还没有最大化，尤其在北美城市；第二个问题更亟待解决，大多数人一边倒地选择了污染最多、花费最高、环境破坏最严重的出行方式。正如我在上一章所说，小汽车无论是堵在路上还是自由驰骋，都会撕裂社区的社交结构。它们也是城区雾霾的头号来源。小汽车每载客每英里的温室气体排放，几乎比其他任何交通方式都要多，包括喷气式客机。我们自己选的出行方式没有最大化快乐，反而最大化了伤害，这就似乎有点荒唐了，但我们的选择并非像自己期望的那般自由。

设计影响行为

美国每百名通勤者中，有 5 人乘坐公共交通，3 人步行，只有 1 人骑车上班上学。[*]如果走路和骑车那么快乐，为什么没有更多的人做此选择？为什么大多数人做不到为保持健康每天走一万步？为什么我们这么不愿意使用公共交通？

我确实很单纯地提了这些问题。那是在佐治亚州亚特兰大市中心的"桃树（Peachtree）中心"，一个好像地堡的地方，我在那里的美食广场和露西一起用餐，并向她提问。那天早上，露西从克莱顿县出发，在高速上开大约 15 英里过来，然后去多层停车场停车，再沿天桥走了几十步到直升电梯，最后再走几步到办公桌。时间约半小时，

---

[*] 据美国统计局，2010 年，76.6% 的美国上班族在过去至少 16 年里一直是独自开车上班，拼车的人约占 5%，只有不到 3% 的人步行，骑行者更是低于 1%。平均上班时间则从 25.1 分钟延长至 25.3 分。而加拿大人中，表示自己每天步行或骑车上班的只有 7.7%，英国是 14.2%。

总步数可能在 300 左右。她冲我笑了起来。

"亲爱的，在亚特兰大我们不走路的，"露西对我说，"大家都开车，我也说不出为什么，可能因为懒吧。"

懒？这说法不成立。露西自己的通勤之旅就证明了，除了开车她别无选择。2010 年，克莱顿县的郊区地带所有公共汽车全部停运。[*]资金紧张的情况下，县里无力在人烟稀少的分散区负担公交运营。

我们应当在心理学与设计的交汇处寻找解决出行难题的方法。我们被所处的各城市系统来回牵拉，正是这些空间设计让我们全都无法获得想象中的自由。

很少有城市的设计对人出行行为的影响能超过亚特兰大。住在亚特兰大郊区的上班族如今平均每天要开车 44 英里。[†]94% 亚特兰大人的通勤工具是小汽车，他们在汽油上的花费是全美最多的。在第 5 章，我谈了亚特兰大庞大的高速公路网凭强大的离心力把人口分散到了佐治亚州的乡村，因而导致了世界级的道路拥堵。而在调查了 8000 多户家庭后，劳伦斯·弗兰克带领的佐治亚理工学院研究团队发现，环境会影响人的出行行为和身体状况。事实上，知道城市中的居住位置，团队就能预测该地居民的肥胖程度。

弗兰克发现，在亚特兰大，如果一位白人男性住在毗邻市中心的中城区，而他的同卵双胞胎兄弟住在马布尔顿（Mableton）这样只连主城市外围的断头道路星散区，那么前者的体重就可能比后者轻 10 磅，因为住中城的人实现足够运动量的可能性比后者高 1 倍。

这些社区环境是这样设计居民的交通行为的：

在分散主义者接手这座城市很久之前，中城就已经在了。尽管

---

[*] 克莱顿县公交停运前的 2009 年，公交车搭载了 200 万名乘客。

[†] 每天开车的时间长达 72 分钟，这还只是花费在上下班的时间。

1949 年电车消失了，中城仍然展现出了电车社区的便利性。住宅、办公、零售等空间在街道网格间星罗棋布，彼此也靠得较近。买点牛奶，去趟酒吧，或是去坐市中心的公交，不过就是几个街区的距离。步行去商店、去服务点甚至去亚特兰大大都市圈快速公交管理局（MARTA）系统的车站都非常便利，人们也都是这么做的。

但在像马布尔顿这样的郊区，住宅地块巨大，道路宽阔蜿蜒，商店通常集中在遥远的购物广场，周围则都是停车场。每 10 名亚特兰大人就有 6 位对弗兰克的团队表示，他们无法步行去附近的商店、服务点或公交站。这些地方根本不会扎堆。罪魁祸首之一便是道路的空间设计。弗兰克等人发现，作为带有明显郊区特色的新事物，断头路对人的交通行为机制产生了反作用。

如果想让一个地区的断头路尽可能多，设计师会建立一个树状道路系统，让所有交通流量都汇聚到几条主要支路上。这种系统会让各个目的地相距更远，因为目的地间的多数连接线路都被抹去了。连通性很重要，道路交叉越多，人们就会越多选择步行，缺乏连通的断头路则意味着更多人会开车。*

这样的故事并不只发生在亚特兰大。1940 年，西雅图人离商店的平均距离不到半英里。1990 年，数字已经超过了 3/4 英里，且此后一直增长。2012 年，脸书公司和建筑师弗兰克·盖里披露了公司新总部大楼的设计。它将占地 10 英亩，与硅谷的旧总部隔"湾前（Bayfront）高速"相望。盖里表示，他希望借单层开放式的设计在同事之间实现"某种短暂联结"。但办公园区的空间布局再精妙，也不能改变脸书的一半员工仍生活在 30 英里外的旧金山的事实，那里分布密

---

* 开车里程方面，住在网格式密集街道的居民比住在周围都是断头路的人少 26%。

集，步行方便，连接性强。脸书公司将只能一直用班车接送员工。

我们对距离的反应都在意料之中。如果商店就在街角，距你只有 0.25 英里左右，走路不超过 5 分钟，大多数人会步行前往，而非开车，免得还要钻进钻出。我们不会走路超过 5 分钟去公交车站，但会走 10 分钟去坐轻轨或地铁，部分是因为我们认为轨道交通速度更快，时间更可控，也更舒服。这种空间在一个世纪前即为电车城市的开发者完美构建了出来，现在又重新进入了城市规划师的视野。今天的规

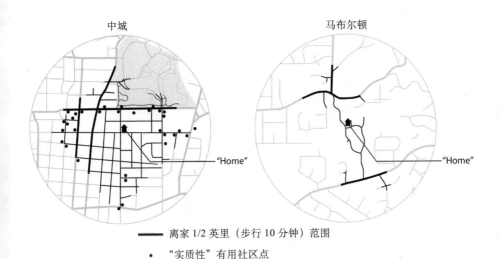

图 26：塑造街道，塑造我们

在亚特兰大，住在毗邻市中心的中城区（左）的一名白人男性可能会比他住马布尔顿（右）这样的扩张型郊区的同卵双胞胎兄弟轻 10 磅。部分原因在于道路设计和土地用途的混合：住在中城，从家走 10 分钟就能到达杂货店、教堂、学校、公交车站、餐馆、咖啡店、干洗店、银行及皮埃蒙特公园的漂亮草坪。但马布尔顿的扩张型同质系统使这些目的地超出了步力所及，这意味着无论喜欢与否，这里的居民都更有可能开车出行。图中每个点代表一个学校、教堂、杂货店、干洗店、银行、日托中心、警察局、公交站或医院。加入再把餐厅、咖啡馆、酒吧及其他服务点包括进来，马布尔顿的地图不会改变，但是中城的地图上则会多出几十个点。(Erick Villagomez, Metis Design Build)

8. 宜行都市 I：交通体验与改进缺乏

划师们发现，只要引入质量过硬的轻轨服务，就能改善附近居民的习惯和健康水平。北卡罗来纳州夏洛特市建成 LYNX 通勤轻轨线不到一年，轨道附近的居民每天的步行距离增加了 1.2 英里，因为轨道交通改变了他们的日常幸福计算。而这段时间里，改乘 LYNX 轻轨通勤的人，平均瘦了 6.5 磅。

孩子们也有类似变化。弗兰克发现，如果在离家半英里内有一个公园或商店，孩子走路上学的可能性会翻一番。如果这种去处更远一些，孩子就会等家长接送。这意味着，社区如果用一座大型综合体育中心，包含几个棒球场和足球场，取代每隔几个街区就有散见的小公园，实际上会对孩子的健康产生不利影响。在布局更精细的社区里，大孩子不会央求妈妈开车带他去参加联赛，而会直接去附近的公园和其他伙伴一起组织自己的比赛。* 近 2/3 的家长表示，家附近步力可及的范围内，没有能让孩子玩耍的地方，这是导致美国儿童在暑假期间这个本该充满休闲的时段，体重却会上涨的原因之一。

弗兰克对我说："很多城市的组织方式都在鼓励人做出让生活更艰难的决定。城市系统失败，是因为它向不合理的行为许诺奖励。"

简单地说，大多数人不会选择在美国城市步行，是因为各种去处都被安排得远远超出了步力可及的范围，步行体验也因此类设计而大打折扣。道路工程师甚至根本没去想为亚特兰大的许多郊区建一些人行道。用谷歌查个路线，比如马布尔顿的萨默塞特路（Somerset），地

---

* 这也是为什么，学校的合并扩张对孩子的自由和健康已然构成了灾难。如果学校超过 3/4 英里远，孩子们就不会步行上学，这段从家到学校的距离超出了便利要求的阈值，父母也常会认为这样让孩子独自上学过于危险。2004 年，美国儿童步行上学的比例低于 13%，但 1969 年这个比例是一半。出于担心，父母会限制孩子在城里玩耍的时间，但生活在郊区的孩子真正要直面的危险不是抢劫或者绑架，而是汽车。全拜道路发展换代，大大提升了"安全设计"和速度，走路上学的郊区孩子面临的交通事故风险是汽车乘客的 15 倍以上。更可怕也更反讽的是，碾轧这些校服学生的，往往是其他孩子的父母。

图引擎会跳出一条你觉得在一个发达国家城市里不会出现的警告:"请注意,此路线可能没有便道或行人通道。"

美学很重要。如果街道既安全又有趣,我们的步行距离就会更远。住在纽约或伦敦市中心的人去购物,通常会走 525～800 米,大概 4～10 分钟。即使在蒙特利尔这样冬冷夏热、温度极端的地方,人们也表示会拎着购物袋,步行约 600 米(6～8 分钟)在商店间穿行。封闭型大商场内的人,这些方面的数据也差不多,身在其中和走在市中心的体验很类似——只要你身在其中。但是,如果把我们扔在一片巨大的停车场里,周围是各种特价卖场大楼,走路的意愿立刻就会灰飞烟灭。就算有购物车帮忙,人们也不愿走上 3 分钟去到另一所卖场。研究人员观察到,加拿大的大型购物区的顾客,有 1/3 会在一次购物中停车至少 3 次,他们讨厌在柏油路上跋涉那么久,马路又难看,走起来也不舒服、不安全。*

你可能觉得,这些研究只能证明城市有着按各人偏好划分人群的伟力:也许曼哈顿人走路是因为他们就喜欢走路,而亚特兰大郊区、加拿大大型购物区的人开车是因为他们喜欢空调带来的舒适和家用小型厢式车的储物能力。也就是说,城市设计与交通行为相关,但不意味着它们之间是因果关系。

---

* 这项购物者调查发生在凯纳斯顿(Kenaston)大型购物区,它位于加拿大温尼伯市,占地 48 英亩。调查发现,此处顾客的行为方式与市中心人群迥异,有如两个物种。前者之中几乎没人愿意从沃尔玛步行 3 分钟去紧挨着的另一家大卖场。只要从一个商场去另一个商场,他们就会坐回车里,寻找一个距离目的地更近的停车位。来凯纳斯顿的人,有 1/3 会在一次到访中停车 3 次及以上。

为什么他们不像市中心的人那样走路呢?顾客们抱怨道,如果在各卖场孤岛间走路,他们得艰难跋涉过主干道两侧的砂石护坡,绕过排水沟,或穿越人行道"莽原",或者更惨,三者皆有。利用谷歌街景,我们可以从谷歌采景车顶的视角看到:在凯纳斯顿购物区,西夫韦(Safeway)和沃尔玛两家超市之间的地块极为空旷,有如无边无际的北极苔原。

这种说法部分正确，人在城市中确实会自我归类。弗兰克在亚特兰大发现，不管住在何处，表示喜欢生活在依靠汽车出行的社区的人，无论实际住哪里，往往也去哪儿都开车；而喜欢也确实生活在适宜步行的热闹社区的人，也不出所料地开车少，走路多。但是，郊区居民大多像我在威斯顿农场遇到的那些少年：他们希望自己能走走路，但却没有条件。亚特兰大扩张区的居民非常依赖汽车，他们中有近 1/3 的人希望住在适宜步行的社区，但不幸的是，亚特兰大已经近半个世纪没有建设这样的地方了。

亚特兰大的建设发生变化之后，人们的出行也随之改变，证据就在一处高速立交桥那里。这里位于亚特兰大市中心以北 3 英里，本来有一片 138 英亩的地块，此前是轧钢厂，现已经重新开发为集办公楼、公寓、零售店、小公园及剧院于一身的密集型多功能区，这就是大西洋站。尽管它大部分都位于一幢三层停车库的上方，但从 2005 年起，搬来此地的人，总驾车距离已经减少了 1/3，他们更多选择步行，因为他们突然发现一些自己要去的地方已经走两步就可以到了。

狭路相逢勇者胜？

假如距离这一个因素就能决定我们的出行方式，那么骑行者的幸福计算就该和现在不同。美国 70% 的开车行程短于 2 英里，如果改为骑车，最多也就是 10 分钟。即使是休闲性骑行，速度也能达到 12 ~ 20 英里 / 时，骑过 5 英里只需 25 分钟，而这就是美国人平均用来上班的时间。*而这种最有意思、效率最高的出行模式却只得到了一

---

* 2006 年，佛罗里达州圣彼得堡市的两条街设了自行车道。虽然圣彼得堡经常遭遇高温，但设立了自行车道后，骑车人的平均速度在每小时 11 ~ 12 英里，每分钟约 0.2 英里。

图 27：不走路和走路

上：去华盛顿特区附近的零售商业区购物，面对如此空空荡荡的环境，顾客们甚至不愿意在商店之间走上 2 分钟。（Brett VA / Flickr）

下：在多伦多这样的传统小集市购物，人们通常会走上 6 ~ 8 分钟。（作者摄）

小撮人的选择，大多数美国人都避之不及，哪怕在布局密集、连接性好的社区也是如此。

多数人根本不考虑骑行这种可能，因为在城市里骑车确实心惊胆战，而骑行支持者竟也为此负有一定责任。20 世纪 70 年代起，美国的交通规划者和骑行倡导者就致力于把所有骑车人都变为"驾驶型骑行者"：骑车也像开车一样，是在城市街道上行驶。技能合格的骑行者，其角色应是英雄而非受害者，决不应骑上人行道或畏缩在排水沟边，而应要求获得尊重，获得整条车道，和汽车并驾齐驱！这种理念俨然是一种宗教，一些骑行倡导者更认为这是在维护自身权利，对他们而言情况尤其如此。美国交通规划的圣经、联邦公路局的《统一交通控制设施手册》也接受了这一理念。遵从"驾驶型骑行"这样的咒语，再加上铁杆骑行倡导者的支持，道路建设者不再为自行车设立安全独立的小路，以免招来把骑车人视为二等出行者的批评。

可问题是驾驶型骑行者和经济人一样稀有，多数人还是会非常害怕，不敢在机动车流中骑行。这种害怕合情合理，毕竟人如果遭到车撞，只要车速达到 30 英里 / 时，死亡率就有近 50%，车速越高，死亡率也越高。

有人说自行车头盔能解决上述合理恐惧。他们错了，头盔虽是安全装置，实际上却可能起反作用。英国交通心理学家伊恩·沃克（Ian Walker）以亲身实验证明了这一点。他给自己的车装了超声距离传感器，然后在索尔兹伯里和布里斯托尔两座英国城市里骑车，看机动车超车时会离他这个骑车人有多近。沃克发现，骑车人戴头盔时，机动车与自行车之间距离的危险程度会翻一番。实际上，在实验过程中，沃克先后一辆公共汽车和一辆卡车擦碰，两次事故时他都戴着头盔。*得是像罗伯特·贾奇这样稀有的英雄，才会把危险看作是历险的召唤，多数人还会视其为警告，乖乖跟在汽车后面。

---

* 沃克的研究可能包含一个符号学问题。司机看到骑车人戴头盔，会认为这表示骑车人很有经验，轨迹稳定，所以超车时留的间距更窄。安全专家会争论人真的被车撞时，头盔的保护作用有多大，而沃克的研究则表明，戴头盔本身会提高骑车人遭车辆擦碰的几率。更值得留意的是，司机往往也根据一些逻辑不足的假设调整行为，比如沃克戴上长假发假装自己是女性时，司机会给他留更多空间。沃克在他的主页上分享了精彩的相关图表：www.drianwalker.com/overtaking/overtakingprobrief.pdf。

至为艰难的旅程

越来越多的人会在开车时发信息。过去的几年里，北美地区的专家和立法者一直在为这种呈蔓延趋势的危险行为而忧心忡忡，慌忙颁布了一系列法规，禁止开车时使用电子设备。但同时，《连线》杂志专栏作家克莱夫·汤普森（Clive Thompson）已经注意到："我们担心开车发信息，是因为我们假定这时人最重要的事是开车，但如果他们最重要的事是发信息呢？"

的确，自驾严重妨碍了我们发信息、发推特、更新脸书状态、看手机视频或完成其他工作。市场营销分析师认为，这是年轻人不再像以前那样乐于开车及考取驾照的原因之一。在18—24岁的年轻人中，近一半表示在有车和联网之间会选后者，申请驾照的年轻人也在大幅减少。只要乘坐火车或公交车，上述冲突就立刻消失了——至少在无线信号还不错的时候。这是选择公交出行较有说服力的理由之一。公共交通通常也比开车划算，且省去了停车的麻烦和担心，也没有在车流中自行驾驶的压力。单从这几个理由来看，公共交通应该自然而然就是受欢迎的选择。

但大多数城市的情况都并非如此。美国和加拿大的一些调查显示，乘坐公共交通的人几乎是最惨的通勤者。在美国，这部分人（大多乘公共汽车）最可能觉得花在路上的时间太长，也最可能因通勤旅途而情绪低落。乘坐公共交通并不必然就会非常痛苦，只是最近几十年投资不足造成了公交系统通常拥挤缓慢，既不准时也不舒服。不给它必要资源和足够的优先级，结果肯定令人失望。

和这群美国人相比，依靠火车出行的英国人也幸福不到哪里去。在英国，每5班火车中就会有1班晚点，但至少相关乘客可以期待相对快速的通行。而在美国和加拿大，多数公共交通乘客花在上班路上的时间比开车人高出 1 倍甚至更多。而最惨的是公共汽车乘客，他们往往被迫承受私家车造成的拥堵，而且与自驾人不同，他们无法掌控自己的旅程。每一分钟的路边候车，每一次的换乘，他们都在承受不确定性带来的压力，更不用说公交车上那种让人不适的"密切接触"。公交车上的人满嘴啤酒气、眉头紧皱，完全不认识的人也可能触摸到你，这些一定让你无比希望买一辆车。有些城市的公共交通是只服务穷人的设施，此时乘公交车往往还大损自尊。通用汽车公司确实就在加拿大报纸上登过广告，把公共汽车乘客刻画为一群身上难闻的"怪人"。公交系统的设施也一成不变地粗陋，北美大多数公交车及地铁车厢内部，吸引力不超过监狱厕所。《可持续交通规划》（*Sustainable Transportation Planning*）一书的作者、规划师杰弗里·图姆林（Jeffrey Tumlin）告诉我，在选择公交车内饰和建设车站的材料方面，管理者通常会选最凑合的外观，就算美观的装饰一点不贵，为了"看起来"没有浪费钱他们还是会如此。结果就是，公交系统逼走了较为富裕的通勤者，并摧残着无甚选择之人的心情。

但这一悲剧具有双面性。虽然公共交通乘客经常汇报最低的旅途满意度，但最新研究发现，乘用公交实际上对人的生活满意度有积极作用。一项研究在调查了英国 7 万多名通勤者后发现，放弃自驾，转向步行、骑行乃至公共交通后，通勤者会觉得整个生活都更幸福了。这不矛盾吗：人在换用体验更为不快的通勤方式后，生活反而更觉幸福？研究人员推测道理很简单，公交出行不仅仅是乘坐交通工具，全过程其实是步行、乘车、再步行，正是"步行"让人更为健康愉悦。

后面我会介绍一些让公共交通地位得到颠覆性提升的城市。但在这里我想说的是，我们都身处各种塑造我们出行行为的系统之中。而我们大多数人身处的系统在如何生活、如何出行方面几乎没有给我们选择，美国的情况更是最为糟糕。尽管民意调查显示，大多数美国人表示自己想生活在适宜步行的社区，走几步就可以到商店、餐馆和本地企业，通勤时间也要短，但这种地方严重短缺。大多数人去常用公交站或火车站，可远不是走个 5 分钟或 10 分钟就行。但你大可不必可怜美国人，世界上有很多城市多年来一直在效仿美国。城市建设者为远途而营建，尤其只为小汽车而营建，借此不断从市民手中偷走自由，从台北到多伦多，无一例外。

试想：早上醒来，你想完全换种方法上班，你做得到吗？走路，骑自行车，还是坐个读份报纸你就到了的公共汽车或火车？你能混搭各种办法吗？再进一步想想：去超市、诊所、餐厅不开车，是很累人的事吗？孩子自己步行或骑车上下学安全吗？如果你认为这些提法不切实际，你的真实选项很有可能是由城市设计决定的。你或许仍在享受汽车的极大效用，但是城市系统对你本人及亲朋好友的剥夺可能是你永远无法想象的。如何才能建立让我们真正享有自由的城市系统？有时我们对城市的想象要来一场激变，才能为我们指出方向。

9. 宜行都市 II：自由

交通问题的责任根本不在汽车，而全在于落伍的错误道路。

——诺曼·贝尔·格德斯，1940 年

拥有财物正变得越发累赘和浪费，因此已经过时。

——巴克明斯特·富勒，1969 年

1969 年，一位年轻的美国经济学家得到某欧洲工业财团资助，研究未来的人在城市中如何通行。任谁预见到了相关科技，都很可能在未来几十年主导市场。那时，詹姆斯·邦德的设备和登月的阿波罗 11 号正广受关注。人人都确信，未来将出现神奇的新机器改变一切。那位经济学家就是埃里克·布里顿（Eric Britton），他为客户详尽列出了各种可能性，哪怕极为天马行空。那份褪色的报告一直保存在布里顿公寓的书架上，公寓和巴黎第六区的卢森堡花园只隔几个街区。

布里顿绘制了几百张表格，清晰开列了多种交通手段并逐一评估了各自的容量、能耗和最远范围，包括货运单轨铁路、小车单轨铁路、传送带、水翼船、变速移动台及"长程客车"（telecanapes）——
一种减速即可上客、无须完全停止的火车。他还估算了自动高速步道
上的乘客聚集可能造成的拥堵，以及磁悬浮必需的能量。布里顿评估
的一些科技当时看来只是幻想，但数十年后重现世间，如混合动力汽
车和氢燃料电池。

布里顿沉浸在这许多可能带来的激动之中，但当他要分享自己这
套未来主义想法，而分享对象是确实在奋力解决无论是富裕国家还是
发展中国家的城市问题的一群人时，他不得不走出想象，看清现实。

"我后来意识到，无论是在欧洲、美国还是世界上任什么地方，
这些科技都解决不了城市问题。未来的塑造不在于某种包打天下的天
赐方案，而在于利用我们现有的工具一点点去创新和改进。"布里顿
对我说，此时我正在他的巴黎公寓细读那份业已褪色的报告。

客户对布里顿的看法表示惊讶。"经过几代人的发展，人类的出
行方式依然无异于内燃机初兴之时，还是火车、公交车、私家车、自
行车、摩托车，当然还有双脚"——在那个描述了全景未来城的动画
《杰森一家》热播的时代说这话，会被认为赶不上潮流，但历史站在
了布里顿的一边。在几十年汽车出行的探索之后，政府再无资金彻底
改造基础设施来适应任何全新的科技。布里顿还发现，交通不仅仅是
科技或经济问题，还关乎文化、心理及众人极为丰富的偏好。

城市交通若只靠一种技术，便是对人性的否定。每个人都有独
特的能力、弱点与需求集合，吸引我们、震惊我们的感觉集合也各不
相同。每次出行都需要一套独特的解决方案。布里顿喜欢从卢森堡公
园附近的美艳花圃开启他的巴黎漫步之旅，那里地上铺的是灰白色砾
石，他隔着棕色休闲皮鞋的鞋底也能感受到。布里顿看向一片草地，
他曾悄悄将母亲的骨灰葬在那里。他的一位邻居只愿意开车，不愿走

路。另一位喜欢直奔地铁站。还有一位把一辆铁架自行车扛到街上，但骑之前总会先推着车走上一个街区。每一段旅途、每一种旨趣都是独特的。这勾画了社会和城市的本质状况，布里顿表示。我们的真实偏好比城市规划者眼中的独特得多。

"你可能觉得法国人与美国人大不一样，但如果看看关于他们的选择和偏好的统计数据，你会发现法国人彼此间的差别比他们和美国人的差别更大。"

这种情况称为"异方差性"，它表示一组数据的体量越大，预测其特征变化，或找到单一方案来解决牵涉众多独立变量和行动者的问题，难度就越高。布里顿说："异方差性意味着城市中的任何问题都会变得更为复杂和混沌一些。所以要做的第一件事就是对自己说：'行，我得能应付乱七八糟的状况。任何城市问题都没有唯一答案，解决方法要由多重答案组成。'"*

布里顿表示，城市应大力拥抱复杂性，不仅在交通系统方面，也要在人的体验方面。他建议城市和公司放弃旧的交通模式而拥抱新方法，不再使用只围绕单一种出行方式组织起来的僵化系统，而应让所有人拥有选择众多出行方式的自由。

"我们对旧模式都很熟悉：你坐在车里，堵在路上；开车兜几个小时，就为找一个停车位；收入的1/5给了车，而缴的税里一大部分也用在了改善道路上，但结果道路系统却每况愈下。旧的出行模式会让

---

* 将城市及其交通系统与森林比较，可以帮助理解。丰富多样的生态系统总是比单一种植更健康、更有适应力。物种丰富的森林能比只由一种松树组成的林场更好地抵御虫害，同理，一座出行组合方式无限的城市也会比只围绕单一种出行方式组织起来的城市适应力强得多，在经济、人为偏好和供能方面更易调整。这样的城市能填补总规划师在城市系统的纷繁中看不到的盲区，能充分利用科技解决空间狭窄、街道拥堵特别是丰富的个人偏好等城市问题。

一位 55 岁、腿脚不便的女性在雨中苦等一辆她也不确定能不能到的公交车，让你的孩子不能走路或骑车上学。而新的出行方式，能给予我们纯粹的自由。"布里顿说。

有些人的想法看似只有理论性，现实中堪称异想天开，但突然某天他们就改变了世界，布里顿便是其中之一。比如他在 1994 年提出，城市可以每年选一天作为无车日。这个计划并不激进，但还是冲击到了一些在交通方面目光较浅的规划者。这项实验或可打破人们旧的街道认知模式。"这是一种集体学习的体验。"布里顿如此描述此项提案。正是他说服恩里克·佩尼亚洛萨，在 2000 年的波哥大举办了第一个大城市无车日。而今，效仿的城市已逾千座。与"自行车道"项目一样，每座尝试此项探索的城市都会发现，街道的功能比它们曾经设想的丰富得多。人会自行调整，找到其他出行方式，这让人们自己都感到惊讶。

但布里顿也承认，只是禁止开车，就跟完全依赖汽车一样，都是在将复杂的问题简单化。20 世纪 70 年代初，布里顿向法国环境部提案，更好地体现了他的自由出行理论。那时，乘公共交通出行在巴黎简直是官僚主义噩梦，你必须买 5 张不同的票才能横穿市中心。因为几乎无人乘坐公共汽车，巴黎甚至开始考虑停止这项服务。布里顿则建议给每位市民发放交通一卡通，凭卡可以自由乘坐地铁、火车及公公汽车。就像 20 世纪 20 年代汽车革命的拥趸者致力于减少城市道路的阻碍来提升汽车的速度，布里顿也认为，只有减少接驳的困难和阻力，公共交通才可能提速，更接近自驾。

几年后，巴黎推出了"橙色卡"，它结合了地铁票与身份证，持有人支付月度费用后即可当月无限次乘坐巴黎所有公共交通工具。就出行而言，这种机制虽然没有提高速度或降低成本，但减少了人的公交出行焦虑和麻烦，不用再排队买票、搜找身上的零钱、忍受售票员的白眼。一年内，公交客运量上升了40%。此后橙卡渐次升级，2008年进化为"通游卡"（Navigo）这种芯片身份卡，刷此卡即可在巴黎市内乘坐任何一趟地铁、公交车、机场班车、有轨电车和快慢火车。

"这一交通系统令我们的选择进而我们的城市发生了巨变，最终改变了每个人，就像当残疾人可以自己摇着轮椅上公交车后，其生活发生的巨变那样。"布里顿说。通游卡成了巴黎的通行证，强烈体现了人人皆可自由通行巴黎这一理念。失业者可免费使用通游卡涵盖的所有交通工具。"纵然贫穷，你也能方便地通行巴黎，甚至还能一路跑去郊区找工作。一切都基于一种生活哲学：自由！人人皆可出行！这已经成了巴黎人日常生活的一部分。通游卡正塑造着这里的文化。"*

自由享受公共交通

有些经济学家和心理学家致力于研究公共交通对人的感受和行为的影响。他们发现，使用公共交通上下班的困难，不仅在于体力消耗，还有心理的疲惫。行程方面必须考虑的事越少，掌控感越强，行程也就越轻松。这既是巴黎通游卡的魅力所在，也是其局限。智能卡固然能减轻换乘的心理负担，但改善也仅限于此，毕竟公交出行的体验取决于准时性、舒适度、人对乘坐时间的感知等多种因素的综合。

---

* 交通智能卡已遍及全球，香港的八达通最是好用。这种非接触式电子支付卡在1997年推出，可支付香港的公共交通费用，使用者在香港畅通无阻。预存现金后，这张卡还可用于支付停车计时器和停车场的费用，在超市和加油站消费。它甚至还可用作公寓大楼的门卡。美国大多数城市仍在沿用旧制，以西雅图为例，当地的公共交通供应方不少于三家，每家都要在行程开始或结束时单独计费，结果西雅图只得发布缴费流程图来说明具体的付款时间及方式。

在巴黎中心区，乘客不必担心延误问题。城市地下是密密麻麻的地铁及通勤铁路系统，街头的公交车站也再次兴起。崭新的电车沿着主干道中央的草地隔离带运行，部分路网的车道也转由快速公交（Mobilien）使用，出租车和自行车也可共享。

但单是保证速度无法消除乘用公交时的全部心理负担。乘坐公共汽车或火车的用时还包括无所事事的等车时间。规划者们花了大量时间讨论发车班距弹性，即如何设定发车频率才能吸引到最多的乘客。班距弹性对行为经济学来说并不神秘，但要记得的第一个原则是，如果去车站之前不查时刻表，你需要的平均等待时间差不多是发车间隔的一半。所以如果你要等的车每 20 分钟一班，原来 30 分钟的上班时间就很可能变成 40 分钟。

而感觉上，这个时间还会更长。

"不作为"会扭曲我们的时间感。花 1 分钟等车似乎比在路上走 1 分钟要慢得多。交通规划者普遍认为，公交车只须保证每 15 分钟一班的频率就能让附近的出行者轻松乘用而不会感到要在出门之前做计划。巴黎等城市因人口密度部分地缓解了班距问题，因为多数路线上，每几分钟就有新乘客，数量足以支持公交车及列车的运营（这也可以解释郊区低质量交通服务的恶性循环，分散的布局推高了频繁发车的成本，但发车太少又迫使潜在的乘客回头选择自驾）。

单是增加发车频次并不能消除等待的焦虑。被迫等待会使时间变慢，而如果不知要等多久，时间更会慢如蜗牛。任谁只要有过雨中伫立等公交或在站台等火车的经历，都体验过那种要等的车迟迟不到的望眼欲穿之感，知道这种焦虑的影响有多长。如果今天的车有延误，明天能否准时就也成了未知数，此后每趟旅程的压力都多了一分。

但了解行程的更多信息，就能让你的路上时间再次缩短。蒙帕纳斯大道的快速公交车站离布里顿住的公寓只有几个街区，车站有顶棚也有座位，每处入口都有一块屏幕，醒目地显示下两趟车的准确到达时间。这种设施方面的变化虽然微小，却有着强力的心理影响。只要能看到实时到站数据，乘客就会更淡定，掌控感也更强。伦敦地铁施行"进站倒计时"后，人们表示感觉等待时间缩短了1/4。倒计时也提升了人们的夜间乘车安全感，部分原因在于它增加了人对交通系统的信心。

纽约市的大都市圈交通运输署（MTA）也在一些列车站台安装了显示到达时间的LED屏，效果极佳。在防护简单的车站，乘客们一度较有可能探出身子到轨道上方、朝火车驶来方向的隧道深处张望，现在这种危险的可能性降低了。每个人都可以自然而然地决定是继续等待，还是走上街头步行或招出租：我们离经济学家描述的理性且信息充分的行动者，更近了一点儿。

公共交通顾问贾勒特·沃克（Jarrett Walker）是《人性交通：更清晰的公共交通观如何丰富我们的社区与生活》（*Human Transit: How Clearer Thinking About Public Transit Can Enrich Our Communities and Our Lives*）一书的作者。他表示，公共交通的规划者与使用者之间总存在着一条经验的鸿沟。以西雅图的公交地图为例，这份图的上一版非常典型，它显示的基本路线网包含了每条公交线路。这样的标注符合事实，但沃克指出，随着时间变化，这张地图会有功能性错误，因为发车频次高的线路只占了一小部分。游客看了地图而去某一站等车，可能最终要等一个多小时，这种不确定性足以让人远离这地狱一般的公交系统。可喜的是，西雅图已采纳了沃克的建议，更新了地图，突出了高频线路，驱散了认知迷雾。

现在，我们周围全是无孔不入的数据，乘客没理由对交通状况两眼一抹黑。俄勒冈州的波特兰就是证明。2005 年，波特兰市的运管机构俄勒冈三县大都市圈交通局（TriMet）公开了其运营的公共汽车、有轨电车和火车的数字信息，此后，数十种提供实时交通数据、到达时间和地图的手机应用程序自独立开发者之手诞生。对于没有智能手机的人，则有公交显示屏服务为他们提供便利，任何店铺只要有网络、有一台便宜的显示器即可载入窗外车站的公交或电车的到站数据流。旅客等车不用再伫立雨中，而可以先在店里避雨，并点上一杯精酿啤酒。这种服务价格便宜，惠及生意，还能降低人的焦虑。当然，这些创新之举往往发生在政策制定者也会乘用公共交通的城市。当公共交通被视为穷人的专属时，规划常常连最基本的服务水平都达不到（佐治亚州克莱顿县的人深有体会，当地的公交服务曾因大萧条而彻底取消）。

摆脱拥有，始得自由

自布里顿开启了对未来交通的研究以来，此后 40 年，各城市确实一直在寻找重新定义未来出行的科技，结果发现，此类科技与各种神奇新发明皆无关系，而全在于新的思维方式、信息分享以及使用既有机器的方式。开放数据、智能卡、无线通信、GPS 自动导航等，为既有的机器注入了新的活力，实现了复杂系统一加一大于二的效果。

为了展示城市系统如何能建立出行自由，布里顿带我出了办公室，来到了约瑟夫巴拉路（Joseph Bara）。在这儿我们俩有好几种选择，一是向东走两个街区去一座通勤快线火车站，二是向西多走几分钟去地铁 4 号线瓦文站（Vavin），三是散步去蒙帕纳斯的快速公交车站。我们三种都没有选，而是一路向北，踩着干净完好的人行道，穿过卢森堡花园的大铁门，顺着宽阔的树荫步道向着乳白色立面的卢森堡宫走去。大石瓮里的菊花在这个早秋时节绚烂盛放，大八角池里漂着好几艘模型帆船。布里顿说，如果时间不多，我们俩可以直接去下一个公园，因为从这儿走去"人力地铁"绝不会超过 3 分钟。开始我弄不明白他的意思，直到我俩绕过宫殿，穿过沃日拉尔路（Vaugirard），在一排看起来很结实的自行车前停下。

"看！这就是自由！"布里顿指着一处公共自行车停放点，开怀大笑地说道。他拿出钱包在一根金属桩上一扫，传感器识别了他的通游卡，解锁了一辆自行车，此时传感器就开始记录这辆车的使用时间，以及后面交还车辆的时间地点。

这些自行车就是新出行方案中最具革命性的项目，名叫 Vélib'，即速度（Vélo）+ 自由（liberté），内涵了项目的卓越理念和功用。"我们想去哪儿就去哪儿，它带来的变化可大了！"布里顿说。

数百座城市都开始尝试运行共享单车项目，如里昂、蒙特利尔、墨尔本、波士顿、纽约、伦敦等等。目前，全球的共享单车系统超过 850 套，而全球共享单车潮的近 80% 在中国。但巴黎是第一座将公用自行车纳入交通系统的城市。Vélib' 自行车无时不在、无处不在。巴黎市中心设有 1250 处停放点，配置的单车超过 2 万辆。在多数地段，你距离停车点不超过 300 米。从停车桩上解锁一辆 Vélib' 骑半个小时，费用实际为零。

这些自行车只有三档变速，灰色的车身笨重结实，工业气息的曲线秉承的是包豪斯缝纫机的美学，它们肯定不适合环法自行车赛。然而自 2007 年推出以来，它们彻底改变了巴黎中心区的出行面貌。

每辆 Vélib' 车每天会被使用 3—9 次，全部车辆一天则总共可被使用 20 万次。新用户不断加入进来，他们发现城市骑行很轻松，有

图 28：人力地铁系统

凭借永远在 5 分钟内步行可至的停车点（左），Vélib' 共享单车已成为巴黎人的"人力地铁"。没有自行车道的路（右）仍为勇者留有自由。（作者摄）

的还自己买了自行车，于是，街上的自行车大潮越发澎湃。

Vélib' 不仅提供了方便，还体现了一种许多美国人会认为过于激进的政治哲学。它的创生，是要帮助巴黎人"占有更少"，以此一边拯救世界，一边拥有更多自由。

巴黎绿党领导人丹尼斯·鲍平（Denis Baupin）是力挺 Vélib' 项目的先锋，视之为巴黎交通的统御元素。"如果地球上人人都像巴黎人这样生活，"他对我说，"我们得有三个地球才能支撑所有的能量、物资消耗以及垃圾堆放。"而若计算环境碳足迹，结果还会让人倒吸一口凉气：巴黎人的足迹只是美国人的 1/3。但鲍平依然坚持认为巴黎人有责任将自己的生态足迹再缩减 2/3，身穿一件白色亚麻上装的他，脸像小天使一样肉嘟嘟的，完全不认为这是什么坏消息。

"要对巴黎人说，我们得接受，未来的幸福只有现在的 1/4？当然不可能了！我们必须说明，限制消费、浪费，持之以恒之后，我们会比今天更加幸福快乐。"

对鲍平来说，共享单车是终极的后消费主义机械，它为任何愿意分享空间和工具的人提供了新的自由。他说："Vélib' 的真正特别之处在于它并不属于你；像公园一样，自行车由大家共享。我们不会去完超市把购物车带回家，也不会去找专属于自己的电梯、餐厅或飞机，那我们为什么要为城市设计所迫去拥有自己的汽车和自行车？"

对于多数人来说，"不拥有的权利"听起来有点像伪装了的"剥夺"。此种观念对美国人尤具挑衅性，因为很多英雄、专家乃至总统一直在说，如果他们停止消费，美国的民主将面临危险。

我对鲍平说，在我的家乡，不拥有财物一般说明你是穷人，而没钱就没自由，会处处受困。鲍平回答道，不不，新巴黎的情况恰恰相反。巴黎可没有让人人都开上车的空间，没有足够的地方停车。对巴黎核心区的居民而言，所有权是沉重的负担。如果有辆汽车，你不仅要为买车花钱，还要保养它、修理它，不断花时间寻找车位。所有权对自行车主也是负担，他们为了自己的车不被偷，必须把车搬进自己的公寓，而巴黎的公寓楼一般都是六层无电梯的那种。*

Vélib' 是摆脱这些枷锁的一种方法。你既不用思虑是把车停在家

---

* 鲍平的想法并非难以置信。2016 年英国进行了首次关于共享单车的全国性调查，其中一半的受访者是第一次骑车或是因共享单车而增加了自己的骑行频率。不出所料，人们也觉得自己更健康、更幸福了。其中最幸福的是？当属那些曾经开车、现已加入共享骑行队伍的人。

里还是目的地，也不用修车。如果轮胎瘪了或下雨了，你只须把车推回停车点锁好，再去坐地铁就可以了，而不必停下行程。*

极端共享

大部分购买行为中，我们想要的与其说是物品，不如说是物品的用处，交通消费尤其如此。无论是火车、公共汽车、自行车还是小汽车，任何交通工具只有移动了才发挥效用。大部分私家车在绝大多数时间里都是无所事事的状态，而车主却要支付保险费、租赁费、停车费等，还得承担车辆折旧。他们不仅要挣更多的钱保证自己开得起车，还得保证自己有钱去健身，而日常出行本应就是锻炼才对。†

在巴黎及世界各地，自驾者在共享汽车这里找到了另一种选择。

第一代共享汽车有固定的车辆停放点，用户预订的车辆只能在特定时间使用。第二代共享汽车则可以"随取随停"：德国汽车公司戴

---

* 颇为反讽的是，鲍平的后消费主义单车系统，其建立、收费和运营都是由法国最大的广告公司德高（JCDecaux）负责的。经过艰难的交易，所有租赁费用归巴黎政府所有，而德高则通过出售巴黎市 1600 多个街边广告位获得收入。所以，在骑车人享受着不拥有之乐时，公共空间却贴满了撩拨心弦的广告，不断提醒他们，买得越多越幸福。这是鲍平的绿党与法国社会党组成的当时的联合政府做出的妥协。鲍平对这笔交易并不满意。

† 有个概念叫"有效速度"，即忠实可靠的出行时间评估，不但要包括行程时间，还必须包括为支付车款而多花的工作时间。多数车主往往大大低估了自己为支付驾车出行费用而必须花费的时间：比如在英国，皇家汽车俱乐部发现，汽车产生的费用通常是车主认为的两倍以上。你当然得努力工作赚钱买油／气，但还必须负担贷款、停车、维修、过路、配件、保养及折旧等等隐形成本。这些账单会不断积累。将所有的相关劳作和驾车时间加在一起就是有效速度，即奋斗一小时能让你跑多少路。我们来仔细看一看：

美国白领平均每天开车 27 英里，路上花费约 1 小时。根据美国汽车协会（AAA）的统计，这一趟的费用约为 18.36 美元（根据协会估算，2013 年人均出行距离约为 1.5 万英里，相应的花费约为 9122 美元）。假设这位白领是一名办公室经理，工作时薪为 20 美元，那么她需要多工作 45 分钟才承担得起这一趟自驾的费用，即她为了这 27 英里在工作和出行上花的时间总共接近 2 小时，其有效出行速度只有每小时 15 英里多一点。开车通勤一下子就显得不怎么快了。

姆勒在德国的乌尔姆、加拿大的温哥华等多座城市分散投放了数千辆智能汽车。这一项目名为"即行"（CAR2GO），概念非常简单。用户可通过互联网、苹果或安卓应用搜索汽车，然后用手机进行解锁操作。用户可以在服务区域内开车去往任何目的地，到达后只须停车走人即可。即行利用 GPS 跟踪汽车，因此你无须将车还回特定地点供后续使用，也无须提前安排行程。每分钟 35 分的价格包含了税费、保险、里程乃至燃料。2011 年，巴黎更整合了共享汽车与地区公共交通，推出了 Autolib' 共享电动汽车系统。和 Vélib' 共享单车类似，Autolib' 在巴黎设有多处充电站，站内汽车可供租赁，通游卡有效。

随取随停的共享汽车系统可应对日常生活的不可预测性及突发情况。它们也为我的城市增添了一层自由。因为有了三家租车机构，还有即行共享汽车、紧密的公交网及 3 条快速公交线，越来越多的温哥华人选择卖车或把车停在家中。温哥华居民中有近 1/4 的人都是该地区四家共享汽车公司中某一家的用户，近 15 万居民共享约 2000 辆汽车（温哥华平均每户拥有汽车 1.25 辆，而萨里郊区则为 1.7 辆）。目前，温哥华市正考虑重新调整市中心停车场的用途。温哥华市前议员彼得·拉德纳（Peter Ladner）表示："所有调整至少要做到能让放弃拥有汽车的人选择更多同时出行成本更低，能降低车流量，让人们多运动，让街道更安全，让车库更宽敞。"

机器人技术下的共享文化

优步、来福车（Lyft）等打车软件的出现似乎代表着共享文化的一次大升级。凭借手机应用，个人司机可以驾驶自己的车辆为乘客提供类似出租车的运输服务。这完全依赖于陌生人之间的相互信任，因此打车软件让司机和乘客能互相查看和评价，而评分会显示在个人资料页上。评价较好的司机和乘客会更受青睐。这种方式起初极大地增强了城市道路上的信任与服务质量。

自动驾驶汽车的到来让拼车开始面临一场急速巨变。比如优步就有望用自动驾驶汽车取代旗下的大部分司机。未来30年，自动驾驶汽车将成为我们出行的常态。

自动驾驶时代被视为增强个人幸福感的福音。对不开车的人来说，这简直是改变人生的一份大礼。老幼病残人士巡游城市，再也无须手扶方向盘。乐观主义者畅想，汽车在道路上自主行驶，把我们一直送到公司门口后再去接下面的乘客，而我们则可以用这段通勤时间工作、睡觉乃至享受"性福"。许多城市40%以上的土地是为小汽车服务的，所以如果更多人乐于分享而不是买车自己开，城市就能重获大量土地，用于自然景观、广场及其他公共品。这样纽约可能节省出来的道路空间，够建17座中央公园。并且鉴于90%的车祸是人为所致，在未来的2035—2045年，无人驾驶汽车预计会拯救全球超过50万人的生命，并为公共安全领域节省2340亿美元的开支。

但乐观主义者忘了，即使是无人驾驶时代，城市的道路空间依旧极为稀缺。如果我们依然单独出行，10万辆无人驾驶汽车占据的道路空间和过去10万辆普通汽车并无区别。就算大多数通勤者乘用自动驾驶汽车，且不自己购买，但如果还是独行，未来的通勤环境会比过去还要压抑。请想象，路上满是没有司机的僵尸车，它们或是开回郊区的断头路停车，或是在街上搜寻乘客的踪影。

如何解决这一问题？我们再看回未来：城市如果关注人的自由与轻松生活，就应当优先满足拼车意愿。内华达州的雷诺市预计不晚于2019年投放无人驾驶公交车。一些地区，如温哥华大都市圈，已开始为无人驾驶公交寻找最好最快的道路空间，过去几十年该地区轻轨系统"天铁"（SkyTrain）也都在使用无人驾驶技术。公共交通规划师正在推行一种定价方式，无人驾驶车辆每行驶一公里都要付费，这笔费用将用于按需公交系统的建设，服务于人们出行的最后几公里，以此缓解交通拥堵。各城市若能在无人驾驶的巨浪到来前大胆采用这一策略，不仅能大大降低交通成本、减轻环境污染，还可以让人们更为自由地选择步行、骑车或拼车。

身体与自由

谈到无人驾驶汽车，人们很容易想当然地觉得它好。但回到巴黎，布里顿让我想起了自行车的可靠和一项独特优势：如果我想看夕阳下的凯旋门，没有比骑 Vélib' 单车更快的了。在布局密集的城市，骑行几乎能匹敌开车的平均速度，部分正是因为骑行占用空间很少。

布里顿看了看第二辆车的车胎，没问题，又调了一下座位，好了。我插卡进去，把自行车从停车位里拖出来，和布里顿一起上了路，并不戴头盔，就像所有其他人一样。我跟在布里顿后面，沿一条狭窄的支路骑行，并进入皇家港口大道，周围顿时陷入一片混乱。出租车像跑跑卡丁车一样乱窜过去，货运卡车和摩托车疯了似的挤来挤去，公交车的引擎吸进热气，尖声嚎叫。刚开始我晕头转向，心惊胆战。有人曾告诉我巴黎司机凶得像有病，现在街上就是这样的他们，到处都是。

骑乘两轮工具的不止我和布里顿，周围还有几十个 Vélib' 用户。我们骑行的人这么多，司机们就必须留神，必须腾出点儿空间给我们。简·雅各布斯在《美国大城市的死与生》中描述了行人如何用眼神交流信息，再安排绕过对方的路线，简直像芭蕾舞一般精妙。此时在巴黎的车道上，我感受到了增强版的类似情态呼之欲出。私家车、自行车和公交车一起混行，没有人能确定前面会碰见什么。面对毫无规律的车流，我们必须时刻保持清醒。拥挤狭窄的街道压着怒火，我们也被迫调整"舞步"的编排。但正因为自行车充溢街道，在巴黎骑车确实变得更安全了。Vélib' 项目开始的第一年，更多人转向了骑行，虽然自行车事故量有所上升，但人均事故数量是下降的。[*]所有骑行显著增长的城市都是这样：骑车的人越多，在路上骑车就越安全，部分就是因为开车人知道街上会有很多骑车的人，所以养成了更为小心的驾驶习惯。数据可以证明。[†]

我和布里顿击掌再见，上了蒙赫街（Monge），朝塞纳河前进。

车灯闪烁，车辆变道，透过汽车的挡风玻璃和摩托车手的头盔面罩，我能有一瞬瞥见汽车和摩托车的驾驶员在转头、点头、倾斜肩膀：这些都表示他们在加小心。我在汹涌的车流中找到了出口，急忙打手势，伸出一只手来一指，骑向一片开阔地，一路寻着空当，下坡过塞纳河。夕阳西下，屋瓦染成粉红，我飞快地骑向巴士底广场和纪念 1830 年革命的七月柱。那根青铜柱顶上屹立着自由神金像，神像出自雕塑家奥古斯特·杜蒙（Auguste Dumont）之手，正手持断裂的铁链举向天空，似欲纵身一战。落日最后一缕余晖洒在神像翅膀上，光芒夺目。围绕在纪念柱之下的，是一圈圈车灯的漩涡，那是一圈圈

---

[*] 圣何塞州立大学的峰田运输研究所（MTI）最近一份报告表明，骑共享单车可能更安全。单车不是为竞速设计，形制也厚重结实，明亮的颜色不仅可以让你在繁忙的城市街道上找到它们，也能让司机更容易注意到骑车人。一方面骑行者通常行进在慢速交通之中，同时研究人员猜测，相比骑自己的车，骑借来单车的人可能会更小心，这些都降低了事故的发生率。

[†] 即使是在骑车人的名声与巴黎司机差不多糟糕的纽约市，自行车大军的增长也比自行车事故数量的增长速度快得多。

的出租车、旅游巴士和摩托车，我也加入其中，奋力踩着踏板。我兴奋无比，倍感自由，"冬日骑士"罗伯特·贾奇的那种自由。

尽管如此，其中令人兴奋的因素也会让很多人望而却步。你必须身体强健，反应敏捷，才能在城市路况中骑行。还要有上佳的平衡和视力（比如老人和儿童的外周视野比健康的成年人差，更难判断接近物体的速度）。最重要的是，你必须有很高的风险承受力。具有冒险精神的骑行者，血液里充满了 β- 内啡肽，这是在玩蹦极和过山车的人的血液里会出现的化学物质，能引发欣快感。皮质醇和肾上腺素就更不必说了，这些应激激素在或战或逃的一刻很是有用——当然它们若长期盘踞体内，会产生毒副作用。

生物学家罗伯特·萨伯斯基（Robert Sapolsky）曾说，理解好压力与坏压力之间的区别，就是记住，过山车只开 3 分钟，而非 3 天，如果时间超长，过山车不仅趣味降低，还有害处。我个人喜欢坐过山车，也喜欢在巴黎的车流中挑战骑行，但让我这样一个四十来岁、略有莽撞的男人激动的事情，我的母亲、兄弟或孩子可能就会畏惧。

我们如果真的在乎每个人的自由，设计中就必须为每个人考虑，而不单为那些敢于骑车上路的勇者，即我们必须迎接共享空间运动。共享空间已经逐渐获得了喜爱，而起点或许是 20 世纪 70 年代，荷兰代尔夫特市的住宅区出现了所谓的"庭院式道路"（woonerf），在这样的路上，步行者、骑车人和车辆共享一片空间，仿佛大家在客厅共处。道路标识和路缘标记被花盆、卵石和树木取代，以提高行人和车辆的注意力。这有点像驾驶型骑行的理念，只是在庭院式道路上，每一方都要学会分享。*

---

* 庭院式道路区有两条重要规则：一、司机不享有平等权利，而是这里的客人，依法要把路权让给自行车和行人。二、在这里任何人不许超过可感安全速度，即快走的速度。

2008 年辞世的荷兰交通工程师汉斯·蒙德曼（Hans Monderman）曾在荷兰将共享空间的概念从偏僻后巷引入繁忙的交叉口，从而赢得了业界的尊崇。蒙德曼剔除了路标和标识，迫使所有过往人员更多地为他人着想，与他人沟通。他坚信，此类公共空间更安全，正因为它们让人觉得更不安全。也像在庭院式道路上那样，上了蒙德曼共享路口的行人和骑车人会面临一种不确定性，要消除这种不确定就只得提高对他人的意识，与他们交流眼神，重返汽车占领道路之前的社会规则。蒙德曼在德拉赫滕镇（Drachten）与记者汤姆·范德比尔特（Tom Vanderbilt）会面时，为证明自己的观点，竟然闭上眼睛，倒着走进一处繁忙的十字路口。司机避开了他，因为他们已经准备好了迎接路上的各种意外。听说这一地区的居民觉得穿越共享路口并不安全的时候，蒙德曼很高兴："我觉得这样挺好，不然我就立刻改设计了。"

蒙德曼设计的路口周围，事故和伤亡数量是陡降的，世界各地皆是如此，比如伦敦肯辛顿大街上出现共享路口后，交通相关的伤亡下降了40%。但蒙德曼没有注意到所有人都压力水平。数据反映的安全与人感受到的安全，二者有巨大的区别。以伦敦肯辛顿博物馆区的展览路为例，它的改造为蒙德曼的共享空间理念创立了一套新的英国标准。设计师迪克森·琼斯（Dixon Jones）希望在行人、骑车人与开车人之间建立起缓冲，方法是移除路缘石及道路上的其他障碍物，改用高档花岗岩把路面铺成大格子图案。这些做法确实稍稍降低了车速，但空间的外观依然像个空荡荡的大停车场，车速依然会快到让任何人都不敢放松警惕，即使是在隐隐分出来的路边人行道上。在改造后的展览路上，你绝不敢放开自己8岁孩子的手，也就是说这条路的设计依然没有真正照顾到所有人，至少依佩尼亚洛萨的标准没有做到。

不是每个人都可以像英勇骑车者或那位倒着走的交通专家那么大

胆敏捷的。如果真想让人们可以按意愿自由移动，考虑的东西就不能只有事故统计数据，你还须思考人们在特定空间中的实际感觉。

交通规划者从俄勒冈州波特兰市汲取到了经验。这座城市花了20年时间把人们哄上了自行车，在21世纪到来之前就在繁忙的道路沿线划出了自行车道，但到了2005年前后，这些自行车道大部分时候还是空空荡荡。城市自行车协调员罗杰·盖勒（Roger Geller）查阅了各种对城市通勤者的调查后发现，这些基础设施的使用者其实是波特兰人中的珍稀物种。只有约5%的人强健无畏到可以骑行于最繁忙的街头，另有7%的人有足够的信心和动力尝试在这些大路沿线的自行车道上骑行。其他人完全没有在一堆速度超快的金属坨坨中间骑行的勇气和决心。约1/3的人永远不会骑车，也就是盖勒所说的"无论怎样都坚决说不"的群体。

"这一点真是让我非常沮丧。"盖勒说，但他随后发现，有近60%的人属于"有心却担心"的一类，他们很有兴趣，但又担心骑行会很难、不舒服乃至遇到危险。只有骑车像开车或坐公交车一样安全舒适，他们才会选择骑车。因此盖勒和同事们着手创造"低压力"的自行车路网：或是将骑车人与车辆实体性隔离，或是在共享路线上让汽车减速至"恐惧速度"以下。方法奏效了。2000—2008年间，波特兰骑车通勤的人数接近翻番。但波特兰投入的资金与引起的行为改变，与其效仿的各欧洲城市相比，只是小巫见大巫。

安心之城

交通系统完全围绕安全而营建，会是怎样一幅景象？某天早上我到了豪腾（Houten），这片荷兰低地的茵茵牧场上正发生着一场设计实验，在这里，我找到了答案。

我下火车时整个人还处在阿姆斯特丹级的宿醉之中，双眼模糊。这里的市中心很是繁华，却看不到一辆小汽车，只有大群银发老人骑车经过，车筐装着买来的东西。在市政厅，温文尔雅的交通总长赫伯特·蒂门斯（Herbert Tiemens）迎接了我，坚持要带我到处转转。他带我去了豪腾的主干道，其实都不算是大道，更像是一条蜿蜒小径，周围的环境有点像高尔夫球场或是《天线宝宝》里曲线柔和的布景：到处都是草坪、池塘和修剪齐整的灌木丛。一辆车也没有。我们路过一所小学兼幼儿园，时逢午餐时间，孩子们鱼贯而出，有些看起来才脱尿布，他们骑上各自粉色或蓝色的小自行车，掠过我们身边向家骑去。这里和沃邦很像，但更柔和、更安全、更宁静。

"我们很是为此自豪，"蒂门斯语带骄傲，"在荷兰大部分地区，孩子们直到八九岁才能单独骑车上学，而这里6岁就可以。"

"父母肯定很担心吧！"我说。

"没什么可担心的。小家伙们回家，一条马路也不用过。"

豪腾曾是一座小村庄，村子中间是一座14世纪的教堂。1979年，荷兰政府宣布，豪腾必须为应对国家的人口爆炸贡献力量。5000年历史的小村要在25年内将人口增长10倍，这会和很多美国郊区的经历相似。面对如此势不可当的巨变，当地议会采取了一个彻底颠覆城市观念的计划。

豪腾的新设计包含两套独立的交通网。社区是骨干网，由线性的公园和小径组成，专供自行车和行人使用，并全都汇聚到市中心和火车站——碰巧还到一片与锡耶纳原野广场外形类似的广场。城市的每座重要建筑都坐落在这条无车中轴沿线，走路或骑车过去都非常轻松，一切都又近又安全。

第二张交通网主要为汽车而建，尽其所能避免了阻碍。环绕中心区有一条环路，多条进城通道像弯曲的辐条一般伸进中心区。几乎人人皆可把车开到家门口，但如果想从火车站开回家，你就得出去上环路，绕一大圈再开进来。

　　自行车和小汽车也会分享一些路段，这时，交通标识和红色柏油路面会清楚地表明骑车人优先。汽车跟在一群老年骑车人后面一寸寸挪动，在这里也很常见。

　　颠倒了交通秩序后的结果？以去火车站的行程计算，豪腾市内段

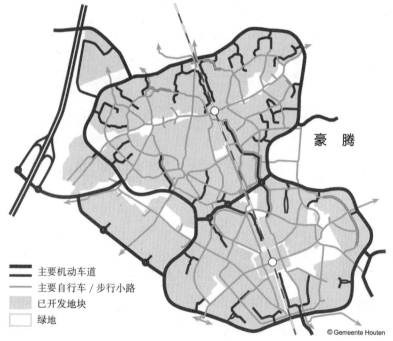

图 29：为孩子设计的城镇

在荷兰小城豪腾，骑车人和行人专用小路纵横交错，而机动车道只通向环城路。
(Gemeente Houten / José van Gool)

的行程有 2/3 是通过骑车或步行完成的。该小城的交通事故率只有荷兰同等规模城镇的一半，比起美国大多数城镇，比例更是小小一点。2001—2005 年间，豪腾只有一人在交通事故中丧生，一名 73 岁的老妇骑车时遭一辆垃圾车碰撞，当时是司机有些急躁大意。如果是同等规模的美国城镇，交通事故死亡数字会是豪腾的 20 倍。

安全小镇的一天即将结束，我困得几乎睁不开眼，豪腾有着睡前热牛奶一般的镇静作用。当然这也是意图所在。这座城镇可以想见是很迟缓的，是年轻夫妇为了生小孩儿才会搬来的地方，和美国人搬去郊区边缘安静的断头路道理一样。老年人也搬了过来。市场街上有许多老人，骑着自行车来来回回，车子上载着采购物和孙辈孩子。这里广受老人及年轻人的欢迎，人口增加了 1 倍，围绕第二个市中心和火车站建设环路的工程也开始了。

豪腾展现了静谧的热带草原景色，很好地掌握了郊区式美学。它与美国的通勤城区别在于，豪腾兑现了安全、保障和健康的承诺。如果在富裕国家，保护儿童免受伤害确系要务，那么在过去 30 年里，我们本应建造 1 万个豪腾而非 1 万个威斯顿牧场。

缺点？逆向思维的道路设计下，豪腾的温室气体排放与荷兰其他城镇没什么区别，因为就是要开车的人无论去哪里都不得不开得更远（虽然排放量仍然远低于北美城市）。这反映出，城市在采取一项宏大方案解决问题时，总会遭遇各种外部效应。

为了自由重塑城市

任何想在城市里建立起自由的人最终都会去哥本哈根参观学习。丹麦人花了 40 年来修补、改善首都人民曾经使用的交通系统，将伦敦或洛杉矶曾经经历的悲惨与危险转化为真正的愉快。哥本哈根的成功源自两项观念：一是城市要欢迎并奖励实验探索，二是城市规划者不仅要注意到交通的物质层面，还要关心人的心理。

9月的一天，我和刚加入哥本哈根交通局的拉斯·林霍姆（Lasse Lindholm）一起感受了城市的早高峰。透过秋雾，这里的阳光依旧热烈，我们穿过路易丝女王桥。这座庄严的花岗岩大桥之下是一片湖水，水位不深，有些像护城河，标志着这里已是市中心的西缘。湖上升起水雾，天鹅凫在湖面，梳理羽毛，而桥上则是我从未见过的高峰景象。信号灯每次一绿，数百名骑车人就朝我们的方向滚滚而来。他们既没有戴头盔，车上也没有反光装置，和骑车人"应有"的样子不同。一些男士穿着竖条纹西装和锃亮的皮鞋，女士们则穿垫肩的西装上衣、短裙和高跟鞋，围着飘逸的纱巾。没有人汗流浃背。他们不是罗伯特·贾奇式的冒险主义者，通勤也不是竞速赛。大家心情平静，气质诱人，体态健美。

林霍姆展示了一组值得反复强调的统计数据：早上前来哥本哈根的人中，约有三成开车上班或去学校，另有三成左右以公共汽车或火车为主要出行方式，但骑车的人数最多，占37%，若排除郊区，则哥本哈根的骑车人占比达55%。即使斯堪的纳维亚的冬天很黑，到处都是雪橇，这些平素的骑车人中仍有4/5坚持骑车出行。这里是复杂繁华的大都市区，不仅要设法应对异方差性，还要鼓励发展在很多城市已不复存在的交通方式，仔细想想不免让人惊叹。

林霍姆表示，哥本哈根人选择骑车不是处于根深蒂固的利他主义或是环保担当，也不是天生比美国人更喜欢骑车，他们的激励因素是自利。"人们只想把自己从 A 地移动到 B 地，现在正好是自行车能让他们更快也更容易地做到这一点。"

图 30：体验管理

为应对汹涌的自行车流，工程师将哥本哈根路易丝女王桥的车道拓宽了 1 倍。在其他区域，规划者也希望双倍宽度的自行车道能增进骑车通勤者之间的交流。（作者摄）

哥本哈根市长弗兰克·延森（Frank Jensen）那天上午就是骑车去上班的，还有国府的几位部长，以及所有认为自己参与组成了城市风尚的人也都一样。在哥本哈根，流行的前沿不是跑车，而是一种前置方形货斗的三轮自行车，叫"哥本哈根 SUV"。该市的二孩家庭中，1/4 拥有这样一辆车。

这样的行为是设计的产物。人们真正可以自由选择的时候，就会做出不同的选择。骑自行车在一个世纪前的丹麦非常流行，然而在汽车时代最初的几十年里，很多丹麦人放弃了这一代步工具。*随后便是 20 世纪 70 年代的持续拥堵及能源危机，一起加剧了大众对以汽车为中心的道路设计的抵触。数万人参加游行，呼吁为自行车留出空间。斯特拉耶街被改造成人行道后，哥本哈根人意识到，街道是有可塑性、可实验探索的。哥本哈根的自行车道已画设多年，但在 20 世纪 80 年代初，交通局长延斯·克拉默·米克尔森（Jens Kramer Mikkelsen）开始在自行车道与机动车道之间建一道低矮路沿，彻底隔开了两者。这改变了人的骑行心理，突然间，人们可以毫无愧疚地骑行了。这些设施不仅是为勇者而建，更是为老人、孩子，以及希望在安全与舒适中骑车的人而建，也就是为所有人而建。它有电影《梦幻之地》式的效果。†亚特兰大的高速路建设产出了新司机，类似的，哥本哈根的安全自行车道则产出了新骑手。随着分离型自行车道网络不断扩展，骑车人充斥其上，自然也会要求更多的空间。过去 10 年，此种效果在不断加码。哥本哈根有着在 2025 年前实现碳平衡的计划，作为计划的一部分，这座城市准备打败阿姆斯特丹，成为世界第一的自行车友好城市。

"这意味着，我们不仅要考虑安全问题，还要关注骑车人能感受到有多安全。"交通局长尼尔斯·托尔斯略夫对我说。

这座城市的分离型自行车道，结成了总长超过 350 公里的网络。拥挤的交叉路口安装了自行车专用信号灯，骑车人比开车人多 4 秒额外时间，可以在汽车司机开始右转弯前骑到汽车前面；而在其他城市，车辆右转常是引发事故并致骑车人死亡的一个原因。在为了方便

---

* 截至 20 世纪 60 年代，只有 1/5 的哥本哈根人骑车上班。

† 电影中，主人公因梦中的神秘声音铲平了玉米田建了棒球场，结果他的棒球偶像真的来了这里打球，自己也与反目多年的父亲和解。——编注

机动车而信号灯一度全都同步的地方，哥本哈根按较快的骑车速度小幅调整了系统。如今在高峰时段，时速20公里的骑车人可以一路绿灯不停脚。城市中，"绿灯"自行车道网络纵横交错，串起各个公园，远离汽车的噪声和尾气。郊区也没有被遗忘。哥本哈根现在正打造一片连接郊区与市中心的分离型"自行车超高速路"网络。一旦遇上斯堪的纳维亚的雪，哥本哈根的自行车道在除雪方面的优先级也比其他道路都高。

可现在，哥本哈根有了独特的困境。交通局对调查骑车人时发现，他们再也不怕汽车，但会怕其他骑车人。车道已太过拥挤。该市不得不开始重新考虑一个世纪前汽车刚出现时各个城市都面临的难题：谁有权利使用街道上有限的共享资源？

托尔斯略夫的答案就在一条穿过路易丝女王桥的路，"北桥巷"(Nørrebrogade)。2008年以前，这条路被自行车、公交车、小汽车和卡车塞得结结实实。每天有超过1.7万辆汽车、3万名骑车人及2.6万名公交车乘客通过这片商铺林立的街区。小汽车占用空间最大，但骑车人也彼此拥挤，有人还被挤上了本就狭窄的人行道。通勤用的机动车排起长龙，公交车只得等在后面。必须有所行动了。

解决办法是开启一场临时探索：重新设计街道，让街道变得更公平，即偏向占用空间少的旅客。托尔斯略夫的设计师团队为公交车建立了专用车道，将通勤的小汽车分流到其他更宽的主干道上，腾出来的空间则用来加宽自行车道和人行道。效果立竿见影。2009年我骑车经过路易丝女王桥时，通勤的小汽车流量下降了一半。公交车乘客也表示用时缩短了。又有7000名骑车人加入了每天的通勤大军，而以前两侧的自行车道虽是两道全宽，却也人满为患。街边的餐馆和商店都搬到了拓宽的人行道上。托尔斯略夫对我说，大计划才刚刚开始，这些改变将渐次运用到城市的其他主干道上，借此令整套干路架构脱胎换骨。哥本哈根的新标准是"交谈用自行车基础设施"，就是让车道宽到允许两人并排骑车聊天，让通勤更像社交活动一点。

这里有一个奇怪的对比：从北京到波士顿的各个城市，经过几十年的道路建设，创造的都是更多的汽车流量；而哥本哈根则是完善道路，引出了人们对其他出行方式、特别是自行车的需求。追求出行新方式的城市，是否是在走向拥挤 2.0？

安东尼·唐斯（Anthony Downs）指出，拥堵完全是任何一座活力城市的天然特征。我们应区分拥堵的不同类型。滋养城市的不是移动的车辆本身，而是人和货物。哪种交通方式能利用每单位面积的基础设施运送最多人和物，自然对城市最优，一定程度上也对路上的旅客最为有利。

任由自由市场设计并建造道路，即让私家车主导的道路，城市就很难获得血液供给。问题在于：小汽车太占空间了，即使最小的私家车，停车时占用的路面也有约 14 平方米，是一个人站立所需面积的30 倍，是一个骑车人或一名公交车乘客的 7.5 倍。如果移动起来，数字差异会更大。如果独自驾驶一辆时速 50 公里的小汽车，这位司机占用的空间会是同速度公交车上一名乘客的 20 倍。别忘了：如果一辆满载的公交车上所有的乘客都去骑车，他们会占掉一整段自行车道，但如果他们都去自驾私家车，街道就会全被占满。

所以任何计划若想在城市里实现真正的出行自由，都不只是运营共享单车、共享汽车甚至增加公交车这么简单。由于对道路空间的竞争是摆在明面上的，有些人会为了自己的利益选择开车出行，把不为司机专有而是人人共享的道路搞得一团糟。小汽车拖慢货车，包围公交，窃取了公交乘客的时间和确定性，挤压自行车的空间，更威胁着

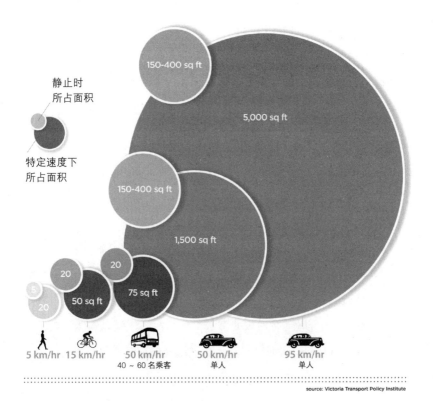

静止时
所占面积

特定速度下
所占面积

150-400 sq ft

5,000 sq ft

150-400 sq ft

1,500 sq ft

20

20

5

20

50 sq ft

75 sq ft

5 km/hr　15 km/hr　50 km/hr　50 km/hr　95 km/hr
　　　　　　　　　40 ~ 60 名乘客　单人　　　单人

图 31：人均移动所需空间的对比

我们街道有着怎样的公平和效率？一辆小汽车以通常的城区速度行驶时，所占空间是一名行人的 75 倍。（信息图：Matthew Blackett / Spacing.ca，数据来源：维多利亚交通运输政策研究所）

行人。要增强交通的多样性、自由度、共享程度和可持续性，城市别无选择，唯有挑战私家车的特权。

供求与惊喜

一些大胆的城市已经在用经济手段调整相关需求。2003 年，伦敦

9. 宜行都市 II：自由

市长肯·利文斯通（Ken Livingstone）对工作日进入伦敦市中心的车辆加收拥堵费，这是世界上拥堵费涉及范围最大的一次。拥堵费征收系统使用自动识别车牌的摄像头，对进入伦敦核心区的绝大多数私家车辆收费，应急车辆、出租车和核心区居民的车辆则不在征收范围。费用一开始即高达 5 英镑，之后更涨到了 10 镑。政策执行 3 年后，伦敦核心区的交通量下降了 1/4。收费标准经历了多次修改与微调：2011 年时任伦敦市长的鲍里斯·约翰逊应民众的反对，将西向扩张区的肯辛顿和切尔西移出征收范围，同时伦敦交通局（TfL）也免除了低排放车辆的费用。尽管有这些妥协，这套体系每年还是能为伦敦的公共交通贡献超过 2.27 亿英镑资金，且并未伤害身为区域领头羊的伦敦中心区的经济。从中可以看出，人的交通行为确有弹性：等到真的要为驾驶付出代价时（在伦敦的例子中包括污染、温室气体排放、开车人对他人路权的超比例挤占等），人们就会转向其他出行方式。

需求管理正在世界各地生根发芽。在斯德哥尔摩，进入城市核心区的拥堵费会随高峰时段的逼近而上涨，又会在空闲时段降为 0，以鼓励人们错峰开车，等道路空闲再出门，而另一方面，公共交通的投入则部分地由这些道路费、拥堵费支持。短暂试行后，2006 年，斯德哥尔摩市民投票决定长期沿用该系统，因为市民们觉得这让自己的生活更为轻松简单了。中国南方重镇广州也推出了车牌拍卖和摇号系统，希望将新车数量减少一半。鉴于广州是中国最主要的汽车制造中心之一，此举的背后牺牲极大，但广州的污染和拥堵问题太过严重，必须采取进一步行动。

此类方法也提出了一个伦理问题。城市街道一类的公共资源最应当为付得起钱的富人而保留吗？伦敦的答案是用收费改善当地的公共汽车服务，但这种需求管理制度在平衡道路安全性与可用性方面几乎没有起到提升作用。要提升此种平衡，须对最基础的公共资源进行再分配，即巴黎和哥本哈根的经验，它终于开始在其他地方落地生根。

在伦敦，西区的汽车空间被大刀阔斧地切除，代之以连片的步行专用区，街道重获新生。如今这里复又行人熙攘，于是特拉法加（Trafalgar）广场这样的地方没把出入口设在边缘，贴近交通要道，竟显得有些费解。这有什么费解，人就应该离开伦敦国家美术馆，过了约克石广场，就能沿特拉法加广场一段华丽的台阶而下进到广场里面，而无须冒生命危险。改造让这里恢复了它应有的状态。

空间再分配产生的巨变，在纽约市中心体现得最为淋漓尽致。2007 年，珍妮特·萨迪克汗（Janette Sadik-Khan）2007 年被聘为纽约市交通局专员，她自认为成了纽约最大的房地产开发商。这话没错，因为交通局掌管 6000 英里的街道总长，超过纽约市地皮的 1/4。

此前尽人皆知，交通局专员都把目光放在尽快减少机动车上。此类狭隘的方法在萨迪克汗这里将成为过去时。她强调自己让地产这种极有价值的事物得到最好的利用，但剔除汽车并非必经之路。

萨迪克汗从重新评估城市街道价值入手，邀请扬·盖尔用他在哥本哈根发明的方法研究纽约人的出行。盖尔及其团队发现，尽管纽约对机动车交通问题如此关切，但行人的境遇仍比开车人差得多。人行道的拥堵情况比机动车道更为尖锐，甚至会在公交车站及公共休息区附近引发肢体碰撞乃至冲突，行人会被挤进机动车道，许多人从此再也不愿选择步行。* 显著特点是，受观察的行人中，老人和儿童仅占

---

* 拥挤人行道上的粗鲁行为对心理健康极为不利。夏威夷大学交通心理学家莱昂·詹姆斯（Leon James）创制了"行人路怒综合征量表"来测量行人的怒气值。你如果常在曼哈顿中城人行道上为自己挤出一条路来，就可能体验过上述综合征的一些特征，从心中暗骂别人，到摆出一副臭脸，再到有意冲撞、狠狠通过等。每个冒犯性的想法或行为都会积累行人自己及周围人的压力。这意味着，纽约人的处境不妙，因为仅 2007—2011 年

1/10，但纽约市总人口中的老人和儿童却占近 1/3。

此类深刻的不公，在时代广场最为严重，这里行人的数量比汽车多 4.5 倍，却要挤在只有汽车 1/10 的空间中。每天有超过 35 万行人经过广场，有从纽约两个最繁忙的地铁口出来的上班族，也有是拖着拉杆箱在一条条道边四处打转的迷惘游客。这里是纽约最可能碾轧到你的地方之一了。

然而，如果时代广场只许机动车通行，却不一定对司机有利。问题在于一个奇怪布局：曼哈顿呈网格状，而百老汇大街则斜穿其间，与平行的 43—47 街的每条街道相交，在这一段又与垂直于几条平行街道的第七大道交叉，形成了一个领结形，划出了四个区块。复杂的道路交叉口使红灯的时间极长，车速只得慢到 4 英里 / 时。

时代广场的例子鲜明地告诉了我们，仅仅增加道路空间，无益于解决交通问题。有一种方法，几十年来一直被规划者所遗忘，但萨迪克汗在借鉴了哥本哈根的经验后重提了它：来一次试行，看看空间再分配能取得何种效果。2009 年 5 月的"阵亡将士纪念日"*小长假，她走上街头与市政人员一起滚动路障桶，仿佛在滚橘色啤酒桶，对百老汇大街沿途 5 个街区及时代广场内部及周边实施了车辆封堵。

"我忘不了那番景象，"她后来对我说，"你看过星际迷航吗，就是人被飞船的传送机传输的样子？就像那样。凭空出现了好多人！他们不断涌入我们创造的空间。"

萨迪克汗对纽约街头物业的再分配有很大的雄心，包括画出自行车道，用花槽和停放的汽车隔出自行车专用路线，设公交专用车道及公共广场等，不过这些也激起了一些愤怒的反弹（我将在下一章讨论

间，纽约人行道的拥挤程度就增加了 13%。

* 美联邦纪念日，目前定为 5 月最后一个周一，小长假则加进之前两天周末。——编注

之前　　　　　　　　　　　　　　　之后

图 32：街道变化

设下路障后，曾经禁止踏入的道路空间登时为大量行人占据。（纽约市交通局）

这些权力争夺的心理）。但提供更为复杂多样的出行方式，无疑提升了曼哈顿中城街道的效率、公平性、健康属性甚至乐趣，也惠及了开车人。一年后交通局发现，百老汇大街附近的大部分街道交通速度都有提升，事故数量也降了下来，司机、乘客和行人的伤亡显著减少。

　　因为放慢了城市的速度，这次探索也带来了标志性的红利：公共生活更丰富了。以前，领略时代广场有两种方式：或是一边坐在车里一边咒骂交通和挡路的行人，或是一只手护住钱包在拥挤不堪的人行道上艰难前行。时代广场在世界人民的想象中非常大，但你到了就会发现它哪里是个目的地，分明是个障碍。人行道塞得满满当当，可以充分体验米尔格拉姆的"超负荷理论"：对旁边的人，你不是选择无视，就是与他们暗暗较劲。*你如果是游客，一旦完成必要的拍照任务就会尽己所能逃离人群。纽约人更是对时代广场唯恐避之不及。

但设了路障之后，这里终于可以喘一口气了。此后两年，我会定期去时代广场，但直到纽约市长宣布上述试行成为正式规定的次年，即 2011 年 9 月的一个下午，我才明白时代广场对空间的慷慨。那天狂风大作，我和 84 岁的母亲一起去了时代广场。步行穿过中城熙熙攘攘的人群并不容易，母亲拄着拐杖，看起来很紧张，我紧紧扶着她。但跨过 47 街后，人群的那种气势汹汹突然减弱了。她松开了我的手。这里是亮闪闪的红色楼梯，它负担着双重职责：既是百老汇折扣票亭（TKTS）的屋顶，也是公共剧院的座席。我稍一停留，还没回过神来，母亲已经走下道边，到了百老汇大街上。她缓慢而坚定地向南走着，穿过时代广场联盟在路面上设下的大片椅子，在乔治·科汉†的青铜像附近停了下来，扶住拐杖，三"足"鼎立，向上看去。广告牌的炫目灯光打在她脸上，人潮在她身边移动，但留给了她足够距离，因为还有空间。这是她自己的"罗伯特·贾奇时刻"。在这座城市里，她是自由的，至少在这几个街区如此。

---

* 米尔格拉姆（S. Milgram）1970 年提出"城市超负荷假说"（urban overload hypothesis）。
† George M. Cohan（1907—1942），美国演员、音乐喜剧人，著名作品有"Yankee Doodle Dandy"等。——编注

10. 城市为谁而建?

> 一栋房子可大可小，但只要跟周围房屋相仿，它就能满足人对住房的一切社会需求。而一旦这栋小房子近旁耸起一座宫殿，小房子就缩成了窝棚。
>
> ——卡尔·马克思，1847 年

> 对城市的权利不能简单地视为进入权，或是对传统城市的复归。城市权利唯一的形式，是改造、革新城市生活的权利。
>
> ——亨利·列斐伏尔，1968 年

假如城市的形制能为每个人实现效用最大化，假如城市建设者纯由秉持启蒙精神的效用计算指导，一切该多美好。可世界的运行法则并非如此。城市空间和城市系统不仅在显示利他主义、尝试解决因人群紧密共处而来的各种复杂问题，也不只在体现百家争鸣的思想碰撞；它们诞生自各方的竞争与博弈，会分配城市生活中的各种利益，宣布谁人才有权力，从而塑造城市的思想与灵魂。

有时，一条不言自明的真理只有用粗体写在最极端的景观之上，才对人显而易见。这是我在哥伦比亚学到的经验。

在波哥大接待我的是海姆，一位行事谨慎的中产阶级男性。他是一名电视编辑，一天下午，一伙准军事组织向他工作的办公塔射了一枚火箭弹，虽未命中目标，但自此海姆如惊弓之鸟，对同胞再无信任。他告诫我不要一个人在波哥大街道上走，晚上更不要在外面乱晃，最重要的是决不去城市南缘的贫民窟，在这片波哥大河与吞怀洛河（Tunjuelo）之间的平原上，住着很多内战难民。生活小康的波哥大人认为，贫民窟满是强奸、抢劫、杀人等骇人行径，但它们作为新社区，却是激进的新城市理念在过去 10 年里为波哥大刻下的印痕。所以我一大早就趁海姆仍在自己房间打鼾的时候溜出了公寓，绕过值班保安，穿过路灯的片片昏黄灯影，来到加拉加斯大道（Caracas）。

我推动一扇旋转门，进了一座铝和玻璃打造的光滑建筑内部。LED 屏幕上默默滚动着礼貌的信息，俨然纳斯达克的股市行情播报。四组玻璃门同时滑开，我走进一节干净的车厢，找了座位坐下。只听一阵轰响，车开始缓缓前行、加速，直至沿光滑的导轨飞速向前。

超级快速整洁高效：它让我想起了哥本哈根地铁，只是哥本哈根地铁行驶在黑沉沉的地下，而在这辆车上人们可以欣赏拂晓映出安第斯山脉的剪影，散出紫色的微光。这不是火车，也不是什么高科技载人工具，只是一辆公共汽车，北美人嫌弃的地位低下的交通工具。但是这套恩里克·佩尼亚洛萨命名的"跨千禧"（TransMilenio）公交系统，却彻底颠覆了公交乘用体验。以巴西库里提巴市（Curitiba）率先采用的快速公交模式为基础，跨千禧系统在城市干道上占据最佳位置，小汽车、出租和小巴只得去争夺剩下的一点儿路面空间。此情此景，正是 20 世纪 20 年代小汽车入侵潮中美国有轨电车公司的奢求，也是大多数城市数十年来的盲点：这套城市系统大力偏袒愿意分享空间的人，打压超出应得份额的攫取，并为纳税人节省建造地铁或新高速的昂贵费用。只花费建设费用的一小部分，这套系统每小时运送人数就超过了许多城市轨道交通系统，世界各地的公共交通痴迷人士都来乘坐体验这套公交系统。

跨千禧系统的车站外观红如唇彩，微微泛光，让人觉得性感十足。的确，要去西半球的某个最贫困街区之一，最佳方式就是坐这样一辆性感巴士。20分钟下来，巴士跑了约10英里。太阳渐渐攀上安第斯山顶，我们的车也行至终点，开进了一个机场模样的巨大复合建筑，这里有更多的玻璃幕墙和抛光的大理石。衣着随便的通勤族踩着单车，沿自行车道骑进存车大厅，那里配有持械的守卫。这里就是公交枢纽"美洲站"，打造得犹如高速火车站一般。

我上了一辆人力三轮带篷车，让骑车的孩子带我去一个贫民区的中心，那里的西班牙语名竟是"天堂"。

"好的，先生，"他用西语答道，"但你必须把相机藏起来。"接着他便猛蹬这辆生锈的三轮车掉头，与上班的自行车流逆向而行，他呼出的气在早晨清冷的空气中留下一串白雾。被称作"天堂"的这个地方能代表南美一切正在发展的贫民窟：建了一半的空心砖墙上横七竖八支出生锈的钢筋，像是标志在人们的想象中完工的豪宅。沿着满是灰尘泥土的街道，几只野狗追着塑料袋奔跑。

经过一处的时候，我仿佛又绕回了原点似的，透过空心砖墙中间的空当，我看到公园草坪上矗立着一座大型白色建筑。"那是廷塔尔（el Tintal）。"路过大楼的时候，孩子告诉我。这栋建筑有着巨大的圆形壁窗，斜顶上开着天窗，看起来像个空间站。事实上，此前大部分时间，这里都曾是个垃圾处理厂，直到哥伦比亚著名建筑师丹尼

图 33：性感巴士

波哥大的跨千禧公交系统将最好的道路空间从私家车那里夺了过来，车站的装饰也品质上乘。该系统不仅意在缩短人们的出行时间，还希望提高公共交通乘客的地位。（承蒙波哥大市政府）

尔·贝穆德斯（Daniel Bermúdez）将其改造成为一座图书馆。曾经供垃圾车使用的斜坡如今成了一路高升的主入口。"但究竟谁会跑这么远，来这个街区钻研故纸堆呢？"我竟傻里傻气地大声嘀咕出来。

"我妈妈啊，"小孩说，"还有我。"

从天堂区当中贯串的大道也同样令人眼前一亮。通常，贫困城市改造土路的第一步是在中间铺一条柏油路好让汽车顺利通行。这儿可不一样。中间宽阔的混凝土路上铺了地砖，但却抬到及膝高度，防止机动车进入。这是专门为行人和自行车而设的大道。大道两侧依然是月球般坑坑洼洼，到处瓦砾，时而驶过一辆小汽车。

图 34：公平的空间设计

上：发展中国家的城市资源有限，所以铺设道路首先都是为了开车的少数人，而不开车的大多数则必须忍受泥泞和飞扬的砂石。

下：但波哥大的"未来林荫大道"（Alameda El Porvenir）则专为行人和骑车人铺设，小汽车则被贬去路边。（Dan Planko）

　　我是取道休斯顿来这里的，对我来说，这里的道路地位就跟公交车一样，一切都调了个个儿。如果是在北欧甚至波特兰看到这样的道路，你会认为这是市民委员会的减排计划：推动人们走出汽车，保护极地冰盖和后代子孙。波哥大不是这种情况。地位颠倒的道路、超现代主义的公共汽车站、地标性图书馆、自行车道及跨千禧公交车等等，整套城市系统只有一个目的：为了幸福。

　　这里蕴藏的经验，富裕城市也应学习，因为后者也可能遭遇预算紧张和资源匮乏，而设计决策又总会判然划出输家赢家。我们可以学习波哥大，学习其领导人在精神危机的大时代，短短几年间采取行动的方式。

世界最差城市

故事的开头，我想给你讲述波哥大那不可思议的衰落。20 世纪最后几十年，哥伦比亚陷入内战，左翼游击队、政府军和其他准军事组织间的交战让这里的公民苦不堪言。战火的纷乱从丛林和种植园烧到了首都。情况有多糟？每年有 8 万名难民涌至城市边缘的棚户区，把城市人口推到了近 800 万。运气好能找到工作的人，要乘破旧的私营小巴花几个小时上班，忍受安第斯阳光的烘烤，虽然巴士是彩虹色，但完全无法掩盖它的吵闹、肮脏和低效。没有一种公共交通值得乘用，道路总是堵得水泄不通。空气污染严重，俨然一锅毒粥。城市吞噬了人的时间，嚼碎了人的好脾气。人人皆畏惧彼此。仅 1995 年一年就发生了 3363 谋杀案，相当于谋杀率万分之六，每天都有 10 起；另有 1387 人因交通事故丧生。心理状况更让人沮丧：3/4 的波哥大人都认为生活只会变得更差。专家们已经放弃了这座城市，认为它已经到了失控的晚期。

不文明和暴力甚至蔓延到了市长竞选活动。候选人安塔纳斯·莫库斯和恩里克·佩尼亚洛萨进行电视辩论时，一名叫嚷的学生观众冲上了去，莫库斯被拍到与该学生发生了激烈争吵。

佩尼亚洛萨和莫库斯为波哥大人描绘的拯救城市计划大相径庭，在很多方面，二者都是对同一个关键问题截然相反的答案：要治疗一座伤痕累累的城市，是重建公共空间和基础设施等硬件，还是修整公民的态度和行为这样的软件？波哥大人认为后一种答案充满力量甚至颇为奇特，于是 1995 年莫库斯当选为市长。

城市即课堂

安塔纳斯·莫库斯来自立陶宛移民家庭，连支持者都认为他有些奇怪。他留着醒目的锅盖头和一副络腮胡，还跟母亲住在一起。他曾任哥伦比亚国立大学校长，因为在礼堂对着一群不守纪律的学生脱裤子晃屁股而被解职。被他称作"象征性暴力"的此举虽然让他丢了工作，却也让他人气陡增，帮他赢得了市长之位。胜选时，莫库斯表示，整座波哥大都是他授课的教室。他对我说："我当选是为了建立公民文化。什么是公民权？公民权与人权相连，也意味着我们都肩负责任。重中之重就是把尊重人的生活当作公民的主要权利与责任。"

波哥大从未遇到过这样一位老师。莫库斯让 400 多位哑剧小丑走上街头，戏弄违反规则的司机和行人。他发了一堆红牌，让人们可以像足球裁判一样喊出扰乱社会的行为，而不是彼此挥拳甚至举枪。他鼓励人们在自愿解除武装日上缴枪支，1500 支枪仪式性地回炉，熔铸成了婴儿用的勺子——虽然回收的枪支只占 1%，但调查发现，这种活动提升了许多人的安全感，也降低了大家的暴躁情绪。

莫库斯还穿起紧身衣，披上斗篷，到处形象地展示他的"超人公民"文明规范，当然他这番怪异的社会化营销也有行动的支持。他为市政府的任命新立了严规。波哥大交警部门的受贿问题众所周知，于是他辞退了所有交警。也正是他聘请了竞选对手的弟弟吉列尔莫·佩尼亚洛萨全权负责公园系统的扩建和广受欢迎的"自行车道"周日道路封闭项目。为兑现建立廉洁政府的承诺，莫库斯甚至提请市民多缴纳 10% 的房产税，帮助城市提供更多服务，竟也有逾 6 万户家庭自愿响应。虽然方法离经叛道，但莫库斯确实建立了一种新的尊重文化，可能也正是这些方法让市民为下一任市长做好了准备，而后者将会试行他在城市为谁又为何而建问题上的理念。

城市公平原则

1997 年莫库斯辞去市长，竞选总统时，谋杀、犯罪及事故率均开始下降，但拥堵和污染，学校、街道安全及公共空间的奇缺等物质和功能层面的问题依然存在。波哥大已开始转变思想，却为身体拖累。

恩里克·佩尼亚洛萨的第三次市长竞选终于成功了。他坚信，城市的形态与文化间有着内在的联系，只是市民们学到了尊重性的公民权还不够，城市也必须在外形、制度和服务上全方位体现这一思想。

"城市只有先尊重人类，才能指望其市民回以尊重。"恩里克在就职演说中表示。他承诺将在任期内用水泥、钢铁、树叶和草坪建立起这种尊重。

在本书开头我就把一项简单又宏大的理念归于了恩里克：城市设计应该让人们更幸福。他的确是幸福经济学的门徒，但他的城市计划只是基于对幸福的某种特定理解，本质上可能让许多城市规划专家难以适应。相关问题是：谁该分享城市的公共财富？谁该有机会去公园等优美去处？谁该在轻松出行方面拥有优先权？这些既是政治问题，也是哲学问题。事实上，形成这些问题的特定时空，足以让每个宏大理念都带上政治色彩，虽然其中大多数更易引发革命而非城市创新。

佩尼亚洛萨两兄弟出生于 20 世纪 50 年代，在波哥大绿树成荫的北部一户中上层家庭长大。父亲也叫恩里克，曾领导哥伦比亚土地改革研究所，他让兄弟俩深深地意识到了国家的巨大不公。父亲会定期开吉普车带小恩里克和弟弟吉列尔莫去农村，因为中世纪的历史遗留错误，数百万农民仍在为哥伦比亚的上层地主劳作。老恩里克开展了官准的罗宾汉式劫富济贫，把富人的土地重新分配劳作其上的赤贫人群。一次次农村之行将一种家族使命感深深印在了两个孩子的心间。同学中也有上层地主的孩子，哥俩还曾在操场用拳头维护父亲。哥哥恩里克后来攻读了经济学，并写作了《资本主义：最佳选择》（*Capitalism: The Best Option*）一书，虽然标题毫不含糊，但他依然在以公平的视角关注着城市生活。

也很难不是如此。波哥大市和哥伦比亚的农村一样不公。城市最大一片绿地属于一个私人乡村俱乐部。包括佩尼亚洛萨家的邻居在内，家境殷实的居民都给社区公园上了围栏，以防地痞无赖的骚扰。在街上走路都是一种挑战，因为人行道基本都被停放的汽车霸占，市中心的广场则为小摊贩占据。最明显的不公正是，波哥大还要处置分配人们的出行权利：有车家庭只占 1/5，但波哥大却不断效仿大建高速的北美大都市，修建越来越多的道路空间，让小汽车、自行车和公交乘客在大马路上争夺路权。

佩尼亚洛萨当选市长前，波哥大一直在听取日本国际合作署（JICA）在技术和规划方面的建议，这不罕见，很多贫困城市会接受此类国际援助组织的帮助。而在新的城市发展规划中，JICA 设计了一个庞大的高架路网用以缓解波哥大的拥堵，也属意料之中。私家车和社会进步似乎相辅相成。然而波哥大的新市长大为光火，不仅因为这个价值 50 亿美元的规划明显是为日本汽车业定制的福利，还因为波哥大的精英上层也同样热衷于类似方案。

"作为一个发展中国家，我们的城市既没有学校、下水道，也没有公园，却要花费数十亿美金造高架桥，我们竟然还觉得这很正常，是进步，还为这些高架主路无比自豪？！"他后来抱怨道。

波哥大才不会建高架。佩尼亚洛萨兑现诺言，就从否弃上述规划开始。他还将燃油税上调了 40%，并出售了市政府所持的当地一家电话公司和一家水力发电公司的股份，将所得款项放到了一个比较激进的项目里，旨在让公共空间、交通和建筑都能为改善每个人的城市体验而服务。当局也买光了城市边缘的未开发土地，防止投机行为，确保新社区的经济适用房能享受公共服务、公园和林荫道。他还新建了几十所学校及数百间托儿所。他也继续推进了弟弟和莫库斯的公园扩建计划，创造了庞大的公园网，其中的 600 座公园，小到社区休闲角，大到比美国中央公园还要大的中心公园"西蒙·玻利瓦尔"（Simón Bolívar）。他还种了 10 万棵树，在市内几处较贫困的区域新建了三座地标性图书馆，我在天堂区看到的图书馆就是其中一座。

一切都是为了一种全新的公平。

"幸福的一项要件就是平等。"佩尼亚洛萨对我说这话时正逢 2007 年竞选，我俩在辅路上骑自行车的时候。他语速飞快，我只有把麦克风缠到车把上才能录清。"也许不是收入平等，而是生活质量的平等，更是要创造一个让人们不会觉得低人一等、被排除在外的环境。"

佩尼亚洛萨把车停在路边，拍了拍一根护桩。他在市区人行道边上立了数千根护桩，以此作为他向汽车宣战的利器。他上任前，这些人行道被非法停放的汽车占满。此情此景已成过去。有了护桩的守护后，人行道又变得行人如织。

"设立这些护桩就是想表达，行人和车主一样重要。我们在创造平等，在尊重人的尊严，在告诉人们：'你很重要，不是因为你有钱，而是因为你是人。'把人视为特殊的神圣群体，人们也就会如此行事。这会创造出一个全然不同的社会。因此，城市的每一个细节都必须反映出人的神圣地位，每一个细节！"

过了一会儿，他指给我两名身着工装的工人，正骑行在他为波哥大富裕的北区所设的一条自行车道上:"看见那两个人了吗?我的自行车道让他们有了一种新的自豪感。"

其中的联系并不明显。自行车道怎么会让人自豪?

"因为这给了他们自尊!以前,骑自行车的只会是穷人里的穷人,他们招人嫌弃。所以自行车道的最大价值是其象征性,一个人骑一辆30美元的自行车,另一个人开一辆3万美元的宝马汽车,而两人的地位同等重要。

"公交车系统也是一个道理。我们的这些举措不是要在建筑外表上下功夫,也不仅仅是环保或交通措施。我们是要建设社会正义!"

跨千禧系统的负责人后来告诉我,佩尼亚洛萨坚持选择唇彩般的鲜红,也坚持现在的命名,都是因为他要为公共交通注入现代时尚感,这样乘客会感到坐公交也是一种高端体验,虽然他们也没别的选择。佩尼亚洛萨还坚持让全国最著名的建筑师来设计廷塔尔图书馆这样的标志性建筑,"以向每个去图书馆的孩子和大人致敬"。

公平需要感觉到

佩尼亚洛萨滔滔不绝的宣言里有一个假设需要检视,即,让人感到更平等是值得为之奋斗的政治目标,就好像感到平等和真正平等一样重要。实际上,前者的达成通常离不开后者,恩里克的方法也体现了这一点。但我们别放过这一点:主观感受,很重要。

我们无疑都在受社会比较的逼迫。扪心自问,你会喜欢哪种情况:高速路上别人都开宝马而你是唯一一个开本田思域的,还是你骑的是全城唯一一辆酷炫助动车而别人都在骑破烂自行车?调查表明,大多数人会选择第二种。拥有得少没关系,但比其他人都少感觉就糟糟了。我们会不由自主地拿自己的处境和别人比较。*

　　社会科学家早就发现，穷人往往不如富人健康。差距可以归咎于生活方式、工作时长、营养获取及医疗保健方面的差异，但这些并非全部原因。有一批长达数十年的调查叫"白厅研究"（Whitehall Studies），检视的是英国公务员的健康和死亡率，其研究者称："以职位高低而论，社会阶层与各类疾病的死亡率间存在极大的负相关性。"换句话说，人的职位越高、资历越深，寿命就越长。与高职业地位人士相比，邮差、门卫等职业地位较低的人更易患心脏病、癌症、肺病及抑郁症。在美国，生活在收入差距靠前的城市的穷人，健康状况会差于较为平等的城市的穷人。较低的社会地位也伴随着高血压、高胆固醇和免疫力下降。社会地位的变化还会影响我们脑内的化学过程。所处地位较低就如同你的世界每天下着绵绵细雨，只不过这雨不是水，而是应激激素。生物学家、神经学家罗伯特·萨伯斯基说："自感贫穷会让人生病，而这种感受通常是由周遭环境导致，是相应的心理后果导致了生病。"如果你有食物可吃，也有地方遮风挡雨，贫穷最糟糕的方面恐怕就是感到自己比别人穷了。

　　社会经济地位的巨大差距对全社会而言都是一个大麻烦。英国流行病学家理查德·威尔金森（Richard Wilkinson）和凯特·皮克特（Kate Pickett）在共同执笔的《精神层面：为何越平等，社会越强大》（*The Spirit Level: Why Greater Equality Makes Societies Stronger*）一书中向我们展现了总体的不平等如何导致更多的暴力犯罪、药物滥用、青少年生子及心脏疾病。"如果不能避免严重的不平等，社会就必需更多的监狱和警察，"他们向政府发出警告，"也必将面对更多精

---

* 地位比较是几乎逃不开的习惯。很多人表示，如果同事的加薪幅度比他们大，他们宁愿放弃加薪。还有调查表明，配偶的收入越高，当事人对工作就越不满意。

神疾病、药物滥用及所有其他问题。"*一些经济学家认为，考虑到其造成的危害，地位差距应被视为一种污染，须用税收制度加以弥合。

以上说的也许都没错，但把波哥大的计划看成对人的感受管理策略就错了。任何客观的评估都会发现，幸福市长让穷人感到更平等的努力，也确实让他们真的更平等了。就说法比安·冈萨雷斯（Fabien Gonzales）吧，他是我在"美洲站"遇到的一位瘦高小伙子，他过的就是典型的城市贫民生活：骑 1 英里自行车到车站，然后乘跨千禧公交 15 英里去城市富裕的北区工作，工作内容是家居建材方形大楼卖场的收银员，月薪大致相当于 240 美元。冈萨雷斯别无选择，只能步行、骑自行车加上乘公交车去上班。他没觉得跨千禧公交有什么性感之处，但它的确赐予了他宝贵的时间。

"跨千禧公交建起来之前，我得比上班时间早两个小时出门，"说这话时，他正在往一辆北向的快车上挤，"现在最多提前 45 分钟。"

这是佩尼亚洛萨幸福都市计划的精要之处：对城市生活进行积极的福利再分配，让其对最多的人都更为公平，也更可接受。公交车的颜色固然重要，但更重要的是它提升了乘客穿行城市的速度（跨千禧公交的乘客平均每人每天节省约 40 分钟）。虽然权利颠倒后的道路把小汽车贬去了路两侧的碎石带，这或许取悦了意识到自身地位变化的骑行者，但重点是如何让数百万穷人快速安全地出行。廷塔尔图书馆的后工业式气度可能会给周边的贫困住户以鼓舞，但它更为实际的意义是给了人们读书的机会，以及会面和学习的场所。"自行车道"计

---

* 这可能是平等与社会总体幸福之间存在紧密联系的原因之一。如果经济增长让国家变富裕的同时损害了平等，总体幸福感会大受损害。这对美国来说是一个非常坏的消息，因为过去 30 年美国的财富和权力一直在向上层集中。30 年前美国一位 CEO 的薪酬是公司最低薪酬的 40 倍，现在这个倍数已超过 400。

10. 城市为谁而建？

划也许能在穷人和富人齐聚宁静街道时创造一种隐隐约约的温暖，但关键是它让数百万没有后院、也没有汽车用来逃离城市的人，能享受到临时公园，以及每周日几个小时的自由之感。

战争与和平

佩尼亚洛萨自幼就明白，特权的再分配总会遇到阻力，但他绝非妥协之人。佩尼亚洛萨下令撤掉了数千块杂乱的商业广告牌，拆除了居民在社区公园周围私设的围栏。他的宣战对象不仅是汽车，还包括一切侵占公共空间的人，即便对穷人也不手软：比如逼迫数千名街头讨生活的小贩撤掉他们塞满广场的摊位。城市设施属于所有人。佩尼亚洛萨呼吁将城市那一大片乡村俱乐部改造成公园。就连墓地也没躲过他的法眼：前任市长莫库斯在中心城区公墓的墙上刷下了"生命神圣"的话，但佩尼亚洛萨想移除坟墓，为活人创造更多的公园空间（乡村俱乐部和墓地的改造动议均告失败）。

激进的计划起初使他树敌颇多。跨千禧公交系统推出后，被挤出线路的私营巴士运营商和司机都极为愤慨。还有被赶出热闹广场的小商贩也不例外。但激愤之声最高的要属代表商铺的游说团体，沿城市人行道设立的护桩完全夺走了商铺的免费停车场，令他们大为不满。他们想象不出顾客走路、骑车或坐公交来光顾的场景。

哥伦比亚全国零售商联合会（FENALCO）副主席吉列尔莫·博特罗（Botero）向我表示："他这是在将小汽车妖魔化。车是一种维持生计的手段，是人们开拓生活不可或缺的工具。如果继续压缩道路的发展，城市迟早会崩溃。"零售商联合会及其盟友集合了全部的人脉和资金用于弹劾市长，一时之间，佩尼亚洛萨的职务似乎岌岌可危。

为公平而战

多方抵制的情况不只发生在波哥大，世界各地的城市都有体现。无论城市环境有多么绝望和不公，功能有多么失调，也无论动议有多么合理，威胁到城市设计现状的新计划都会遭遇强烈而激愤的反对。

在纽约市，画出或隔出共 255 英里的自行车道，以及再分配道路空间的努力，激起了某些方面异常强烈的反应。纽约市沿布鲁克林展望公园新建了一条分离型自行车道，2011 年，反对团体竟将纽约市告上法庭，诉请拆除车道，但最终被驳回。* 该市议员和专栏作家纷纷指责市长迈克尔·布隆伯格（Michael Bloomberg）挑起了一场文化战争，偏向骑车的精英阶层这个"尝鲜少数群体"，而忽视开车通勤者及一众住不起曼哈顿的人的利益。此番言论与波哥大的情况完全相反，内容不实。在纽约市上班的人中，2/3 乘公共交通或步行通勤，只有 1% 长期打出租，而该市家庭中有车户不足一半。精英主义的说辞透着反讽：在纽约甚至全美，骑车的主要是穷人而非富人。†

关于城市的形态与文化的关系，以及城市里的自由意味着什么，有一系列根深蒂固的观念，它们参与驱动了人们对城市革新的抵制。分散型机制不仅侵入了道路上、街边、信号灯和商场，还渗透进了我们看待街道和城市目的的方式。2007 年，墨西哥城也实施了自己的"自行车道"项目，多条主要大道禁止机动车通行，期间，我目睹了某女子开着一辆福特嘉年华，试图用车的保险杠顶开警察强行通过。

---

* 反对派的各种言论，如自行车道既不安全也不受欢迎，是有悖现实的。一些城市研究发现，2006—2010 年间，人们的骑车次数增加了 1 倍，特别是有保护的自行车道建成后，撞车导致的全部道路使用者的伤亡显著下降了 40%。

† 2011 年的一项研究发现，美国的自行车出行中，1/3 是由最贫穷的 1/4 人口贡献的。

"你们侵犯了我的人权！"她向车窗外大叫，震惊了参加周日活动的行人和轮滑者。墨西哥广播电台主持人安吉尔·韦尔杜戈（Angel Verdugo）甚至呼吁司机直接碾过骑车人。"他们想学欧洲人，"他抱怨道，"以为自己是住在巴黎，正骑在香榭丽舍大街上呢！"

有些反对声源自利益相关者的忧惧，他们害怕失去已经习惯了的生活和出行权利。这很自然，城市福利的再分配是会让有些人感到不便，但在公平之辩中，反对幸福都市设计的人通常会败下阵来。如今的城市交通系统是极不公平，北美地区尤甚。我此前曾提到，1/3 的美国人根本不开车，可能是出于年龄、经济、健康等多方面原因，有的干脆就是不感兴趣。在一座离不开车的城市，每 3 人中就有 1 人只得仰赖稀缺的公共交通资源，或靠别人捎上一程。儿童和青少年是最明显的受害者，他们被困在家中，没有步行上学的自由，也不能随意去见朋友。

不开车的老年人处境更糟。他们看医生、去餐厅、参加社交活动及宗教聚会的次数只有开车老人的一半。年长的非裔及拉美裔美国人依靠公交出行的可能性是白人的两倍，被迫待在家中的可能性更高。

城市的组织方式更加重了这种不公。几十年来我们一直清楚，美国的穷人和少数族裔去公园、绿地和休闲娱乐中心的机会较少，甚至生活范围内的街上树木都更少，他们的下一代更易患上与肥胖相关的疾病，这便是原因之一。经过了几十年的扩张建设，他们的就业机会也更少了，采买食品也更困难：1/3 的低收入非裔美国人甚至没有乘用小汽车的机会；超过 250 万美国家庭距超市逾 1 英里，且无用车机会，而一个社区白人越少，去超市、购买健康食品就越难。

你可能会建议说干脆步行去商店，步行是城市里最基本的自由，但美国的少数族裔居住区有人行道的可能性都要比白人区小得多。洛杉矶把大量资金投入了高速公路建设，政府也承认，40%的人行道已年久失修。[*]

只要了解了此种地理方面的不公，你就不会吃惊于黑人和拉美裔的道路死亡率高于白人了，这在我查看亚特兰大周边行人死亡事故的报道时尤为明显。我发现了一连串的类似悲剧：死者往往贫穷，通常是黑人和儿童，事故发生时不过是试图穿过高速路一般的郊区辅路去另一侧的公交车站。有人可能觉得他们的穿越行为很傻，但要知道，此类辅路上的人行横道可能远在 1 英里之外。

问题不仅限于美国。在英国的马路上，贫苦孩子死在道路上的可能性是富裕家庭孩子的 28 倍。1995—2000 年间，全英国的本地化服务减少了 1/5，让位于大卖场和私家车中心的经济增长。新经济基金会（NEF）发现，无车人士去购物、看病甚至上班都变得愈发困难。800 个城镇关闭了银行。有 1/4 的年轻人表示，自己错过求职面试是因为去那边的交通太不方便了。

这种不公平下的财政安排也非常不公。英国人中最富有的 10% 开车次数和行驶距离更多，所以他们从交通公共支出中获益也更多，是最穷 10% 人口的 4 倍。在美国，投给机动车道的资金只有约一半来自用户付费，如燃油税、车辆登记费或通行费，其中大部分投在了高速路这种行人和骑车人往往不利用的路种上，剩余资金则来自全民的财产税和所得税。这就是公平与效率的冲突之处：相比小汽车，行人和骑车人的碳足迹更轻，相应基础设施的投入只相当于建设维护汽车用设施的一小部分，结果是，步行、骑行通勤者缴纳的财产税和所得税

---

[*] 洛杉矶及其他加州城市的人行道状况非常差，路面破损，道边也没有坡道，给残疾人出行造成了极大不便，以至于残疾人群体向政府提起了民事诉讼。

最后补贴了身边的开车人。[*]

即便能开车，扩张型城市体系也会对你造成一些不公。在《城市化的选择：投资新美国梦》（*The Option of Urbanism: Investing a New American Dream*）一书中，土地利用策略专家克里斯托弗·莱因伯格（Christopher Leinberger）解释了扩散型发展在如何惩罚较为贫穷的司机：很多城市开发了"优势片区"，在那里生活消费的往往是有钱人（多数为白人）。优势区也会获得大量投资，修建高速路、商厦及就业中心。较贫穷的群体被优势区的价格挡在门外，被迫开更远的车上班，亦即在燃油和燃油税方面花费更多，而这些钱又通常用于改善优势片区的高速路，穷人群体无缘享受。

美国家庭中，最为贫穷的 1/5 用于购买及养护汽车的资金占家庭收入的 40% 以上。为买得起住房，工薪家庭搬得远离上班地点，结果通勤开支巨大，这也正导致了圣华金县许多超距通勤者断供房屋。[†]

优势区的居民长期以来一直对提升区域密度抱有警惕，因为这可能引入较贫穷的人群。这种偏好已经融入区划规定之中，并影响了基础设施方面的决策，比如洛杉矶连接市中心与圣莫尼卡海边的地铁建设已推迟了近 20 年，部分原因是汉考克公园区及贝弗利山等富裕地区的居民不想东部、南部那些较穷的人能直接来到自己的社区。过去30 年间，美国的城市实际上已被收入阶层越发区隔开来。

---

[*] 维多利亚交通运输政策研究所（VTPI）的数字达人估算，在美国，开车、骑车和步行每英里耗费的公共基建成本分别是 29.3 美分、0.9 美分和 0.2 美分。

[†] 在美国城市，12—15 英里的额外通勤成本会抵消从廉价住房节省下的资金。

打造公平

此类不公现象必须解决。这部分地是为了穷人，对城市的公共福利，他们享有与富人同等的权利；部分是为了城市的灵魂，正如希腊人熟知的，城市首先在于共享；还有另一部分出于纯实用的考虑：城市更公平，每个人的生活都会更美好。

在一座公平的城市里，乘坐公共交通工具、分享空间的人才能在拥堵的道路上享有通行权。在一座公平的城市里，街道应该对每个人都安全，尤其是对儿童。佩尼亚洛萨指出，只有上至80岁老人、下至8岁孩童都能独自在街上安全行走，这条街道才算得上包容。这一目标看似大胆，但看看在哥本哈根、沃邦及今日波哥大天堂区走路和骑车的老老小小，它似乎又不那么不现实了。在一座公平的城市里，人人都应有机会享受公园、购物、公共服务和健康食品。

这些机会几乎从不偶然出现。维也纳市采用了一种称为"性别主流化"的方法，很简单，就是要求街道和公共场所满足女性的特定需要。发起此项倡议的规划师伊娃·凯尔（Eva Kail）对我说，一开始从性别角度去审视城市，他们就立刻发现了惊人的不公。比如，他们发现女孩9岁后就不再去城市公园了。为什么？因为男孩更为强势地主张领地，把女孩都赶出了公园。

有鉴于此，维也纳市重新设计了第五区的几座公园，增加了步道、排球场和羽毛球场，还将大片开阔地带分成了几个半封闭区。就像变魔术似的，公园里又出现了女孩的身影。

公园通常由中产人士设计，因而反映的是中产阶级的价值观。而要为所有人建造公园，城市究竟能做到什么地步？我在哥本哈根提出了这个问题，几位规划师便带我去了市中心的北桥公园，最近他们刚对这片绿色空间进行了革新。公园里的草坪可供情侣野餐，也能短暂踢几脚足球。这里还有片儿童游戏区。游戏区的一边有间简陋的粗木棚屋，围着高高的木篱，原来是被某些人称为"流浪醉汉"的一群人为自己设计的一处区域，是激进包容性的一次演练。

漫步这座公园时，规划师亨利克·凌（Henrik Lyng）对我说："我们邀请了附近所有人参加规划会，但发现那些整天坐在公园里酗酒的人从没出现过。于是我们买了一箱啤酒，来这儿找到了他们。"

这些饮者告诉凌，他们想要一个地方供"自己人"喝酒、小聚，不被打扰也不打扰别的公园来客，还要有厕所。于是他们如愿以偿。

在这片围栏区，我遇到了几位常客，他们举止粗鲁，两眼通红，还带着凶暴的狗。他们说，有了围栏，狗就不会吓到游戏区的孩子了。他们自己收垃圾，也照料着彼此。这片小区域就是他们的公共客厅。北桥公园服务到了每一个人，因为它的设计尊重了每个人待在这里的权利。

通往公平城市的道路上有两项艰巨挑战。第一，我谈的幸福都市再设计，不管是自行车道、交通稳静性、良好的公共交通、广场的涌现还是让商业街充满活力的规章制度，多数情况下都首先出现在优势片区，因为那里的居民有使之成为现实的时间、金钱及政治影响力。这是一项问题。另一项挑战在于，无论以上宜居举措在哪里实施，都会推高土地价值。这对房产业主和城市小金库来说可能是好消息，但对租户却是灾难。以西雅图的雷尼尔谷（Rainier Valley）为例，一条新建轻轨通过了那里，吸引了大量投资，但也开始把有色人种排挤出去。纽约市著名的高线公园也带来了快如闪电的高档化：公园开放 8 年后，至 2009 年，5 分钟步程内的住宅价格至少翻了一番。

难怪这些举措令人生疑。与上个世纪的潮流相反，富人在逐步占领内城，而穷人和新移民则被排挤去了郊区边缘。有些人经济条件没那么优越，但仍然尽力在连接性好的区域占有一席之地，他们理解便利性与经济承受能力之间的关系。宝马古根海姆实验室原本想在柏林风貌粗粝的"十字山"（Kreuzberg）区举办3个月的免费活动，但被一些社会活动人士阻止，他们知道这些活动将加速该地区的高档化。在我的家温哥华东区，2010年的公园改造项目遭遇到了有组织的抗议，抗议者担心整齐的公园绿地将导致附近房租上涨。他们的忧惧是有道理的：供求关系已使一些世界最宜居城市（如温哥华和墨尔本）的居住成本最难负担。*

真想努力建起一座公平城市，就必须直面市场及地理因素造成的不公。就像佩尼亚洛萨向贫民窟输送公共福利一样，富裕城市必须提供经济适用房等多种住房形式，即便在最具优势的社区也不能例外。某些城市一直在通向公平的道路上一直缓慢前行。在上个世纪，美国人民终于认识到，禁止穷人或有色人种进入特定街区的规定是错误的。美国政府和法院也承认，排除廉价公寓和经适房的土地区划也构成了某种种族隔离。蒙哥马利是马里兰州的富裕县，1973年，该县通过了一项法令，规定县域内每个新区块须有15%的住房适应中低收入人群的财力。这样一来，在蒙哥马利县工作的人就可以直接住在该县了。效果很好：蒙哥马利是美国最富地区之一，而数千名低收入者在这里找到了家。数百座城市纷纷效仿。

---

* 温哥华和墨尔本屡次在宜居性方面摘得桂冠，却在美国人口统计公司（Demographia）发布的"2012年国际住房负担能力调查"中位于负担最重城市之列，仅次于香港。该调查覆盖率加拿大、美国、英国、新西兰、澳大利亚等国的城市及中国的香港。调查受意识形态的驱动，其发起人温德尔·考克斯（Wendell Cox）是多个自由市场智库的收费咨询师，他直言不讳地反对密集混搭的"精明增长"政策，但调查确实对住房成本做了一次清晰表述（底特律是受访城市中住房负担最小的）。

不过，对住房公平的挑战最近又有回头之势。关切这一动向的城市必须采取积极且富有创造性的设计规划，让社区为大众服务。在这个公共资金奇缺的时代，这种设计会是怎样的呢？

温哥华又一次提供了灵感。还记得我们前面提过的 W 楼吗？它建在伍德沃德（Woodward's）这家废弃百货公司的旧址上，因而得名。这里既有购买独立产权套房的业主，也有补贴住户乃至戒毒者。

设计是如何让这些不同的人生活在一起的？该项目的建筑设计师格雷戈里·恩里克斯（Gregory Henriquez）充分关注到了人们对地位的希冀与焦虑，于是为每栋高楼都单独设了门厅，而这种隔离效果是地产商和波特兰酒店协会（PHS）一致要求的，是后者负责保障性住房部分（高收入住户必然会要求门厅升级，而低收入住户无力承担这笔费用；后者的代表也承认，每天和比自己富裕得多的人一起坐电梯实在是一种心理负担）。关于隐私和地位，还有另一个要点：恩里克斯为单身住宅安装了结实的百叶窗，患有偏执障碍等精神疾病的住户可以直接合上百叶窗隔绝光线，而不必在窗上贴锡箔和报纸，从而保护商品公寓套房的外观。W 楼道路的两边没有什么设施，但楼中间有一片气派的公共中庭，所有住户都会经过，有时会彼此交往，学生们还会来这儿投篮。W 楼颇具欢聚气氛，其高档化也不断加速，但同时，这里也保留了两百套经济适用房。

光是推动市场走向公平还不够，政府也必须参与进来，采取社会性住房补贴、租金管制、倡议产权共有、新型土地使用权、投机税及其他政策措施。本书的主题是城市设计而非社会政策，但我必须承认，如果政府不来介入、铺平道路，多阶层混居往往就不会发生。显然，公平性要求城市停止把补贴性住房全集中到贫困区域，而应让所有居民及其子女都可以平等地获得优质的服务和教育。这种混居在一些富人区可能遭遇抵制，但这是社会走向文明、民主、道德的标志。

公平红利

波哥大的探索也许仍然没能弥补城市的不公，但却是一个前景美好的开始。让很多人诧异的是，波哥大证明了建设一座更为公平的城市，从来不是一项激进的提案。

弹劾佩尼亚洛萨的行动失败了，部分原因在于市长实施计划雷厉风行。他总揽行政大权，身边又有一支高度积极的忠实团队来实现他精心调整多年的愿景，并在执行中补足公共议程中的欠缺。到了他 3 年任期的第二、第三年，平等计划开始惠及全民，市长支持率也达到了 80%。

3 年后的变化着实惊人。市中心重获生机，入学率上升了 30%，数十万家庭迎来了自来水供应。至 2001 年，骑车上班的人几乎增加了 1 倍，节省的费用相当于最低薪酬工作者人均一个半月的工资。

但真正让人赞叹的是幸福都市计划，它将重点放在创造一座更公平的城市上，不仅使穷人受益，而是让每个人的生活都变得更好。

跨千禧公交系统高效运送了大量乘客，于是自驾司机的穿城速度也有提高，通勤时间下降了 1/5。街道也更安静了。佩尼亚洛萨的任期结束时，城市机动车交通事故也减少了，死亡发生率亦有降低：即使在全国暴力事件增长的大背景下，波哥大的事故率和谋杀率均下降了近一半。空气质量也大为改善：跨千禧公交沿线的有毒烟尘团消失了，附近的房产价格也攀了新高。

波哥大人更健康了。新建公园附近的居民，特别是老年人，开始步行更多。60 岁以上的波哥大人表示，住在跨千禧公交车站附近，他们的运动量会增加。就像美国夏洛特市的 LYNX 轻轨一样，跨千禧公交改变了人们的行为，但它将道路的最高优先级赋予了曾被人嗤之以鼻的公交车，因而成本低得多。

城市的乐观情绪飙升。人们相信生活是美好的，而且会越来越好，这是他们几十年来都未有过的感觉了，甚至在莫库斯的超人公民时代也没有过。佩尼亚洛萨任期结束后（在波哥大，连任是违法的），莫库斯再次竞选市长。他获得了佩尼亚洛萨的支持并最终胜选，部分是因为他承诺了将继续这套雄心勃勃的基础设施规划。下一任市长路易斯·加宗（Luis Garzón）也继续执行了部分规划。软件和硬件双管齐下，这几位市长的任期是人们记忆中最美好的时光。

哥伦比亚国立大学城市学家里卡多·蒙特祖马（Ricardo Montezuma）对我说，莫库斯和佩尼亚洛萨向波哥大人证明了，他们自己有能力把城市建成任何向往的样子。他们的任期内，波哥大人对城市的认知发生了彻底的改变。蒙特祖马在 2007 年对我说："12 年前，80%的人对未来完全悲观，现在恰恰相反，大多数人都很乐观。为什么这很重要？因为往大了说，一座城就是人们对它的看法的总和，城市是个很主观的事情。"

蒙特祖马不是说城市的外形不重要，而是城市是一种观念，由每位市民的想法组成，每位市民也该从中受益。

不管它是叫幸福计划、公平议程还是反车战争，佩尼亚洛萨的计划可不只是强加于城市的意识形态，而将城市的福利带给了更多更多的人，实现的效用最大化甚至足以让边沁本人满意。计划有着深刻的合理性，此种合理性几十年来都没有在美国出现过了。

很可惜，那以后，波哥大的运势就衰落了。跨千禧系统因私人运营商无力提升载客量而拥挤不堪，几成病态，当然这也证明了再健壮的公共交通也需要持续的公共投入。乐观情绪消失殆尽。城市化的势头被麦德林等其他哥伦比亚城市抢了去，但是所有城市都会经历增长、衰退、重生的循环。波哥大人因苦于城市的一蹶不振，最终在2015 年把佩尼亚洛萨又迎了回来。这位幸福市长能否让笑容重返波哥大人的脸庞？时间会告诉我们答案。

但波哥大的巨变岁月仍然为富裕城市提供了宝贵的经验。以尊重每个人的体验为要旨，投入资源，设计城市，每个人的生活都会更为轻松愉快。我们可以让城市多些慷慨，少些无情。我们可以让城市帮助所有人更强大，更能适应环境，彼此联结更紧密，更积极，更自由。我们要做的只是想明白城市到底为谁而建，相信城市可以改变。

11. 万物互联

僵硬、孤立的客体……是完全无用的。必须把它植入鲜活的社会关系之中。

——瓦尔特·本雅明，1934年

2010年，哥本哈根同周边市政区举办了一场国际设计赛，在该市旧城墙东北的工业园"阿马戈"焚烧厂（Amagerforbrænding）新设计一座发电站。比赛无甚新奇之处，毕竟电站时时刻刻都在新建。电站往往外观难看，结构实用，大多数城市对它们都是眼不见心不烦的态度。但这次的获奖提案却在国际设计界掀起了波澜。获奖设计来自BIG集团，该公司创始人比亚克·英厄尔斯曾在哥本哈根郊区设计了垂直型住宅，即山居公寓。37岁的他留着蓬松的西瓜头，一直将其职业生涯致力于将现代主义的抱负、美学与一种近乎游戏的奇妙感觉结合起来。英厄尔斯曾说服丹麦政府，同意他将哥本哈根海岸线旁的标志性雕像小美人鱼搬去2010年上海世博会丹麦馆，这栋螺旋建筑正是他的设计。他也曾与人一同在内港设计了一个游泳池，让市民能在干净的水中游上几圈。为满足哥本哈根人到处都能骑车的愿望，他还设计了一座8字形的公寓，住户可以沿缓坡一路骑到第10层。

功能区隔是建筑及城市规划的常见特点，英厄尔斯之前的大部分设计都会打破它，这次的电站设计则更进一步。简单说，发电站将燃烧城市垃圾来产生热能和电力。但英厄尔斯没让这座"废物—能源"转换设施茕茕孑立，而是给巨大的建筑体包裹了一套外骨骼结构，建筑的斜顶面积差不多有7个足球场大（124平方公里），之字向下，可用作人工滑雪坡道。突然之间，工业园将变身为善良的游乐区，哥本哈根人不必跑去瑞典进行山地冒险了。

"新电站体现了我们BIG所说的'享乐可持续'，即可持续发展绝非一种负担，可持续的城市才能提高生活质量。"英厄尔斯语带自豪。

这座建筑还将发挥教育功能。滑雪者可乘直梯升至百米高顶，而由于电梯视线朝内，乘客能清楚看到城市垃圾的处理过程。虽然是变废为能，电站仍会排放二氧化碳，于是烟囱会配上大活塞，每次额外排放一吨二氧化碳时，就会向天空吐出烟圈，用这种奇特的方式提醒哥本哈根人，他们的消费习惯产生了怎样的后果。

前文中我提过一个难题：如果内疚、惭愧和恐惧都不能让我们采取行动，我们又该如何解决当前步步紧逼的生态挑战？英厄尔斯用他这座杰出的会吐烟圈的滑雪山给出了一个乌托邦色彩的答案：创造性的设计能让可持续的生活更加愉快。

把船只往来的港口当作游泳池，把公寓屋顶当作自行车道，把发电站作为绿色能源和娱乐时光的源泉，英厄尔斯的此类功能混搭揭示出一条关于城市的深刻真理：虽然我们一直试图把城市功能分隔进分散各处的独立单元，但所有功能之间都有着内在的联系。我们出行的方式、购买的物品、享受的乐趣、产生的垃圾、排放的二氧化碳以

图 35：享乐可持续

哥本哈根人很少能见到山，英厄尔斯的垃圾转能源电站于是把滑雪山坡结合进了绿色能源生产。(BIG &Glessner)

及经济本身，这一切都相互牵连，彼此依存。顺着这些思路充分想下去，你会看到城市繁荣、可持续发展与幸福计划这三者的交会点，那不是单一个物体或单一座建筑，而是能源、交通、经济及定义城市生活的空间设计系统等多方因素的复杂交织。

我们都听过怀疑派人士的警告，他们称对抗气候变化及能源短缺的严肃行动会让我们陷入数十年的艰苦与牺牲。对于城市，这种说法是完全错误的。事实上，同样的干预措施可以带我们同时走向可持续发展和美好生活。HB Lanarc 规划师亚历克斯·波士顿为数十座城市提供气候与能源方面的建议。他首次与政府领导见面时，甚至不问政府希望达到怎样的减排目标。"我们会问：'社群希望优先解决的事项，核心是哪些？'对方不会提气候变化，而会说经济发展、宜居性、出行、住房负担能力、税收等，这些都与幸福相关。"波士顿说。但这些考虑也拖累了针对气候变化的行动。波士顿坚信，只要重视能源、效率等任何让生活更美好的事项间的联系，城市就能取得可怕的数据、科学家、逻辑和良知都无法企及的成功。幸福都市计划是一个能源计划、气候计划、预算紧缩计划，同时也是一个经济计划、就业计划、修正城市薄弱系统的计划。它是一个城市恢复计划。

绿色惊喜

波哥大的幸福都市项目也产生了一些意外结果。恩里克·佩尼亚洛萨对我说，刚当选市长时，他没有感到全球环境危机的紧迫性。他的城市转型计划为的并不是什么斑点猫头鹰、融化的冰川或某片遥远珊瑚环礁上即将被淹没的村庄。不过他任期临近结束之时，发生了件有意思的事。因为佩尼亚洛萨的努力，波哥大变得干净美丽，生活也更轻松平等，这位市长和他的城市开始获得环保组织的赞誉。

2000年，佩尼亚洛萨和埃里克·布里顿受邀前往瑞典接受"斯德哥尔摩环境挑战奖"。波哥大开展了世界最大规模的无车日，共禁行了85万辆汽车；跨千禧公交系统也让波哥大的二氧化碳排放大幅减少（每年减少近25万吨）因而备受赞誉，是获联合国清洁发展机制（CDM）首批认证的交通运输系统，这表示波哥大自此可以向排放污染的富裕国家出售碳信用额度。在佩尼亚洛萨、莫库斯及继任者路易斯·加宗的治下，波哥大实现了公共空间转型，荣获了威尼斯建筑双年展金狮奖。自行车专线、新建公园、"自行车道"项目、行人优先道路及极受欢迎的无车日，让波哥大成了标杆性的绿色城市。

其中没有一个项目针对的是气候变化危机，但它们切实证明了城市设计、城市体验与碳能源系统间的联系，通往绿色城市、低碳城市和幸福城市的道路可能通向同一个目的地。

其他城市也意识到，提高生活质量和减少碳环境足迹是两个互补的目标，应成为同一套计划的组成部分。感受其中一个的成果时，你也在不知不觉地实现着另一个目标。伦敦施行的拥堵费政策被视作温室气体减排的有力举措[*]，但这并非其目的，该政策是在回应伦敦人心目中比未来气候变化更亟待解决的一系列问题。交通拥堵到人们无法上班，生活质量大幅下降，城市生产力也遭损害。要在路上浪费这么多时间，这让人们无比受挫。征收拥堵费缓解了道路压力，为伦敦西区建设更多公共场所创造了空间，也让城市更加安全，更有欢聚气氛。气候方面的福利是附带的馈赠，随着公众逐渐认识到气候变化的真相，这些气候福利也在不断受到重视。

在巴黎，气候福利与享乐性福利明确出现在同一份计划里。过去10年，如果你8月时去过巴黎，塞纳河左岸很可能引起你的注意。每年夏天，巴黎都会把蓬皮杜快车道的一侧埋在金色的沙下，从卢浮宫一直到苏利桥（Sully）的铸铁拱券，再以啤酒花园、地滚球场和棕榈盆栽点缀其上。这是巴黎沙滩节，它赶走了市中心区所有路面上的小汽车，将道路变成了沙坑、广场和舞池。人们大多把沙滩节看作炎炎夏日躲避胶着之苦的方案，但它也是官方环保计划的一部分。巴黎希望至2020年，能够将机动车的环境足迹和温室气体排放减少60%。该计划的成功，正因为它使得在城市里开车变得更为困难。如今，沙滩已变为常设。你读到这里时，蓬皮杜快车道应该已进一步缩窄，左岸将出现一条2.4公里长的无车区，"享乐可持续"也已融入了城市的肌理。开车人只得在拥挤的车流里等待，或是转投城市公共交通网。

---

[*] 2003年开征拥堵费后，伦敦减少了近1/5排放，虽然此时世界城市的总排放正在攀升。

图 36：不是高速，而是自由之路

过去 10 年的每个夏天，蓬皮杜快车道都会变成巴黎人的沙滩。如今，步行区正被固定下来。该计划希望同时解决气候和宜居性两方面的问题。（作者摄）

墨西哥城也被幸福都市理念吸引。前任市长是马塞洛·埃布拉德（Marcelo Ebrard），他曾希望老年市民能更多收获性生活的健康效应，因而为他们提供免费的万艾可，因此出名。他在中央广场建了一座巨型室内溜冰场，配了北极冰屋的圆顶，这样穷人也能享受白色圣诞，不必像精英人士那样大老远飞去加拿大的惠斯勒滑雪度假。他照搬巴黎沙滩节，推出了波哥大"自行车道"项目的墨西哥城版本，周日禁止车辆在市中心的几英里道路上行驶，让市民能像逛公园一样逛大街。他也仿效波哥大的交通系统，建起地铁般的快速公交网，连那些对公共交通避之不及的商务人士都弃私家车转向了公交。这位市长邀请吉尔·佩尼亚洛萨和扬·盖尔来制定一项规划，将 300 公里的道路从开车人手中收走，交给骑车人。作为"绿城规划"（Plan Verde）的组成部分，这些举措不仅减少了城市碳足迹，并让通勤变得更为轻松（骑车比开车快，机动车速降至 12 公里 / 时），最重要的是，它们意在让多年来一直畏惧道路的市民获得全新的安全感。尽管墨西哥血腥的毒品战备受关注，但每年死于道路交通的墨西哥人，数量多于死于毒品暴力犯罪。* 2012 年，墨西哥城环境署署长玛莎·德尔加多（Martha Delgado）向我表示："只有让市民重掌公共空间的权属，一座生活在车辆的敌意与危险下的城市才能发生改变。"

生活质量和气候行动是两个互补的目标，只是人们更容易为改善生活的计划而激动。这就是为什么，纽约市在宣传其道路用途大变革时，夸耀的是它大幅提升了安全、速度和效率，让人群又在公共广场啜饮咖啡，而只用脚注标出它还有个温室气体减排 30% 的目标。

死亡与税收

但执着于生活品质可能妨碍到气候变化行动与城市设计间的其他协同效应，这些协同的紧迫性正在日益显现。例如，公共卫生研究人员发现，降低温室气体排放的设计也能提升全社会的健康。顶级的英国医学期刊《柳叶刀》表示，不论在伦敦还是孟买，交通运输业推动

---

* 墨西哥平均每天发生 23 起行人死亡事件，毒品战争要想超越，每年还要比实际上多造成 8395 人死亡才行。

的技术方案都远不及提升步行骑行安全舒适度的措施减排效果明显。因为我们每次出行都会燃烧某种能源，通常是某种形式的化石燃料，而机器消耗的能源又与我们自身消耗的食物热量负相关。*

就算你对自身和环境的健康都漠不关心，城市设计、健康与应对气候变化的方案三者间的联系也会影响你的生活与钱包。因为城市的分散发展让数百万人减少了活动量，同时遭遇了更多的空气污染和交通事故，也加重了全社会的财政负担。我们知道肥胖人群的患病几率高，而由于疾病或身体障碍，他们缺勤也更多，因而工作时间少于健康人群，每年，美国花在这方面的成本高达 1420 亿美元。†同时，机动车污染也导致医保支出增加了数百亿美元，交通事故造成的花销更高达每年 1800 亿美元。损伤事故与每天的行驶距离直接相关，因此只须减少开车的次数和时间，便可缓解急救服务、医保系统及生产方面的负担。‡

多年来，城市交通部门在新建道路时一直没有虑及上述费用，认为自有其他机构为它们操心。然而从更广的范围看，波哥大的跨千禧公交、纽约的自行车道及温哥华的后巷住宅项目显然都是长期紧缩条件下的实践。实际上，与幸福都市有关的几乎每项措施都会影响一座

---

* 步行或骑车时，我们会消耗食物的热量，有健身的效果。开车时，我们则是燃烧化石燃料，而不太消耗自身热量。从亚特兰大郊区的马布尔顿邮局开车去附近的大凯马特超市（Kmart），据 Reroute.it 在线计算器粗估，1.5 英里的步行消耗 159 千卡（相当于两块巧克力曲奇或一瓶啤酒），骑行消耗 47 千卡（一个橘子），开车则产生 1.2 磅二氧化碳。

　　电动汽车的支持者认为，上述等式不适用于电动车。确实，电动车如果使用水电或核电，甚至能效较高类型的火电，排放量确实更低，但这忽略了制造汽车本身产生的排放。相比新造一辆节能型丰田普锐斯，还是继续开上世纪 90 年代中期款的雪佛兰吉优（Geo Metro）更为节能，虽然两者对司机的健康都毫无裨益。

† 这些负担包括医保费用、疾病或身体障碍导致的减薪及早逝造成的未来收入损失。仅直接医疗总成本即高达 610 亿美元（以 2008 年美元购买力计）。

‡ 提供优质的公共交通服务，可间接为城市在急救服务和公共医疗方面节省更多资金，因为坐公交车比开车安全 10 倍。

城市的环境足迹，以及同样紧要的经济财政状况。我们如果理解其中的联系并采取相应的行动，或能令数百座城市停下迈向危机的步伐。

外部性？不存在

在人们广泛意识到气候变化系人为造成之前，简·雅各布斯就曾警告，城市是非常复杂的有机体，任何简化其形式或功能的尝试都会造成不良的失衡。在《城市与国家财富》（*Cities and the Wealth of Nations*）一书中，她特别指出，设计师和规划者存在过度扩大规模的倾向：一个机体或经济体的规模越大，它在不断变化的环境中就越不稳定，系统自我纠正的可能性也越低。大多数城市建设者对此无动于衷，他们追求的是与全球系统的更深入整合，也更为依赖国内及跨国工商业来推动经济发展，于是改动城市的基本结构以适应极端的分散发展。分散主义者在区隔化的系统中看到的是秩序和效率，但很多时候，分散系统只是将能源成本从工业转嫁到了普通公民和政府身上。

美国是历尽艰难才学到了万物互联的道理。鉴于土地利用、能源、二氧化碳及几乎其他一起成本之间都有着不可分割的关系，现代城市景观的建设虽然推动了经济的繁荣发展，但也引发了碳排放风暴，还要为家庭与地方政府蒙受的诸多损失负责。

想想发生房屋止赎危机的地方。遭受次贷危机冲击的社区，都像圣华金县那样，是典型的低密度、分隔型区划，由大占地面积的独栋住宅构成。城市扩张区的运转一般都要依赖廉价能源，而且是大量的廉价能源。这种依赖关系意味着，此类社区会严重破坏气候，因为巨量能源在居家消耗中转化成了巨量温室气体。排放量增加，负担能力就下降，此种关系显而易见。*

这种痛苦，远郊的业主已经承受了5年。如今，市政府要被迫去面对其长期忽视的距离—能源关系。城市的扩张发展不仅让纳税人的钱更多地流向工程建设，也更多地流向了设施维护。在由大地块单户房屋组成的典型分散社区，对街道铺设、排水、给排水、污水处理及其他服务的户均需求会大得多，而在相比适宜步行的小地块连排或复式屋密集社区，此类服务成本只需前者的1/4。分散型社区需要的消防和救护车站也要多于密集社区，校车也是同样的情况。由此产生的浪费十分惊人：2005/06学年，美国有超过2500万儿童乘校车上公立学校，共计花费189亿美元，相当于每名学生750美元，而这些钱本可以用在他们的学习上。

在美国，很多破产的市政府已无力为警察、消防和救护车等服务提供资金，遑论校车以及道路、公园和社区中心的维护。城市扩张得如此之远，如此之快，密度已经低到让美国有了巨额的基础设施维护费缺口没有着落。美国土木工程师协会（ASCE）警告，美国的主要基础设施维护，将耗费超过2万亿美元。

许多北美城市如梦初醒，发现自己已身处城市版大型庞氏骗局之中：新开发确实在开发费用和税收方面创造了短期收益，但长期成本的不断叠加实则更高，很快超过了城市的偿付能力。繁荣时期，城市把账目一脚踢开，等维护支出来到眼前，而繁荣期的开发费收入已经见底，公共预算就开始四处出现大窟窿。再重复同样的建设，无益于城市回归正轨、平衡预算。城市须得找从土地利用、能源系统及其预

---

* 根据住房与交通负担能力指数（http://htaindex.cnt.org），2008年威斯顿牧场的家庭平均每户开车产生的排放量超过11吨，燃油花销超过5000美元（假设工作地点位于斯托克顿之内）。而旧金山教会区（Mission）的相应排放只有约4吨，燃油费仅约前者一半。

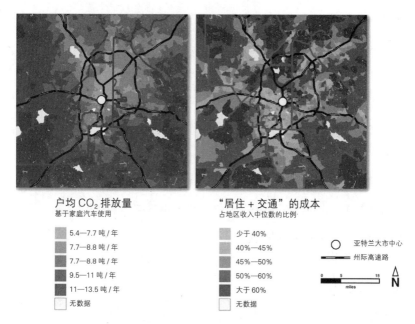

户均 CO$_2$ 排放量
基于家庭汽车使用

5.4—7.7 吨／年
7.7—8.8 吨／年
7.7—8.8 吨／年
9.5—11 吨／年
11—13.5 吨／年
无数据

"居住 + 交通" 的成本
占地区收入中位数的比例

少于 40%
40%—45%
45%—50%
50%—60%
大于 60%
无数据

亚特兰大市中心
州际高速路

0 5   15
miles   N

图 37：拯救地球和你口袋里的钱

相比亚特兰大的郊区，住在中部分布相对密集的社区，不仅可以在住房和交通方面节省资金（右图），还可以身体力行减少温室气体排放、应对气候变化。两种情况都是系统计算出的结果。(Scott Keck/Cole Robertson and Center for Neighborhood Technology: Housing and Transportation Index)

算的根本性联系中挖掘力量，而非弱点。这表明，政策制定者及选民都要开始拒绝那条曾经看似通向繁荣的路。

工作、金钱与距离

我们多数人都会同意，开发如果能带来就业和税收，就是有益于城市的。有人甚至认为就业需求高于审美、生活方式和气候问题——这就是每次沃尔玛提请在某小镇附近新建一座大卖场时都会出现的论

幸福的都市栖居

调。但稍稍了解土地、就业和税制方面的空间经济学后，任何明眼人都该面对这种不管不顾的发展模式说不。为说明这一点，我下面会讲一个对数字极其执着的人的故事。

约瑟夫·米尼科齐（Joseph Minicozzi）成长于纽约州北部，是一名年轻的建筑师。2001年他骑摩托车游历全国，曾在阿巴拉契亚山脉稍作停留。在北卡罗来纳州的一家路边酒吧，他遇到了一位美女，立刻被女子、特别是她那蓝岭地区的慵懒之美深深吸引。现在两人在山城阿什维尔合住一间小屋，还有两只狗陪伴。

阿什维尔在很多方面都是一座典型的美国中型城市，意思是其市中心在20世纪下半叶即已荒废：数十座典雅的老建筑已被木板或铝制板围起，高速路和自由开发政策则把人和商业活动都吸引去了郊区。这一过程一直持续到1991年，此时朱利安·普莱斯（Julian Price）继承了家族的保险和广播事业，决定倾其所有让昔日内城恢复生机。他的公司"公共利益项目"（PIP）买下了多栋老旧建筑并进行了翻新，再把临街的空间租给小生意经营，店铺上面的房间则租售给尝鲜的房客。公司培训、扶持甚至资助企业家来此发展，后者则渐渐为街道赋予生机。先是入驻了一家素食餐厅，接着是一家书店，一家家具店，还有现在已经超火的夜店"橙皮"（Orange Peel）。

2001年普莱斯去世，市中心的情况也开始有了起色，但他的继任者帕特·威兰（Pat Whelan）及其新晋雇员米尼科齐仍得和怀疑人士周旋。有些市政府官员认为市区的土地价值太低，不如干脆在正中间盖座监狱，而这片土地本来非常适合做多用途再开发。开发商们意识到，想要城市官员支持自己的愿景，必须对他们晓之以理：振兴市中心能带来怎样的税收和就业利益，告诉官员们干货数据。公司算出的数字让政府的会计人员恍然大悟，因为前者坚持采用空间系统法，类似于农民打量想种的地。要问的问题很简单：每亩产量有多高？在农场，答案可能是多少西红柿，在城市则是多少税收和就业机会。

米尼科齐对比了两类地产项目，以此向我解释他的经典城市会计学大法：一类是他的公司救下的一座市中心老建筑，1923 年的 6 层钢架结构，一度属于杰西潘尼百货（JCPenney），后改造成商铺、办公室和高档公寓集合体；另一类则是城市周边的沃尔玛超市。潘尼的老楼占地面积不到 0.25 英亩，沃尔玛及其停车场则占地 34 英亩。算上房产税和销售税后，米尼科齐发现，沃尔玛每英亩土地贡献的房产税及销售税只有 50800 美元，但潘尼楼仅房产税就高达每英亩 33 万美元。即投资市中心的收益率，超过在城市边缘开发新地块 7 倍不止。就业密度上的差别更为明显：潘尼楼的各个小商店共雇工 14 名，人数不多，但其实相当于每英亩创造了 74 个就业岗位，而扩张区的沃尔玛，相应数字不到 6 个（且沃尔玛不但降低了东道主城市的就业密度，还压低了平均工资，考虑到这一点后，情况更显可怕）。

此后米尼科齐发现全美各城市都有类似情况。小镇的老式主街两侧的那种两三层混合用途建筑，每英亩的收益是一般大卖场项目的 10 倍。更惊人的是，由于能源与距离间的联系，高碳的扩张发展模式还让城市的服务支出高于它们带给城市的税收。结果此类增长引发的赤字根本无法用增长收益弥补。[*]

米尼科齐对我说："美国各地一直在拿市区交的税补贴扩张区的开发与服务，这就像农民不把肥料施给西红柿，而都倒在了杂草上。"[†]

---

[*] 以佛罗里达州的萨拉索塔县为例，米尼科齐发现，该县要收回在扩张区开发房产所涉的土地及基建成本，所需时间是市中心地块的 3 倍。即便一切顺利，扩张区住建的投资回报率仍只有 4%。

[†] 考虑到本地企业的资金流向后，新阿什维尔模式的财富能产性就更加明显了。付给地中小企业的钱常会留在社区之内，创造更多本地就业机会，而大型全国连锁企业则往往

在普莱斯、威兰和米尼科齐的参与下，阿什维尔市开始相信市中心的沃土应当施肥灌溉。城市调整了区划政策，允许市中心的建筑灵活使用；资助了街道及公共活动；不再强迫开发商建停车库，从而降低了居住及商业的成本；还新建了付费车库，让停车成本由使用者负担，而非全民共担。一系列政策让开发商感到值得尝试去修复老旧建筑，城市于是获得了新增的税收和就业机会。

改造后的市中心，零售额自 1991 年起即呈现爆炸式增长，相应房产的应税价值也大幅提高，而服务成本只相当于扩张区土地的一点点。重生的市中心减轻了人们的通勤负担，并将高端套房与经济性公寓混置，于是成了为该县供给保障房及税收的最大宝地。一份当地报纸热情洋溢地写道："承受了几十年的怀疑和忽视，市区再次成为了阿什维尔的心脏与灵魂。"

通过关注土地、距离、规模和资金流间的关系，或说通过建设更多紧密复杂的空间，城市又找回了自己的灵魂，恢复了健康。

这些证据也总算开始得到了企业的关注。"英国地产"（BLND）是英国最大的房地产投资信托公司，于 2015 年找上了我和我的团队。该公司希望能探索出一些新策略，将幸福融入人们工作、购物、生活的场所。英国地产相信，健康快乐、联系紧密、最重要的是利于社交的环境，有利于生意。他们的想法很对。创造力、GDP 增长及面对面的人际互动率，三者有很强的相关性。相互信任、新想法的迸发、真实的合作，这些都无可取代。我们与英国地产的合作应在未来为城市

在榨取当地经济。本地企业喜欢请本地的会计师、律师、广告商和印刷厂等，而这些人也把收入更多地花在本地。但全国连锁商则会把这些工作转回区域性乃至全国性枢纽地，相应利润则给了遥远的股东。本地企业每支出 100 美元，会为当地至少多创造 1/3 的经济收益和工作机会。而沃尔玛的进驻，会让所有社区都出现大范围的降薪和返贫。

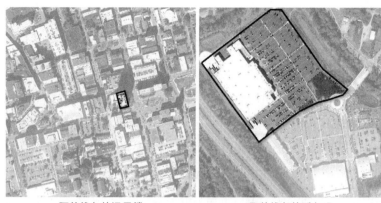

| 阿什维尔的混用楼 | 阿什维尔的沃尔玛 |

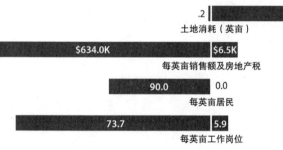

.2   34.0

土地消耗（英亩）

$634.0K $6.5K

每英亩销售额及房地产税

90.0   0.0

每英亩居民

73.7   5.9

每英亩工作岗位

图 38 ：密集程度的不均衡分布

相比郊区，投资市中心能让城市在增加工作机会和当地税收的同时，减少在那些遥远的基础设施和服务上的支出。PIP 公司发现，在北卡罗来纳州的阿什维尔，6 层混用楼的每英亩税收超过郊区沃尔玛 13 倍，工作岗位是沃尔玛的 12 倍（沃尔玛的销售税数据基于其全国门店平均水平）。（Scott Keck，数据来自约瑟夫·米尼科齐 / PIP）

设计创造出多种有利于社交的新模式。

增长不逾矩

现在你也该不会意外，米尼科齐和朋友们的阿什维尔市区改造，恰也是一种应对气候变化的策略。与大城市一样，这里也是万物互联。创造就业、住宅和税收的密集节点的努力，也会造就高能效节点，从而降低城市的运营成本。亚历克斯·波士顿指出："社区的低碳也能保证你承担得起污水处理、供水及道路方面的费用，从而能把社区长远地维系下去。"

平均而言，城市家庭每年每户的能源支出会超过 4000 美元，主要花在汽车、采暖或照明上。这部分钱大多流出了社区，付给了外地的能源及石油公司。该怎么做才能改变这一状况？改变城市与距离、与能源间的关系。

俄勒冈州的波特兰做法特异，与众不同。上世纪 70 年代，俄勒冈州下令限制城市增长范围，划定界限以保护农地。在其他城市不断疯狂投资高速公路时，波特兰则开始投建轻轨、有轨电车和自行车道。1990—2007 年间，多数城市的居民日常驾车距离越来越远，波特兰人则逆势而动，每日驾车里程比美国其他主要城市少 20% 左右，节省通勤时间约 9 分钟。1985—2008 年间，再次与全国趋势相反，波特兰的交通事故死亡人数下降了 80%。距离的缩短不仅为当地节省了数百万急救与医疗服务资金，对当地经济也产生积极效用。由于通勤时间缩短，2008 年波特兰地区居民每年节省燃油费总计 11 亿美元，占该地区个人总收入的 1.5%。这意味着，波特兰人送去外地汽车公司和石油大亨手里的钱少了，而在食品、娱乐和精酿啤酒等方面的本地消费变多了。*因此，波特兰的人均餐厅数量仅次于西雅图和旧金山，位居全国前列。美好的生活让波特兰人每年为世界减少约 140 万吨温室气体，这是他们给后代、给地球的礼物。更振奋人心的是，波特兰的

---

* 据城市 CEO 组织估算，一辆新车约 86% 的购车费与 73% 的燃油费会立即流出当地。

气候友好型城市系统也引来了财富。投资 1 亿美元在市中心兴建慢速电车，会在新线路周边的几个街区带动新的办公、零售及酒店开发，项目总值可达 35 亿美元。

波士顿认为，波特兰的经验证明，城市无须转为超高密度型亦可大幅减少碳排放。"单是提升密度无法实现减排目标或增进幸福。住在公寓森林中，你还是可能被迫开车到处跑。但城市一旦知道如何融合居住、办公和购物功能，减排之路和改善生活之路就会开始汇聚。"

体温

有时，邻近性与复杂性的红利看不见摸不着，隐藏在城市的体系、空间设计和无数的人际关系之中。有时，它们又比英厄尔斯的建筑隐喻更加明晰，揭示出新的城市各系统互联真相。

福溪曾是温哥华市中心外围的一条工业水路。作为 2010 年冬奥会的主办城市，温哥华在福溪东南岸建了一个运动员村。从利用雨水维持生态的微型湿地，到使用 LED 照明的中央广场，这里到处都彰显着绿色城市主义。最终将有 1.6 万人搬入这里的低层排屋，屋前的窄街对行人很是友好。我最后一次到访是奥运会的两年后，这时咖啡馆里已坐满了村民。广场上矗立一座巨型雕塑，是一只玻璃纤维椋鸟，孩子们正在它脚上攀爬。海堤上有人滑旱冰，有人推着婴儿车散步，还有人骑自行车通勤。新落成的社区中心外，穿着紧身衣的划艇手们正边聊天边做拉伸，准备让龙舟从附近的码头下到福溪的水中。

村中汇聚的社交能量也着实让人惊叹，可以说所有人都是这股热能的血管，这可不仅是个比喻。随着运动员村人口密度的增加，这股能量的密度也在提高。居民们凭借建筑的通风给水系统、凭借自己的机械乃至自己的身体，令设计能量循环再生，浓缩出新型资源供给不可思议的新动力系统。福溪东南社区的公共设施就是这样工作的：村民每次洗碗、淋浴、冲厕所时，都会将某种形式的热能排入下水道，可能是室温温度的水，也可能是体温温度的排泄物——体温可不容小觑。污水经管道流入在附近一座桥下藏身的污水泵站，站内是一个小型热能厂，利用蒸发压缩等工艺提取污水中的热量，再把热量送入干净的水中，流回社区，为每位村民提供暖气和热水。住户的温室气体排放量减少了 3/4，这便是原因之一。

热能厂不产生任何气味或有毒物质，于是烟囱被改造成了公共艺术：五根几层楼高的不锈钢烟囱直指天空，如同巨型机械手的手指。设计师比尔·佩歇特（Bill Pechet）和斯蒂芬妮·罗布（Stephanie Robb）还为五根烟囱装了 LED 灯，热量输出高时，排出的蒸汽会被染成粉红色。烟囱一度代表着内城的毒害与不适，现在不会了。粉红色的烟囱"指尖"提醒着世人，村民们为自家供热，部分地是在用自己的身体（奥斯陆和东京也已建成类似的污水热能回收系统）。

借此，英厄尔斯"电站山"中包含的愿景得以实现：建设一个系统，让能源的生产消耗与个人的享乐体验循环流动。但这也告诉我们，解决居住方面的挑战其实不需要什么宏大的建筑理念。真正的力量不在单个的物体里，而是蕴含在我们的情绪、城市设计、能源分布等万事万物间千丝万缕的隐形联系之中。这众多彼此交叠的系统有怎样的潜能，我们也才有一点了解，但我们知道，当普通市民和城市建设者都张开双臂拥抱城市生活的复杂性和内在联系时，当我们更接近彼此时，我们便可逐渐摆脱渴望稀缺能源的欲望。美好生活和拯救世界并不冲突。

地区归属感推动经济增长

在节约资金和保护环境的问题之外，城市更幸福恰好对经济也有好处。经济增长与人的归属感有着紧密的联系。奈特（Knight）基金会的研究者走访了美国26城的市民后发现，对社区满怀热情与自豪的人，工作往往更稳定，效率也更高，促进了当地GDP的增长。

那么究竟是什么让人对社区产生了感情？不是工作前景、经济增长甚至也不是安全。人在意的是审美，是周围有没有公园及其他可以社交的地方，特别是有没有让每个人都感到受欢迎的地方。不管是移民、少数族裔还是同性恋者，不管是有子女家庭、刚毕业的大学生还是领退休金的老人，都应感到这种包容。这听起来可能有悖直觉，但如下要义应符合常理：若要经济蓬勃发展，就要去建设一个景色优美、利于社交的包容社区。

12. 城市扩张区改造

他们先铺了路，他们又建了城，这就是为何，我们仍在开着车四处奔波。

——"拱廊之火"乐队，歌曲《荒废的时光》

现在有很多研究正试图揭示过度拥挤的恶果。这本来无可非议，只是此类研究的角度很单一。那些密度不足的地区呢？倘若他们的调查也能足够关注住得比较孤立、缺乏邻里关系对人的可能影响，结果的客观性会大大提升。也许他们研究的大鼠也会寂寞呢。

——威廉·H. 怀特

我此前讲的所有城市创新，几乎都存在一个问题，不仅如此，那些借鉴了波哥大、巴黎、温哥华和哥本哈根之理念的城市，彼此间也有着极大差异。杰里米·边沁称之为效用最大化的失灵，道德学家称之为公平问题，他们说的都对。问题在于，幸福都市里的自由环境，充足的公共空间、休闲时光与街道安全，对像兰迪·斯特劳塞一家这样住得远离热闹地区的任何人而言，都没有多大用处。有钱人重新占领市中心和近郊，地产价值相应地不断攀升，于是数百万人又只得迁出。另一边，区隔功能的扩张型城市，其系统及形制太过死板，很多改造难以进行，太过松散的布局也令市政资金无力负担。两厢发展的不公平问题着实棘手，直到某个下午我遇到萝宾·梅耶（Robin Meyer）才有了些思路，她属于坚决住在郊区的那类人。

我上次跟梅耶见面是在 2010 年春，她站在美国邮政局马布尔顿分局的新殖民主义风大楼前的停车场中央，强调那里就是这个城镇的中心。若是不了解她的计划，你可能会觉得她疯了。她正在调查的这个地方在我看来乃是"虚无"的中心：前不着村后不着店。

你可能还记得马布尔顿，这个地名在劳伦斯·弗兰克的城市健康研究中出现过，那里的居民无法靠步行出门，结果肥胖问题日益严重。这是亚特兰大市中心以西 15 英里一处未建制社区，在这里，你开上几天的车，都会觉得哪儿也没到。在亚特兰大环城高速"周界"路段东北段有一处地形起伏的半城市化扩张区，断头路、路边联排店及商业园区四散各处，枝枝蔓蔓的柏油路从这里蜿蜒缠结而过。你如果沿退伍军人纪念高速路过马布尔顿城市广场（Village）——这座商场的名字和它的沉沉死气殊不匹配——或者调头去紧挨着东西连接高速的大型购物中心，你会发现，自己越来越找不到路，哪里都不像闹市区。当然在邮局停车场你更看不到丁点儿闹市感。

从我们站的位置向四周看去，有条驶入的环形路和一片很深的洼地，往外是一片草坪。再往外是佛罗伊德路宽阔的 5 车道，小汽车和卡车飞快驶过。除了一片片停车场和草坪，我们还看到了一栋房屋，四周围着挡板。房子是由这座城镇的开创者、苏格兰来的定居者罗伯特·马布尔（Robert Mable）于 1843 年建造的。老房子南边，再经过一大片停车场，是马布尔艺术中心，再旁边还有一处新建的停车换乘站，即使是工作日，这里的数百个车位也无人问津。放眼望去，最繁忙的地方就是佛罗伊德路和克莱路交口的一座加油站 RaceTrac 了。

马布尔顿的每个地点都是一座孤岛，被一条条令人望而生畏的柏油路和草坪隔开。据我们观察，无论哪里，停车位与建筑到访人数的配比最少也有 3 比 1。你若是想从邮局走到加油站后面的图书馆，或是再后面的购物广场，甚至穿过佛罗伊德路去对面的艺术中心，那你一定是疯了。梅耶说："这简直是找死。"你得经受得住佐治亚州的炎炎夏日和弗罗依路的双重考验。这几年，佛罗伊德路已经变成了通勤高速，人们在遥远的大型学校、购物中心、商业园和一元店之间疲于奔命。但梅耶说，就是这儿，这里将是马布尔顿将改头换面的地方。

梅耶过去对水平式郊区的生活很满意。1984 年，她和丈夫在离邮局几英里远的一片 4 英亩地块上建了所房子，多年来他们一直开车经高速去亚特兰大上班。现在她退休了，不再需要通勤，于是参加了马布尔顿改造联合会（MIC），并任理事会主席。梅耶非常清楚，马布尔顿什么也没有："没有一个中心地。人们没地方聚会，没办法拥有普通社区理应拥有的一切。"她不想采取激进做法，只希望她住的这个小地方可以停车、走路、处理点儿日常杂务，至少感觉不是块荒地。

梅耶打量着到处都是的柏油路和草坪，似乎已经看到了这里未来的轮廓。我们身旁的两位建筑师也看到了。

城市规划事务所 DPZ（Duany Plater-Zyberk）的一位合伙人加琳娜·塔齐耶娃（Galina Tachieva）建议："这里可以建城市广场，"她摘下太阳眼镜，指向远处，"那里可以建一排商店或商住一体开间。这条吓人的路需要限速，让老人和儿童能步行通过。路边或许可以设一些停车位，或者把道路像拉链一样一分为二。"

这只是个开始。为什么不继续？为什么不在佛罗伊德路两侧广场的停车场里建几栋带门廊的两三层高建筑？为什么不让建筑物紧挨人行道，像人人都喜欢去的老城区那样？为什么不把挨着邮局北边的佐治亚前州长罗伊·巴恩斯（Roy Barnes）的农场改建成镇中心，为老年人提供养老住所？为什么不把附近的路都连起来，让人们可以步行出门？这只是春日午后的美好幻想，这些做法违反法规。

紧迫性与想象力

城市的先驱者们曾站在全北美的荒地上，用无限的想象力向外界宣告，新的村镇甚至城市将从他们站立的荒野上拔地而起。站在马布尔顿邮局外的柏油碎石路上，或站在北美各城市四周热带草原风格郊区的任一地点，大概都需要这样的决心来想象这里长期以来的扩张区景象将被怎样一座城镇代替。这样的设想越发显得紧迫，而且这不仅仅是美学问题。

我之前已大体叙述过典型的郊区景观如何让人们生病、肥胖、沮丧、孤独、破产，也解释了郊区的街道为什么更危险。而且，此类设计还会让多数人离自己真正想要的生活越来越远。美国房地产经纪人协会（NAR）2011 年的一项调查发现，有 6 成美国人表示，他们更愿意住在一个混合了住房、店铺和工作场所的社区，哪里都是步行轻松可及，而非一个去哪里都必须开车的社区。然而在亚特兰大这样的地方，只有约 10% 的家庭可以实现这样的奇迹。

扩张型城市还面临着一件缓缓迫近的危机，它可能与过去几年涂炭美国各城市的房屋止赎危机一样可怕。亚特兰大区域委员会

（ARC）在 2009 年发出警告：到 2030 年，亚特兰大大都市圈范围内，每 5 位居民就有 1 位年过六旬，而亚特兰大郊区现在已经是老人的噩梦。到处都很远，许多老人都无法步行过去，只能留在家里，这种生活状态加速着他们的衰老过程。不能开车的人很难获取服务，也极缺休闲社交活动，也就难以借此保持人际联系、提高健康水平。未来的扩张区将有数百万亚特兰大人困守家中或"囤积"在养老机构，命运会比现在整个北美郊区的孩子和穷人还要差。

ARC 呼吁各方立即集思广益，让类似马布尔顿的各地都能有办法变成适合全年龄居民、包括不能开车的人的社区。从 2009 年起，委员会就邀请社区居民参与头脑风暴，在会上与医疗、出行、老龄化、交通、便利性、建筑及规划等方面的专家进行讨论。

扩张区修复

塔齐耶娃和同事斯科特·鲍尔（Scott Ball）加入了讨论，两位建筑师专长于城市大修，治疗扩张发展带来的伤害。塔齐耶娃认为，他们的任务就是逆转这一个世纪的分散发展。她说："城市的比例完全失控，我们仿佛是在给巨人设计城市。过去我们的设计是以汽车为尺度，现在我们要让城市回归人的尺度，要把生活的平衡交还给社区。"

塔齐耶娃的动力不只是利他主义，她的扩张区修复工作也有经济方面的考虑。到 2050 年，美国人口预计将增长 1.2 亿。这些人要住在哪里？市区及一环位置的电车郊区只能容纳人口新浪潮的一小部分，大多数工作也早就不在市内。塔齐耶娃表示，大众仍然需要郊区。

这群人和前几波涌入郊区的人一点都不一样。人口学家预测，未来几十年，多数购房者将是婴儿潮一代的空巢老人或他们的单身成年子女，只有一成购房者会有小孩。没有小孩的买房者将缺席传统的郊区独栋房屋市场，这新一代郊区移民中很多人也不会喜欢或习惯无休无止的开车通勤。一些分析师认为，美国的大地块独栋住宅需求已经可以满足到 2030 年了。

塔齐耶娃说："城市扩张的盛宴可以停下了。市场在变，年轻人和老年人的需求不一样，前者喜欢热闹繁复、适宜步行的地方，希望过了 80 岁还能享受这种自由。"

塔齐耶娃也为此写了一本指南：《扩张区修复手册》(*Sprawl Repair Manual*)。在其中，她给出了很多建议：修复商业园，可以在那里的柏油路面上增加街道和商店；城市高速路的塑形食谱，可以是缩窄车道，增设信号灯和人行横道来放慢车速，让它们变身为商业主街；一团团的断头路可以用讲究策略的新道路或新车道接通，利于步行；普通人承担不起的超大豪宅可以分割成多间公寓；加油站停车场周围可以新设一些临街店铺，提高人气。

她的书的一些部分，读起来就像一幅幻想城市的蓝图，纸上一切皆有可能。不过其中有些方案已在北美大陆的零星地区成为现实。

扩张区改造的最初一批案例中，有一件由 DPZ 公司参与规划，是改造一处典型的 20 世纪 60 年代购物广场"新西伯里购物中心"，它位于科德角的乡村景象扩张区。这项工程始于 1988 年，重新划分和设计了片区内的平层方盒型卖场。停车场也被新一代遵循科德角传统的建筑取代——大量的木瓦斜顶屋，并在商店之上修建公寓和阁楼。在新旧两种建筑之间，出现了一片由狭窄街道、宽阔人行道和步行长廊交织而成的传统城市网。历经多年，这一带已经成了镇中心：马什皮公地（Mashpee Commons），商场上层的公寓中，1/3 由不想错过闹市生活的老年人居住。

图 39：郊区改造

科德角的新西伯里购物中心（上）被改造成了适宜步行的马什皮公地（下）这片混合了零售店、公寓及活跃公共空间的闹市中心。（Mashpee Commons LP）

而最引人瞩目的案例则是位于丹佛大圈西南的莱克伍德（Lakewood）一片 104 英亩的地块，这里以前是一座停车场环绕的大商场。2000 年前后，该商场"意大利镇"（Villa Italia）的顾客基本都被城市周边更新更大的那些购物中心吸引走了。有人建议把这大块地变成大卖场式购物中心，但是莱克伍德真正需要的其实是一片中心闹市。

莱克伍德与一家开发商合作，将这片超大区块变成了 23 幢较小的楼宇，将购物、办公、住宅及公共空间结合起来，再以数条道路联通周围的社区网。扬·盖尔曾建议用临街小店铺包围大型建筑和停车场，以保持街道的活力和低速。但这里的吸引力不在于有全国连锁商业，而是一片占地相当于一栋大楼的城镇绿地及一处中心广场，人们可以来这里休闲放松，无须购物。目前虽然整片改造尚未完工，但住进已建成的排屋、店铺上层公寓及临街独栋房的人，已超过 1.5 万。

有价值的扩张区修复（如莱克伍德镇中心）与北美常见的模仿主街感的人造闹市，重要区别在于，前者不仅是里里外外改变了商场的美学特征。真正的修复针对的是扩张区的系统性问题，将居住与购物、服务、公共空间等混合起来，人们于是不必与汽车绑定，而可以随意步行。这种设计为公共交通提供了关键的需求量，候车区的舒适度也非常好。街道联通着周边社区网，让步行出门更为方便，生活更为轻松健康，社交性和连接性也得到了提高。公共空间真正属于公共，物权和管理权归于当地市政而非商场业主或开发商。在莱克伍德的广场上，你可以闲庭信步、玩骑马打仗游戏甚至示威表态，无须看业主方安保人员的心情，像在从迪士尼乐园到曼哈顿中城的公私联管空间中那样。商场改造后并不太像市中心，也不像旧电车社区那般精微难料，但此类改造确实把选择与自由都带进了同质化的扩张区中。

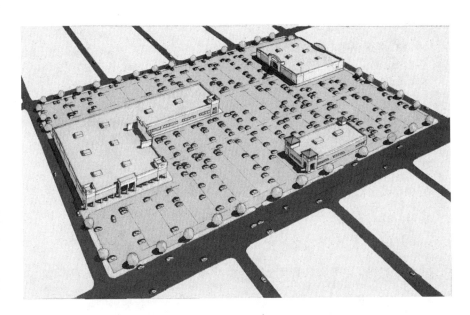

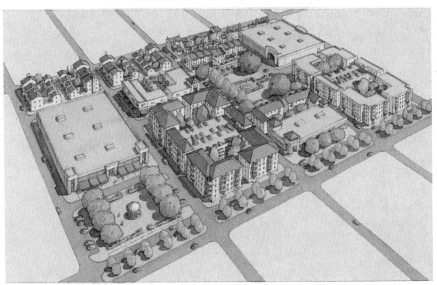

图 40：大区块的复兴

在扩张区修复规划中，停车场"汪洋"（上）将变成适宜步行的市中心（下），停车位将排在公寓楼和联通周边街区的道路后面。(Copyright © DPZ)

扩张区法则

如果有那么多人想住在适宜步行的城市空间之内或附近，为什么几十年来此类空间罕有兴建？为什么城镇不能实施改造，消除烦恼？

一个原因是我们自己偏好之间的矛盾。尽管大多数人确实表示更愿意住在适宜步行的社区而非被迫长途驾车，但同时我们多数人也想住在有充足隐私和空间的独栋房屋里。我们既想吃掉蛋糕，又想它不消失。我们的理想世界是，别人都住在附近的公寓和排屋里，我自己得享社群之利，但他们又和我有一定距离，打扰不到我的睡眠。[*]

这个理想世界很大程度上就是梅耶理想中的马布尔顿，而且凑巧的是，由于社会异方差性的存在，扩张区修复正可实现她的梦想。超过 1/3 的美国人其实是愿意住非独栋住宅或公寓的，前提是那里是适宜步行的老式街区。几百万人正巴望着这样的地方出现，甚至越发乐于为此支付更多费用。证据表明，房地产市场正在显现结构性转变。比如在华盛顿特区大圈，2000 年时，就每平方英尺最高价格而言，郊区住宅区比市区的步行社区高 25%—50%。但 10 年后情况已经反转，市区的步行社区住宅每平方英尺价格反而高 50%—70%。因此市场需求不是关键。

关键是大部分扩张区的土地已被售出、划定、占用，锁定了现有的土地使用方式。扩张区修复工程要成为完善的机制，需要在很大的尺度上用力，可能需要重新区划并设计大片土地，有时候只要有一位固执的业主，整个再开发项目就会中止。政府的确有"征用权"，即为了社群利益征收私人土地自行使用或转售他人，但这么做可能引发

---

[*] 据 NAR 协会的"2011 年社区偏好调查"，80% 的人仍然表示更愿选择自己一家住独栋房屋，而非排屋、自有公寓或租住公寓等其他居住形式。

可怕的法庭激辩，更不用说此举还牵涉道德伦理。这就是为什么大多数改造项目都孵化自已死或垂死的商场，它们占地广大，业主单一。

改造项目的最大障碍却几乎和民众的需求或土地所有者的抵制无关，反而是建起扩张区的一套系统：大额国家补贴，财政激励，法律的强力等等。在美国和加拿大的多数司法管辖区内，扩张区修复的愿景不仅陌生，而且完全违法。

马布尔顿就是个典型的例子。萝宾·梅耶理想中的马布尔顿要适宜步行，车速更慢，生活更为安全健康，老人和儿童也能乐在其中，但能帮助她实现这些理想的大部分措施，都是科布县的区划规定与道路标准明令禁止的。巴黎、哥本哈根及北美各个大受欢迎的社区里都能见到建在商店之上的公寓楼，但这种建筑不可以在科布县兴建，因为县区划规定把不同功能严格分隔到了独立的地块上。一方面，住宅已经因这些规定远离了商业和工作场所，而且更进一步，不同住宅也要受不同区划规定的制约：地块是 2 英亩、1 英亩、3/4 英亩还是半英亩，房型是两户式、高层公寓楼还是租赁公寓……乃至地块上的任何事，都受严格的控制。一切须各居其位，一切又相隔千里。

在马布尔顿，开发项目周围只能建一大片停车场，任何其他建设都属违法。写字楼每具备 250 平方英尺办公面积，就要设 1 个停车位，保龄球馆的每条轨道要对应 5 个车位，这些看似合理，但规则同时禁止两个不同商家共享停车位，即使一个是白天有来访者（如会计师），另一个是晚上才有人来访（打保龄球的人）也不行。都按这种简单粗暴的规定，美国每辆小汽车都会有 8 个停车位。

不止如此。商业建筑也不能紧挨街边，街道也不能缩窄至行人友好的尺度，像人们都喜欢逛的老式主街那样。州属的主干道，如佛罗伊德路，也不能为让汽车穿城而过时减速而改造，因为此举将违反该州的公路标准和安全规定。

打量一下你所在的城市。几乎每一处都是区划和建设规定的产物。这些规定塑造了城市的外观，决定了你我对城市的感受。它们控制着街道的宽度、路沿的高度，控制着你家门口台阶到人行道的距离。城市系统及其中的生活也都在它们的框范之下。这些无形的规则还决定了你家附近有没有走两步就能到的商店。它们既不是市场的选择，也不是民主的结果。它们塑造你的城市，而你却很可能从来没有为此投过票。就像我前文写过的，今天许多美国市政当局都轻车熟路地从市政代码公司下载通用的网络资源作为用作其区划规定。

传统的城市区划仿佛一套活体，有着强烈的意图去规定城市应该如何运转。世界上许多优秀社区的经历无法在马布尔顿乃至北美许多地方复制，因为它们的优秀所在，就是打破规定。

区划规定之战

塔齐耶娃的导师安德烈斯·杜安尼（Andres Duany）从上世纪70年代开始在迈阿密从事建筑设计工作，不久便发现每一桩委托都要始于翻检一本4英寸的大部头《迈阿密城市区划11000条》。区划规定竟有如此大的权力，这让杜安尼深深意识到了问题的存在。

"我记得那本书。那本可怕的家伙总是盘踞在我桌子上，对我这样的建筑师颐指气使，从形制方面告诉我该做什么。结果我就意识到，塑造城市的权力不属于民众，而在这些规定之中。迈阿密、萨凡纳、巴黎、纽约、旧金山之所以各是现在的样子，都是因为各有其规定。"杜安尼对我说。更糟糕的是，城市的区划规定还迫使他做出一些他知道会颠覆行人尺度、毁坏社会生活的设计。"规定看似中立，实则不然。无论它的表达、度量如何中立，整套条例看着有多么公平，中心思想仍然是城市扩张。要创建美好环境，我们要做的不是与规定为敌，而是将其接管。"

区划规定革命是在旷野中开始的。安德烈斯·杜安尼的妻子伊丽莎白·普雷特-齐柏克（Elisabeth Plater-Zyberk）也是他出色的工作伙伴，二人在墨西哥湾海岸发现了重要的机会，这片荒凉地块归私人所有，面积 80 英亩，所在的佛罗里达州没有任何区划规定之类的东西。土地所有者罗伯特·戴维斯（Robert Davis）想恢复扩张时代之前的景象，重建那时的城镇外观和功能。若按以往的绝大多数郊区开发规则，他的梦想都不可能实现，因此三人须得发明一套新规。

他们参观了萨凡纳和查尔斯顿等地的此类老城，一路拍照、素描，模仿沿途所见的优秀景观，创制了一套基本的设计规则。新规设计出的是一座布局紧凑的城市，街巷不宽但相互连接，还有几座小公园，住宅房屋是传统外观，幽深门廊，木质护板，倾斜屋顶，还有奇怪的单间塔阁。规定同时还鼓励功能混合，而这在新城已有半个世纪没有出现过了。只要符合规定标准，戴维斯允许买家和他们的建筑师一起设计地块上的一切。

由此建成的"海滨"度假胜地是城市主义时代影响最大、也最具争议的设计之一。这里的一切恍如梦幻中的田园牧歌，小屋、篱栅和广场都宛如粉笔画出，精美无比。许多评论家对杜安尼的审美规范很不买账，嫌它是快餐城市主义的人工幻象。在 1998 年的反乌托邦电影《楚门的世界》选了这里做场景后，这种批评体现得更加明显。但海滨却正是人们喜欢的地方。戴维斯 1982 年售出地产时只拿到 15000美元，但此后 10 年地价几乎每年都上涨 25%。即使 2008 年房地产市场崩溃，近海几个街区的排屋销售价也将近 200 万美元，而位于市中心商店上层的产权公寓售价也达到了 80 万美元，而过去几十年这种房型一直都被认为是卖不动的。今日，对海滨区的批评中最常见的是说它缺乏社会经济的多样性，但这种多样性正借其极高的受欢迎度而产生：对于此类近似传统乡村的地方，人们是愿意多花些钱购房定居甚至仅仅是简单待上几天的。

此番探索引来世界很多地方跟风模仿，但它真正的价值在于展现了区划规定的力量：改变规定就能改变城市。

1993 年，杜安尼夫妇及一群志同道合的建筑师、规划师聚在一起，向制造了扩张区的规则和实践宣战。他们称此次运动为"新城市主义大会"（CNU），取名参考了国际现代建筑协会（CIAM），该协会由勒·柯布西耶等欧洲现代主义者在 1928 年组建。新城市主义者决心消除现代主义者的影响，他们写了一份宣言，呼吁建设布局紧凑、土地使用多样的社区，居民要来自各个阶层，街道网络适宜步行，公共交通和公共空间都要方便，建筑也顺应当地的文化与气候。

如今，CNU 已颇具影响，成员达数千名。他们的观点融合了很多由简·雅各布斯、克里斯托弗·亚历山大（Christopher Alexander）及扬·盖尔几十年前首次提出的想法，现已被新世代的城市规划者接受。虽然有这许影响力，但新城市主义者只负责到了美国建设的小小一部分，即便繁荣时期也是如此。他们的愿景在绝大多数城市仍然基本不合法，无论这样的建设会多受喜欢、多好销售也无济于事。结果就是，很多新城市主义社区远离城市，分布在高速路边、湿地之内、农田地头，或是死寂的购物中心或废弃的工业用地，当然这就意味着，没钱买几辆车开的家庭无法在这些社区生活，修复现有城市和郊区的急迫努力也变得黯然失色。

要修复扩张区，最大问题仍在于凌驾一切的区划规定。规定之于城市，就像操作系统之于电脑，它不可见，却统御全局。所以美国城市的战场已经从建筑制图桌转到了区划规定手册那些密密麻麻的神秘内页中。区划之战的胜者才有权决定城市及郊区的形制与命运。

这场战争有多条前线，新城市主义者最喜欢的武器是一套针对形制的规定，它意在规定空间和建筑的形状，但不一定要管制具体的用途。此类规定特地废除了严格区隔用途这样的 20 世纪典型区划的特征，让办公、娱乐、居家和商业能再度开始融合。为发展自己的基本规定，杜安尼借鉴了生态学的方法，用一个横断面展示人类活动如何发生在从荒野直到市中心这样一条渐变的连续带上，就像自然生态系统也从山腰到海滨逐渐变化那样。杜安尼称其为"智慧规定"（Smart-Code），其基本理念是，越接近城市核心区；建设及利用也该越密集。

新规定结束了高速路这样的荒郊形制侵占村镇中心，也终止了公寓楼一类市区形制建在偏远地块的局面，这让梅耶这样的人吃了定心丸：他们愿意有个镇店能开车前往，但不想他们的 4 英亩地块旁盖起一栋公寓大楼。开发商对这里的增长前景也更有把握了。想在这里漂漂亮亮建一番排屋的人，以及相应的买家，也都可以确信，毗邻的就是符合排屋尺度的街区，而不会突然耸起一座玻璃摩天大楼，或是小商场前是巨大一片停车场。规定还帮助不少城镇避免了士麦那（Smyrna）联通马布尔顿的路边发生的情况：在确定获得了新城市绿地边上一大片土地的建设权后，士麦那的开发商却反向建了一排商场，背向绿地，门对大片停车场。

马布尔顿的新操作系统

倘若权力机构与地方相距太远，区划规定就往往鞭长莫及，遑论智慧了。亚特兰大区域委员会开展动员的一年后，即2010年夏天，居民、公务员、政治家、建筑师、设计师和交通工程师等一齐来到马布尔顿小学狭窄的餐厅，讨论如何修复城镇。一周的时间里，这一百多号人挤在这个没有窗户、空调也坏了的蒸笼里挥汗如雨，而脑海中的想法则像火一样燃烧。建筑师们拼命画出图纸张贴，好像这些想法这一刻不画完，下一刻就会被抛弃似的。

他们的最终想法和那个艳阳天梅耶在邮局停车场所畅想的非常像。佛罗伊德路要改造，但县政府必须先从佐治亚州政府那里拿回管控权。佛罗伊德路沿线的停车场、草坪等大片空旷区之上应兴建可爱的镇中心。RaceTrac加油站前要建一排商店，加油站退居商店帘幕之后。紧挨邮局北边，前州长的农场上要诞生养老用的住所及配套服务，中间还要有一片公共广场。孤立的街道也将打通。离新的城镇广场越近，城市生活的肌理也要越细密。垂死的马布尔顿广场将成为真正的城市中心，住在商店楼上及周围的人都是它的新顾客。黄金5分钟步行圈内有适度密集的社区，那儿的居民也会来光顾商铺，他们也还有权给自己的房产多添一两处居住空间。

马布尔顿不是昙花一现，这里将是一个适宜人放慢脚步、安然定居的地方。数百人将住在镇中心或附近区域，在这里享受更为轻松富足坚韧达观的生活。住在老市区和电车郊区的人一直以来享受的东西，他们也能享受到。因为距离很近，他们也能贡献体温能源，服务于企业商铺、热闹街道、通勤火车站及顺畅穿城而过的新轨道线。镇中心建起后，梅耶这样喜欢开车的人也有了值得开车去的地方。

彼此住得近一点，离生活必需近一点。只要一部分人有了这样的选项，所有马布尔顿人最终都会收获好处。这就是愿景。

但如果没有新规则这样一套操作系统，这番规划还是会夭折在

如今的马布尔顿

人们心目中的马布尔顿

图 41：新郊区梦

马布尔顿镇中心（上）有点像休息站，各种去处分散在草坪和停车场的汪洋之中，佛罗伊德高速路纵贯其间。居民们则已在心中描绘了愿景（下），要将镇中心变得适宜步行，住宅、贩售商业、公共建筑及公园混杂分布，停车场安排在建筑物背后，佛罗伊德路则被改造成林荫大道。(Copyright © DPZ)

小学的房舍之中。因此，大家想出了目标方向之后，塔齐耶娃和鲍尔便将它们转化为一套基于建筑形制的新规，整套规则直截了当，可用于指导马布尔顿周边地区的新开发项目。一番努力之后，梅耶和盟友们最终说服了科布县管理委员会尝试一下新规定。结果大为成功：次年，科布县在全县推行这套新规。该县没有让新规完全取代旧规，而是让新旧规定并行，开发商可以自主选择项目适用的规定。

如果没有房地产开发商的投资，建设新马布尔顿也只是纸上谈兵。专注于形制的新规降低了申请建筑许可的难度和不确定性，让开发商尝到了甜头。而对于选择新规的开发项目，科布县也会给予快速通道。要看到新一代开发项目真正修复马布尔顿，还需要几年时间，但至少现在系统已经搭建起来，正朝着人们真正期望的未来前进。

改变游戏规则

马布尔顿人发现，大规模的扩张区修复之战，就是要让开发商明白，他们过去几十年不愿意建的东西其实可以赚钱。

为此，塔齐耶娃坚信光有基于形制的新规还远远不够。即使社区和决策者同意旧扩张模式不是长久之计，运行了长达一个世纪的相关规则、方针及州府强制的社区规划也像一辆失控的大卡车，靠强大的惯性隆隆向前。"城市扩张是激励出来的，"塔齐耶娃说，"现在，我们想为多用途、宜步行的区域也提供类似的激励。我们需要'平整'竞技场，为各种改善现有环境的努力提供公平的机会。"

她和其他扩张区修复的推动者正在领导运动，起草相关法案，主动提交给州政府。法案将使得州政府及各级政府改变基础设施融资规则、税收优惠和许可要求，把毫无生气的商场翻新成布局密集、适宜步行的多用途混杂的闹市中心，和建一大片大方盒卖场荒漠一样容易；推动为扩张区修复工程提供快速审批通道，并人们真正喜爱的地方提供税收优惠（撰写本章时，南卡罗来纳州立法机构正在审议"商业中心振兴法案"，该法案就是受了塔齐耶娃的启发）。

这一切听起来就像是送给房地产开发商的一份大奖，事实也的确如此。只要我们生活在资本主义制度之下，郊区的未来要依靠他们。

美国绝大多数房地产开发项目都是由华尔街掌控的少数巨型房地产投资信托控制的。华尔街交易员对城市生活是否复杂不感兴趣，他们感兴趣的是好交易的商品，布鲁金斯研究所的高级研究员、土地利用策略分析师克里斯托弗·莱因伯格这样解释。莱因伯格发现，过去几十年，房地产渐被归入了一组有限的产品类型，这些类型全都基于现代主义者们很久以前就确立了的分隔型、利于驾车的模式。比如，零售业的开发项目不外乎建成社区中心、时尚中心或围绕大卖场的大片购物中心，都是华尔街金融家能直接量化、批准、交易的产品类型，无须他们到访建筑所在地或与社区的人聊他们的真实需要。

"现在的银行贷款人员只懂某一类房地产，给他们看其他类型，他们一般就会告诉你'走好不送'。"莱因伯格在《城市化的选择》中写道。尽管贷款人也会鲁莽，还导致了 2008 年的金融危机，但他们一般都会回避复杂和风险，于是他们的资助表最终还是会加强简单化的分隔型开发模式。多用途改造需要更多的关照和注意，也需要开发商突破既有认知。塔齐耶娃表示，如果不能让开发商们感受到项目的确定性及回报吸引力，大片铺开的扩张发展遗留下来的死寂商场和废弃景观很多年都会无法修复。*

---

* 塔齐耶娃认为，甚至可以为多层停车库的开发商提供税收优惠，因为此类车库会引来有需求的顾客，让郊区的商业节点变得密集，借此这些节点才能足够强壮繁忙，保障未

美学的陷阱

让扩张区修复变复杂的还有一个因素，它隐藏在我们所感知的建筑与城市系统的关系之中。理想城镇的模样，每个人都有各自的想法，但通常是我们脑海里的一组图像，而非深思熟虑之后的结果，没有考虑相关的复杂系统会让当地以怎样的方式运转。正如伊丽莎白·邓恩在哈佛大学宿舍研究中所发现的，大多数人都夸大了美学及建筑细节对生活的改造之力。我们往往会凭建筑的外立面材料判断一处地方乃至其居民的性格和健康状况。*有些设计能让我们回想起愉快时光，引发我们的美好想象，多数人都会被此类设计吸引并从中感到安慰；新城市主义改造常包裹着新传统的外衣，这也是原因之一。这是一种具有颠覆式营销，《翻修郊区》(*Retrofitting Suburbia*) 的合著者埃伦·邓纳姆-琼斯向我解释道。新城市主义设计师和开发商明白，他们销售的东西对许多人而言都是完全陌生的：多用途、多收入构成、布局密度及公共交通。所以他们采用了一些不具威胁性的怀旧形式，把本质上属于前卫的公共建设目标慢慢植入人们心中。形式就像是加在苦口良药里的一勺糖，虽然看似流于表面，但确实有效。

尽管如此，对美学的关注可能会让我们忽略掉一些关键的设计要素。庞德伯里 (Poundbury) 是威尔士王子在英格兰南部、多塞特郡首府多切斯特市外围建的一座小村庄。新城市主义的传奇人物莱

来的公共交通建设。而交通方面的活动人士认为应率先发展优良的公共交通。先有鸡还是先有蛋？这样的争论旷日持久。无论谁对谁错，我们确实都认同，如果既不扩建停车位也不完善公共交通，商店根本不会来新地区扎根。

* 社会学家发现，即便是住房，其外墙材料也会影响来访者对其中住户性格的认知。比如如果房屋外贴木瓦护板，人们就更可能认为房主很友好，有艺术气息，且社会地位较高；红砖房的主人可能没什么艺术气，但依然友善且有较高社会地位；如果外墙是煤渣空心砖，人们就会认为房主不友好，没审美，社会地位低。泥灰墙的各项评分最低。

昂·克里尔（Leon Krier）为这座独立自足的小镇制定了一份与传统多塞特建筑和谐一致的总规划。随着庞德伯里一期建设逐步成型，市场店铺、保障性住房与商业活动、公园、广场和工业（率先出现的是一家巧克力工厂）融合了起来，但现代主义者依然冷嘲热讽，说它是整个英国建筑史的杂凑。可即使在这样的地方，"感觉"很乡村的设计元素也并不总能转化为幸福安康。比如就有居民抱怨说，建筑的传统外观往往是掩盖豆腐渣工程的外衣，庞德伯里那弯曲狭窄的巷子让人觉得既空寂又危险。除此之外，威尔士王子坚持部分道路要用砾石铺设，因而冬天除雪几乎成了不可能完成的任务。

这就比较有趣了：在对美学的执着下，我们的归宿既可能是成功，也可能是失败。士麦那恐怕就是一例。从马布尔顿出发，士麦那市就在大路的附近，这里原先的市中心已经凋敝，于是该市拆除了旧中心，在废墟上重建了的迪士尼式的享乐性景观。2010年，我和市长马克斯·培根（Max Bacon）一起逛了士麦那的新集市广场。这里的主街名为（西）春街（W Spring St），两侧排开一座座豪宅，是仿美国内战前的风格，配有白色柱子、宽敞的门廊和砖制外墙。一端有座古典式泉水池，另一端则是凉亭，亭子后的新市政厅没有采用睡美人城堡那种风格，而使用了罗马式外观，顶部还有一座小塔。

听到我把春街比作迪士尼的美国小镇大街，该项目的建筑师迈克·塞兹莫尔（Mike Sizemore）很是高兴："这种风格就是希望把士麦那与人们想象中的、渴望的美好过往联结起来。坚固的锥形柱和门廊前摆着摇椅，一起诉说着旧时南方的优雅与平静。"

集市广场设有古朴风格的餐厅、冰淇淋店、艺术品店、健身中心，它在2003年的开放乃是个超级事件。位于商店上层的公寓和附近的小屋在完工数月内即销售一空。士麦那议会成员为给项目提供资金，甘愿冒政治风险提高房产税。然而广场正式开放后，一英里范围内的地价涨到爆棚，城市税收收入增加到了原先的 20 倍，但市议会反而将税率降低了 30%，接近了全州最低税率。"听起来像伯纳德·麦道夫（Bernard Madoff）的史上最大旁氏骗局，但这确实是真的！"一位议员大加赞扬。

计划成功了，为计划牵头的市长培根成了士麦那的英雄。那天我们走在集市广场上时，不停有人拍他肩背，向他致谢。这一带的餐馆甚至以他的名字命名了一道菜：马克斯培根寿司卷。

但集市广场外观的魅力掩盖了士麦那新设计的一处深刻缺陷，这在我拜访了市长 91 岁的母亲多特后变得明朗。多特老态龙钟但举止优雅，住在新市政厅后面的一栋黄色老房子里，她自己走不太远，只好麻烦邻居载她去买必需的食品。集市广场没有卖食品杂货的地方，最近的超市也在 1 英里之外。多特离她儿子设计的新市中心只有几步之遥，却受到了深深的困厄。如果周围想要出现一家多特需要的杂货店，集市广场需要的人得比现在多得多：维持一家街角小店的生计，周围约需要 800 个住处，但士麦那的新市中心只有几十户家庭。漂亮的新社区中心和图书馆附近还有土地可供建设，但建筑师塞兹莫尔告诉我，新项目可能会阻挡视野，从 5 车道的亚特兰大路就看不到这里美轮美奂的建筑，因此士麦那人不愿新增建筑。由于一再出现的聚焦错觉，他们选择了外形高于功能，选择了"感觉像"城市广场而非实际履行了这种功能的设计。

这给所有改造项目上了一课：操作系统的运行比安装包重要，扩张区修复的最大障碍在于它可能挑战了我们每个人看待城市的眼光。

可喜可贺的是，勇于改变区划规定的斗士们已经取得了一定进展。现有 300 多座美国和加拿大城市在部分社区采用了基于形式的区划规定、细则。2010年，佛罗里达州的迈阿密成了第一个放弃原有区划规定手册转而使用当地创制的形式导向手册的大城市。

因为有像梅耶这样花几百个小时做规划、画图纸、争权利、谈未来的市民，马布尔顿人才终于找到了专属自己的区划规定。他们明白，城镇不只是一幅图景或一个念头，而是他们可以一起塑造的生活系统。他们不会受州政府或大开发商的引导，但当经济势头良好时，他们的规划能驾驭发展过程的能量。当那些为扩张区付出最多的人步入晚年、没钱给车加油的时候，会有城镇闹市等着为他们服务，这正是梅耶所期盼的未来。

图 42：重造的熟悉
和迪士尼的美国小镇大街一样，士麦那集市广场的设计意在让人忆起旧日的美满。
（承惠塞兹莫尔建筑师团队）

12. 城市扩张区改造

13. 拯救城市 拯救自己

> 城市能够是为每个人提供一些所需，唯一的原因或条件是
> 它由每个人创造。
>
> ——简·雅各布斯

塑造城市的力量有时是压倒性的。房地产业力道磅礴，区划规定
独断专行，官僚主义根深蒂固，既有的建筑又很难撼动，面对这些，
人很容易自感渺小。人们不禁认为，改造城市的重任个人无力插手，
只能由高高在上的政府负责。若屈从于这种倾向，就大错特错了。

谁有权塑造城市？法国哲学家亨利·列斐伏尔（Henri Lefebvre）
曾给出一个非常直接的答案。塑造城市的权利不由国家赋予，也不由
种族、国籍或出生地偶然决定，而是你居住在此便可获得。你生活在
与他人共享的城市空间中，便有了参与塑造其未来的自然权利。列斐
伏尔为这些天赋权利的城市塑造者起了新名：城市居民（citadin），本
地市民和外来定居者皆包括其中。

列斐伏尔谈的不只是城市设计。他呼吁对社会、政治和经济关系

进行全面重组，这样城市居民才可以从政府手中扳回决定权，决定大家共有的城市未来。无论是否支持列斐伏尔的革命，你都无法否认他传递的信息：我们都是城市居民。只因为生活在这里，我们就自然成了这座城市的管家和业主。认同这一点的人就能主张无上的权力，我了解到这一点，是因为我发现很多人已经不再等着市长、规划师或工程师来改造自己的街道和社区。和戴维斯大学城 N 街那些拆下围栏的居民一样，有些人只想建立一片更适合自己的社区，胜过规划师硬塞给他们的那种。有人迫切希望重新找回那几近无形的归属感，有人想为孩子创造更安全的环境，有人试图拯救地球，还有人想要更多、更合意的居住和出行自由。他们基本不用神经科学、行为经济学乃至建筑学的措辞，但也在证明幸福都市革命可以就从家门口开始，我们每个人都有权改变自己的城市。其中有些人还发现，改变城市的同时，他们也改变了自己。

自由骑士

2009 年春天的一个早上，12 岁的戴眼镜小男孩亚当·卡多-马里诺（Adam Kaddo-Marino）向母亲珍妮特（Janette）宣布，今天是全国骑车上班日。"我的上班就是上学，"亚当对母亲说，"所以我应该骑车去上学，对吧？"

母子两人离开了纽约州萨拉托加温泉城的家，跨上自行车，沿城市主干道"宽街"一路向北骑。路的尽头是一大片阔叶林，亚当和妈妈顺着光滑的石路穿行林间。太阳升起，阳光穿透充满新生机的树冠。这趟"光耀"骑行可比坐在一股柴油味的校车后排好得多了。在接近枫树大道中学背后的地方，二人钻出森林，亚当锁上自行车，这时校车也才驶到终点。亚当感觉很棒。

但旅途之乐也到此为止了。先是停车场负责人过来警告亚当母亲说她犯了大错，接着副校长也来痛斥她，最后校长斯图尔特·伯恩（Stuart Byrne）出面解释：1994年起，校区已禁止骑车、步行上学。随后，校长没收了亚当的自行车。后来他对《萨拉托加人报》谈到了今日的交通危险和潜藏的儿童虐待者，并表示："如果孩子们都骑车上学，我每天都要紧张到死。假如真发生点什么，我整个余生都会内疚不堪。"曾经萨拉托加温泉城几代孩子的常规，现在却被认为太过冒险。亚当的自行车被锁进了学校的锅炉房。

"我越想越气，"珍妮特后来对我说，"我们就是想更自由一点，我却被孩子校长申斥！我难道不应该有权选择怎么送我自己的孩子上学吗？"

校区这么规定，道理很简单。这所中学是一片建筑群，占地面积巨大，所在的镇北枫树大道基本是条乡野高速路而非城市林荫道。虽然路上也画了自行车道，而且还是国家设立的自行车专用道，但没有人行道，道路设计又追求速度，直连学校入口，街道转弯的弧线宛如赛车跑道。这样的设计分明就是让上学徒增危险。

只是至此，这样的故事在这个恐怖国度还有很多；但这里的故事并未结束，亚当还叠加了更多危险，他患有一种先天性视力障碍：部分色盲。他知道，因为视力问题自己可能拿不到驾照，但慢一点的走路、骑车对他来说都不是问题。当初一家子搬到萨拉托加温泉城，就是因为家人觉得在这里亚当可以自由地骑车。这很有所谓。对这条愚蠢的禁令，亚当也很不理解。

"我骑车非常注意安全。我戴头盔，转弯时也会打手势。妈妈很早之前就教过我这些了。为什么他们规定我不能骑车或走路上学？我不懂。"亚当回忆道。

母亲告诫他,对抗校区规定可不轻松,他会成为学校的焦点人物。母亲也表示,他没有必要参加这场战斗。"但我说我完全愿意冒险。我们必须改变学校的观念,让孩子们未来可以自己决定上学的方式。我们不能退缩。"

亚当勇敢地对抗着散播恐惧的建设。学校还回了他的自行车后,只要觉得愿意,亚当都会坚持骑车上学,妈妈也陪着他。枫树大道上父母送孩子的车辆排起长龙,母子两人轻松超车。看到趴在校车或私家车窗户上的同学时,亚当会向他们挥手。到了秋天,即使学校叫来了警察训诫珍妮特,他们依然坚持骑车。母亲一直挑衅着校区规定,直到这件事见诸报端,成了电视新闻,最后甚至还上了德拉吉报道网(*Drudge Report*)。

这样的坚持终于起了作用。校区觉得难堪,终于让步,让骑行上学合法化。现在学校里有一排自行车架,亚当有时会和七八个朋友一起骑车。

卡多-马里诺母子引发了一场更大规模的行动,人民呼吁萨拉托加温泉城官方在学校附近建人行道,提升道路安全。这将是一场持久战:虽然现在校区有一个安全通学委员会,但枫树大道学校最近一次大型基础设施投资却是返修学校停车场,为的是缓解车辆的拥挤。尽管如此,因为坚持按自身意志自由出行的权利,卡多-马里诺母子已经开始迫使他们的城市重新思考,建设道路到底是为了什么。

愤怒与奋斗

2001 年,布鲁克林的克林顿街,圣诞节前一天的早晨和以往并无不同。交互媒体制作人亚伦·纳帕斯特克（Aaron Naparstek）在汽车喇叭此起彼伏的破晓时分醒来。几个月来，晨间喧嚣都快把他逼疯了。纳帕斯特克知道，司机按喇叭不是因为怕撞到人，而是因为他们堵在克林顿街和太平洋街的红绿灯处一动不动。纳帕斯特克都可以从汽车鸣笛中听出司机们的愤怒，不是嘟，嘟，而是嘀—————！嘀—————！美国大多数车辆的喇叭都是为开高速而设计的，鸣笛声要在汽车飞驰时也能传到前头很远，但这也没用。

汽车喇叭的侵扰已渗入纳帕斯特克的精神。有些时候就算喇叭还没开始响，他也会醒过来，躺在床上等着第一声鸣笛。等喇叭真响了，刺耳的声音就像有人在他胸口打了一拳。

"我觉得胸口一紧，心跳开始加速，就像有人要打我，对我实施暴力那样，"他对我说，"到最后我只觉得，必须有人为此付出代价。"

那个冬日的早上，有个不耐烦的司机一直把手按在喇叭上不放。身处褐石公寓三楼的纳帕斯特克循声大步走到窗前，看准了按喇叭的是路口附近一辆黯淡的蓝色轿车。他心里赌咒，如果司机在他走去冰箱拿一盒鸡蛋再走回窗边后还在让这该死的喇叭嗷嗷叫，这盒鸡蛋就是这家伙的了。

喇叭还在响。

第一个鸡蛋直接命中，纳帕斯特克非常满意。又扔了三四个，司机从车里蹦了出来，看到了纳帕斯特克，开始叫嚷。一个又一个红灯过去了，后面的车都排出了克林顿街。司机一直在咆哮，纳帕斯特克大概也吼了回去。司机撂了各种狠话，包括威胁纳帕斯特克说当天晚上一定回来，闯进公寓杀了他。那家伙回到车里的时候，街上每个司机应该都在按喇叭。纳帕斯特克身体发颤，脑子一片混乱。

此后，纳帕斯特克想了几天，如果那陌生人拿着棒球棒来了，他该怎么办。然后他意识到,面对纽约的交通问题和自己的愤怒情绪,他得找点更有建设性的应对策略。他尝试了禅意方法,写一些关于鸣笛的俳句,贴在附近的灯柱上,比如:

信号灯绿,/ 如春风吹叶,/ 鸣笛速速起。

感觉还不错。几周之后,纳帕斯特克发现,他的公开俳句开始有人应和。又过了几周,这些俳句的作者和读者见了面,一起讨论他们的困扰,再一起去参加社区警务会,要求警方给随便鸣笛的车主开罚单。警方确实这么做了,但过不了一两天,烦人的喇叭声就又会回来。

"到了后面,"纳帕斯特克说,"我也觉得应该退一步,尝试去同情别人,理解司机的痛苦,帮他们解决愤怒的成因。"

他于是常坐去窗边,用纸笔记录鸣笛的情况,渐渐从中发现了规律。拥堵会先出现在大西洋路,它在一个街区外会连上布鲁克林皇后快速路继而布鲁克林大桥。如果克林顿街与大西洋街交口是绿灯,但路口没有空间让车辆通过的话,排在第一个的司机自然会保持不动,但后面的司机看不到别的,只看得到绿灯,就会一直按喇叭。

创造更多路面空间明显不能解决问题,况且也没有多余的空间了。解决问题的关键不是提高路口车辆的通过速度,实际情况也不允许。纳帕斯特克研究了交通工程报告,结识了一些交通规划师,参加了多个社区会议去和所有对治理拥堵有所了解的人攀谈。

终于他找到了答案,答案就在司机缺乏耐心的心理学与信号灯设置的隐微艺术的交会处。克林顿街各街区的信号灯都调校过时间,城市希望借此营造一路绿灯的畅通效果,理论上,司机可以一路不刹车,直接开上大西洋大道。但实际上,这种系统给大西洋大道的车流制造了堵塞，严重的拥堵队列都已经排过了克林顿街与太平洋街的交口，即纳帕斯特克的所在地。据他推测，如果克林顿街的绿灯线路能不这么畅快，时长错落一些，车辆就会在前面的路口多等一会儿，等上了大西洋大道，能减少面临大塞车的机会。一路上，司机的痛苦可以不断分散、释放，从而最终减少他们的受困之感。

纳帕斯特克向交通局提出了建议。几个月里，他一直"骚扰"有关部门，直到官僚机构终于做出了改变。这是个小小的奇迹。一天早上，我坐在克林顿与太平洋街角的褐石台阶上，恼人的鸣笛声几乎消失了，只剩偶尔嘟的一声。

虽然这时纳帕斯特克和未婚妻已经搬去了一条更为安静的街道，但他相信，整座城市需要一种新的街道策略。他也深受鼓舞，因为发现了只要足够关心城市就可能改变城市的运作。他希望努力能让附近的展望公园和大军广场禁止汽车进入，还加入了"交通选项"组织（Transportation Alternatives，TA），组织的 6000 名成员都是致力于改善街道的活动人士。他还说服了马克·戈顿（Mark Gorton），这位曾从自己基于算法的对冲基金和档案分享网站 LimeWire 赚到大钱的人，帮他建了街道博客（*Streetsblog*），并发起"街道影像"（Streetfilms）这一网络运动，呼吁建设更为公平、安全、智慧、健康的街道。

今天，世界各地的专家讨论 2007 年纽约街头发生的巨变时，不约而同地把功劳归于市长迈克尔·布隆伯格或交通局长珍妮特·萨迪克汗，其实像纳帕斯特克这样的民间活动家也该收获赞誉。2005 年，纳帕斯特克和他的活动人士朋友们发起了一场宣传，他们组织活动、写寄信件、四处宣传、发布博客、拓展人际关系，还奔走纽约市的全部 5 个区，为市民和政策制定者们讲解道理，让他们明白城市不仅需要改变，而且也能够改变。是活动人士们自筹资金，邀请扬·盖尔飞来纽约研究街道设计，并与决策者们谈话，给他们鼓劲。也正是活动人士，协调了恩里克·佩尼亚洛萨、当地政治家与骑车爱好者共同参加的"双足动力"峰会。是纳帕斯特克自己一力对纽约交通局的老派专员艾丽斯·温莎（Iris Weinshall）展开媒体攻势直到她退休，让支持建设宜居街道的人士得以继任。以上便是纽约大圈三州区（Tri-State）交通建设宣传活动，活动为非营利性，致力于降低地区对汽车的依赖，萨迪克汗曾任理事会成员。她的新顾问、规划师和技术人员，很多都和 TA 组织、公共空间项目组织或纳帕斯特克在布鲁克林的某个社区团体有联系。*

也是支持建设宜居街道的人，在萨迪克汗推行类似"自行车道"的夏季街道项目时，出来设立路障。对自行车道的反弹声浪渐起时，也是他们聚在学校健身房组织社区委员会的会议，以支持街道复兴活动。有人付出了时间，有人付出了脑力，还有人付出了金钱（戈顿在2005—2008 年间为活动出资超过 200 万美元）。然而，纽约的改变终究是因为人民、许许多多的普通人，不是某位市长、官员或明星。

2010 年，在他褐石老寓所的门廊台阶上，纳斯帕特克和我一起坐了一个小时，看克林顿街与太平洋街交口的车辆悠闲往来。他依然在准备斗争：针对展望公园边自行车道的战火刚刚燃起。但现在，就算有司机在路口长按喇叭，他也能保持冷静了。他呵呵笑着说："几年前

---

* 萨迪克汗的高级政策顾问乔恩·奥克特（Jon Orcutt）曾担任三州交通建设活动的执行理事，也曾为街道博客出力。助理专员安迪·威利-施瓦茨（Andy Wiley-Schwartz）来自公共空间项目。规划与可持续发展副总监布鲁斯·沙勒（Bruce Schaller）曾为 TA 组织提供咨询服务。而 TA 的联络主管丹尼·西蒙斯（Dani Simons）成了交通局的电子媒体总监。布鲁克林的 TA 成员瑞安·鲁索（Ryan Russo）以他常骑的橙色自行车闻名，他也成了交通局的街道管理与安全负责人。纳帕斯特克的大军广场联盟的志愿者克里斯·隆斯（Chris Hrones），被聘为交通局的布鲁克林城区协调员。迈克·弗林（Mike Flynn）与纳帕斯特克的布鲁克林"公园坡"街道组织合作，他被聘为交通局资本规划总监。

我根本忍不了。"许是因为年纪大了；许是因为了解到自己对问题能有所作为后，他平和了起来（毕竟这种赋能感是挑战性繁荣这一理想状态的一项关键因素）。但有一点很清楚，他扔鸡蛋的日子，结束了。

画出一座城

最后一个故事发生在俄勒冈州波特兰市近郊，威拉米特河浑浊的水面上，这也是最重要的一个故事。

20 世纪 80 年代末，如果开车经过塞尔伍德（Sellwood），你可能会在东南第九大道一处农场风格的房子前，看到一位高高的青年，他一头乱蓬蓬的黑发，正阴沉着脸除草。这位青年是马克·莱克曼（Mark Lakeman），此前大部分时间都在这里生活，而且极为不幸福，他的邻居也有相似的感受。塞尔伍德的房屋占地适中，道路两旁也整齐地种着树，有点像绝佳的电车郊区，但走在这里的人行道上却总也碰不到人。大多数人去哪里都必须开车，街上没有孩子的身影，而且毫不意外地挤满了从远郊驶向市区的车。莱克曼一直有种与世界脱节之感，挥之不去。作为浸淫了设计文化的建筑师，他隐隐感到，有什么地方在塑造社区的过程中搞坏了，但他说不出到底是哪儿。

27 岁时，他辞了公司的建筑师工作，开始找办法来解决他不幸福。这是他的个人问题，但也是一个建筑问题。你也许会说，他正在寻找建筑师兼哲学家克里斯托弗·亚历山大所说的"无名的品质"：城市的活力与他自己的活力。

莱克曼坐上飞机，横跨了大西洋。他参观了凯尔特人祖先建造的集会场所遗址，一圈圈的石头今天已淹没在英格兰湖区的石楠林中；他去到托斯卡纳各山城的广场，研究那里每日的光照节律和人群活动，并且也像 30 年前的扬 · 盖尔那般，被研究对象所震撼。经过在三个大洲的多年搜寻后，他终于冒险进入墨西哥那片临近危地马拉国界的低地雨林。这里是拉坎敦人的家园，过去，他们曾抗击西班牙人的入侵，如今，他们的生活里依然远离现代城市规划。

在一个所有道路都为铺砌的小村庄，莱克曼找到了他苦苦搜寻的无名品质。这里叫纳哈村（Naja），并没有什么浪漫景象。村民们用泥土砌灶做饭，用粗砍的桃花心木搭建棚屋。打动莱克曼的，是村民们丰富的生活，以及这些生活在村庄形制上的反映。出于实用或想象因素，这里一直在被不断重新设计。拉坎敦人会在房屋与菜园之间的交会起来的土路上彼此相遇，这些交会处于是渐渐变得平整，面积也会扩大，最后成了聚会场所。村民们会聚成不同小圈交谈，随着不同圈子话题的融合，各圈会合并成大圈，此类形制深切反映了村里的政治与社交动态。这片泥土中的"雅典集市"，人人皆可参加，没有对成年和未成年人的分隔。

几个月后，莱克曼与村长阐 · 金 · 维霍（Chan K'in Viejo）成了朋友。后者年纪很大，满面沟壑，有两位妻子和 21 个孩子。在首领棚屋的烟雾里，莱克曼才切实感到，到了纳哈村，他与外界的脱节感才真的消失。克莱曼第一次看到社区居民的行为确实像个社区：人们每天聚会，交谈，互相帮助。他说，留下来住一定很不错。但老人让他回家，去改造他自己的村子。

网格化设计的霸权

回到波特兰后，莱克曼发现这里的"村中心"可能就埋在东南谢勒特街（SE Sherrett）与东南第九大道的柏油路口之下。"为什么塞尔伍德人就不能知道彼此的名字、相互交谈或者在路上碰见，"他后来回忆道，"就像纳哈村民那样？我发现，原来部分答案就在设计之中。"在一条条笔直空旷的街道交织出的网格中间，莱克曼看到的是一座抹杀村庄式活力的制式化监狱，和纳哈村的聊天圈子完全相反。

莱克曼对网格化街道的反应似乎太过小题大做了，但历史站在了他的一边。塞尔伍德和大多数北美城市一样，其特色的正交道路网格是旧日遗留，那时帝国用道路作为侵略的工具。亚述人在他们征服的地区就是以网格化的设计造要塞和关押营的，罗马人也是如此。他们的驻防要塞都是直线设计，进而公堂也是如此，直接取代了英格兰北部莱克曼祖先的圆形聚集场所。对英独立战争胜利后不过 4 年，托马斯·杰斐逊就说服了其他美国国父，采用了罗马式的网格化设计。1785 年土地法令将网格化设计定为俄亥俄河以西所有定居点的标准。网格化是殖民与国家建设的多种手段之一，是分割土地并将其商品化的最简单快速的方式。矩形地块易于勘测、买卖、课税，为土地提供服务也更方便。作为一种经济手段，网格化取得了巨大的成功，但它也致使某些城市出现了严重的不平衡。1785 年土地法令没有规定公园或空地。城市就是由私人地块和公共道路组成，仿佛纯是为了商贸存在，而非服务于希望通过商业活动变得富足的人。在一座座城镇中，规划师将公园和广场分而再分，或干脆采取忽视或避免的态度，城市想建公园，竟还要从私人手里购买土地。

结果道路成了多数社区唯一的公共空间。道路渐被汽车占领后，我们所说的公共客厅，以及可能培育出的村庄式形制，便告消失。

网格化设计也有好的一面，特别是与高速公路和城市扩张发展出的断头路相比，它的效率显露无遗。网格化社区设计清晰，连接性好，因而很适合步行，这一点让新城市主义者十分赞赏。交通工程师

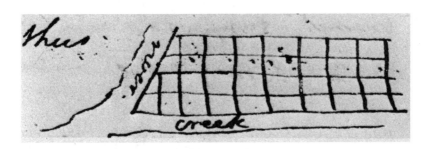

图 43：网格化思维

1790 年，托马斯·杰斐逊在哥伦比亚特区卡罗尔斯伯格（Carrollsburg）范围内所做的首都规划，与罗马驻防要塞异曲同工。未来，这种网格将遍布北美各城。（来自托马斯·杰斐逊文稿，手稿笔记边缘无标题草图，"首都选址法案待审议程"，1790 年 11 月 29 日 LC-MS）

指出，在树状路网和高速公路上，交通事故会造成极为可怕的拥堵延迟，而布局紧密的主干道网格不易遭受此种困扰。

但网格设计乃至一切自上而下强加的规划，最终会对居民产生另一番更为深刻的影响：让居民越发远离对自身居住环境的塑造。

莱克曼说："我所在的街道，从没有居民能就这里的道路规划说上一句话，没人举行过投票并表示：'我们把街道弄成两边对称的吧，把两边的规则弄成一样的吧，千万别让路口变成祖先们在故土上搞出的那种聚会场所。'我们有多少人真的说过'干脆让普通的美国社区连一个公共广场也不要有吧'这样的话？一个普通美国社区的聚会点本来是有很多广场的。"

无论你对城市网格化设计的态度是否像莱克曼这样负面，他确实指出了美国城市的反讽之处：一个为自由欢呼并将自由融入民族神话的国家，却极少给普通人塑造自己社区的机会。经常在居民们到来很久之前，市政当局就在土地开发商的咨询和协助下制定完了区划限制森严的社区规划，居民们对街道、公园和聚会场所的塑造无法发表任何意见。住户们一旦搬进来，再稍加改变他们的公共场所或使房屋用途超出严格的区划条例一点点，都会被视为非法。

大多数富裕城市的居民不会自建房屋或社区，他们只能入住和装修既有的选项。我们知道，扩张区即是终极的无公共生活城市形态，它们高效地吸干了当地居民的社会与政治资本。正如我已经谈过的，扩张区居民在做志愿、参与投票、加入政党或者奋起抗议等方面，是美国人中可能性最低的群体。他们的冷漠有很多原因，尤其是其中可能有人是真的满意。但实际情况是，分散型城市里很难看到类似古希腊集市的设施，你总不能在沃尔玛的停车场或星巴克店里举行示威吧。北美社区极少有哪个具备能吸引人们经常聚集的非购物场所。

这就是为什么，那个春天，莱克曼回到塞尔伍德后的所作所为极富革命性。他去刺激邻居们，要大家来自己掌控社区。

东南谢勒特街与东南第九大道交口，其中有一角土地属于莱克曼的父母，于是莱克曼和几个朋友捡来旧木头和旧窗户，围着那里一棵老树的根部搭了个简陋的茶馆，邀请邻居们来喝茶。塞尔伍德以前从来没发生过这种事儿，但奇怪的是，左近街区的人都过来了。春意渐浓，杨絮也开始随风飞舞，周一晚上会有几十人自带菜肴前来聚餐。到了夏天，聚餐的人会增加到几百个。

邻居们渐渐开始谈论社区的状况：开车的上班族会穿越网格，一路呼啸而过，奔向塞尔伍德大桥；有孩子在去附近公园的路上被汽车撞到；还有，他们以前从没彼此说过话。一个温暖的周一晚上，人群竟拥到了路口中间，汽车都停了下来，有些人还跳起了舞，这让莱克曼喜出望外。

茶馆的建设未经授权，因此波特兰建筑局下达了拆除命令。邻居们望着路口：他们想要的聚会广场竟是违禁建筑。

他们记得，谁家有个孩子是 13 岁的女孩，她召集其他孩子，聚在一幅地图周围，图上是路口周围的四个街区。孩子们用红色签字笔在图上把邻居们连起来：有一位厨师，也有很多喜欢美食的人；有一位社会工作者，也有有社会问题的人；有一位音乐家，也有喜欢音乐的人。还有一位电工、一位木匠、一位水管工、一位屋顶工、一位承包商、一位设计师、一位景观规划师。孩子们也没忘了在家的父母和孩子。最后地图上的红线连得到处都是，很难看明白。地图上所有这些人都开车到社区外面吃饭、社交、工作和消费。"我们意识到，这就是村里的那种凝聚气氛，"莱克曼说，"我们缺的只是一个将其落地的中心场所。"即社区遇上的不是"人员配置"问题，而是设计问题。

9 月的一个周末，三十几位邻居带上油漆，以路口的检修井为中心，画了很多个同心圆，一圈圈辐射出去，将路口的四个角连成了一体。从此，路口成了居民们口中的"共享广场"。

波特兰交通办公室立刻做出了反应，威胁要对住户罚款，并将对这些圆形图案做喷砂清除。交叉路口可是公共空间，"意思是任何人都不允许使用"！一位市政府工作人员语出惊人。

但莱克曼的纳哈村故事成功征服了市议员们，市长便对工程师施加了压力。几周之内，广场就获得了一份有条件建设许可。

住户们在路口的一角建了一座电话亭大小的图书馆，方便大家互相换书。东北角设了一个粉笔留言板架子，东南角是交换自种果蔬的摊位，西南角是个小亭子，里面留了一个大保温瓶，居民们商定要让里面永远装满热茶。

于是，公共空间与私人空间的界限开始模糊。虽说居民们占用了一部分公共路权，但他们也开始敞开自己的地块。一对夫妻在后院建了间社区桑拿房，各家也拆掉了院子间的栅栏，几个街区以外的人也会来这儿自选蔬菜，再留下一些自己种的果蔬花卉。人们就这样互帮互助。一位老奶奶离家一周后回来发现，她家原先脱落的外墙被邻居粉刷了一遍。

我在一个春日去了波特兰，正是广场每年重新上漆的时节。街上到处是油漆罐、刷子和小朋友，柏油路正被涂得这里一条亮粉色，那里一块青绿嫩绿。韦恩是这里的流浪汉，靠捡瓶子为生，他正坐在居民们砌的陶土长椅上歇脚抽烟，和人聊天，对方是佩德罗·费贝尔（Pedro Ferbel），就是他在自家后院建了社区桑拿房。一位年轻的母亲放下滚筒刷对我说，她是为了女儿才搬到附近的，女儿的大部分朋友都结识自路口周边。一头灰白长发的贝蒂·比尔斯（Betty Beals）拿了街角亭的保温瓶，给我倒了一杯热茶。她说，过去她很怕走这几条街，因为她不认识更不相信路上遇到的人，现在可不会了。其他人表示自己的开销少了，因为可以从朋友那里借工具用，也更常邀请邻居一起吃饭从而减少了外出就餐的次数。重创美国的金融危机可能也是原因之一，但如果人群欢聚的大门没有打开，以上情形也不会发生。

这里已经很像人们想象中的美好往昔了：人人都知道你叫什么，关心你过得怎样。这里的生活宛如卡通片，也许是因为此情此景在现实中已经太过罕见，之前在电视上才看得到——但这就是真的。

路口修复所产生的心理效应也是如此，它的发现要归功于瑞典／意大利流行病学家扬·赛门撒（Jan Semenza）。"共享广场"建起几年后，他来了波特兰州立大学教授公共卫生课程。赛门撒对如何让人们聚在一起特别感兴趣，他介绍孤独感的地理分布时会讲一个故事，很值得记一记。

1995 年夏天，赛门撒刚刚开始在亚特兰大疾控中心接受调查员培

图 44：路口修复

波特兰塞尔伍德，居民们为交叉路口"广场"重绘新衣。此番参与已经发展成了更大的运动："城市修复"。（作者摄）

训。那年，一股空前的热浪袭击了美国中西部地区。7 月 13 日，芝加哥的气温升至 41 摄氏度；若说炎热指数，即把一般人体感的温度和湿度综合考量，则已飙升至 48.9 摄氏度以上。马路晒变了形，公寓像进了烤箱。坐公交车去学校暑期班的孩子因酷热和脱水而呕吐，最后只得让消防员用水管给他们喷水。人们快被热浪逼疯了，强行打开了数千个消防栓。消防员到现场关闭水阀时，还被街头冲凉的人扔了砖块和石头。至 7 月 15 日，老人和病人皆已疲累不堪，当日即有超过 300 人死于热浪。

疾控中心把赛门撒派往芝加哥，调查濒死者的身份及原因。他飞抵奥黑尔（O'Hare）时，已有 700 人因与热浪相关的疾病撒手人寰。赛门撒所在的团队由 80 名调查员组成，他妻子丽莎·维塞尔（Lisa Weasel）也在其中，他们分散到城市各处，走访死者的家人朋友。

调查的第一天，赛门撒、维塞尔及另一位同事尝试了解一名中年男子的背景信息，该男子在一家破旧公寓酒店的房间内独自死亡。三人找不到他的家人或朋友，所以去找了酒店的经理。酒店门厅狭小，经理坐在小小的前台后面，空气凝重。这里的墙壁漆的是红色，灯光昏暗，从外面进来就像误入了一只大怪兽的胃，赛门撒如此回忆。

经理不让三位调查员上楼，告诉他们上去没有意义。男子没有留下任何痕迹，而且他的房间已经被重新租出去了。

"你能告诉我们他的一些情况吗？"赛门撒问。

"不能。关于这家伙我什么也不知道。"经理没好气地说。

他有家人吗？没人看过他。朋友呢？没，他从没招待过一个客人。

赛门撒记得当时经理皱着眉，他能感到热气从天花板直压下来，衬衫全被汗水浸透。他又试着问了经理一遍。一定有什么细节，一定有什么东西可以让人更了解死者。

"没有！这人没什么好打听的。他就自己一个人，什么人也不是。"经理答道。

几个星期的调查中，赛门撒听了一个又一个独居者的悲惨故事。竟有这么多死者曾是独自生活，当中很多人都没留下姓名，这就是他们唯一的共同之处了。

调查员们此前猜想了很多死亡原因，比如死者生前就存在健康问题、卧床不起、住在建筑顶楼、没有空调、无处避暑等，但在实际死者中没有多少是这些情况。没人想到没有朋友竟会如此致命。

"我们发现，如果一个人社交孤立，那么他死于热浪的风险便会提高 6 倍。"赛门撒后来告诉我，这还只是一个保守估计。疾控中心的调查不包括与他人全无联系的人，他的团队无从了解这些人的任何信息，所以还有几百位"隐形"死者，等县验尸员找来冷藏车把这些遗体拉走后，他们将再无消息。热浪最终带走了 700 多人的生命。此次经历对赛门撒触动很大，促使他开始不断去找办法来解决孤独这种城市流行病。

这就是赛门撒和妻子特别欣喜于塞尔伍德广场的原因之一，他们亲见了一种对付城市孤独的具体方法。两人说服了自己的邻居，在"阳面"(Sunnyside) 社区建自己的广场。作为一名执念的经验主义者，赛门撒还想从后续结果中获得坚实的数据。

继共享广场之后，莱克曼和朋友们又推动了一个非营利项目，起初名为"城市修复"。在该项目的帮助下，阳面街道的邻居们很快被组织了起来。2001 年，聚餐、工作坊和街区派对的活动开展了 9 个月之后，几十位居民一起在东南 33 大道与炎希尔街 (Yamhill) 交口的地上创作了一幅占满路口的巨大向日葵。后来，他们用泥土和稻草弄了一面雕塑般的土坯墙，还在一处街角建了一座铁艺凉亭，到了要把很重的铁顶架上去时，一位邻居表示他可以用自家起重机来做。

"不用不用，"赛门撒说，"我们用手就行，大家一起使把劲！"目睹了芝加哥的孤独死后，他就不惜用任何借口让人们聚在一起。抬亭顶动用了几十人，最终成功了。之后，他们举行了庆祝派对。

同时，赛门撒也在研究路口修复对心理健康的影响，他已经从公共卫生课上招募了一队学生来调研几百位街坊在项目前后的变化，项目包括他们自己的"阳面"项目，还有同时进行的另两个修复项目。团队也对不同社区的人进行了比较。

得出的数据令人震惊。结果表明，被干预措施引发巨变的不仅是外观，还有人的心理。路口修复结束后，报告有抑郁症状的人数有所下降，居民们的睡眠质量也有提高。人们觉得，生活更轻松有趣了，邻居们更友善了，自己的健康状况也好过以前——这可不是小事，因为人对自己心理状况的感受可能比医生的专业看法还要重要。简单来说，生活在修复的路口附近的人，幸福感和健康水平都会提高，而附近未接触路口修复的邻居，其幸福感则一直不变。修复活动开展后，以一个街区为半径画圆，区域内的入室盗窃、袭击事件及车辆偷盗行为数量也均有下降，附近其他街区则无此改观。

对空间的新疑问

城市修复项目的成果证明了，莱克曼从拉坎敦村庄带回来的信息是真的：人们的见面场所、集会和广场绝非微不足道的小事，它们不是城市文明的装饰品，目的也不仅仅只是娱乐休闲。没有它们，社区生活就不完整，一如没有与他人的过从，个体的生活也将脆弱多病。[*]

但新广场的颜色与外观还不是故事的全部。在塞尔伍德和"阳面"社区，因合力与市政府官员周旋，一起设计并建设新广场，街坊们感到了一种新的集体力量，也学会了彼此依靠，有点像一支高中篮球队面对决赛时的反应。以社交资本的语言而论，他们"联结"了起来。同时，各个核心小组又必须去接触社区里的其他人，有对他们的做法心存疑虑的人，有无家可归者，甚至还有一位只是在抱怨怎么不在人行道种金银花。他们连接了众人。他们做了许多城市居民已经遗

---

* 赛门撒已对"城市修复"项目模式在建立社会联系方面的力量深信不疑，甚至在他与欧洲疾病防控中心合作的研究中将其推荐为公共卫生干预措施。他认为，在气候变化让极端天气变得愈发频繁的今天，这种措施能保护脆弱群体远离死亡的威胁。

忘了的事。他们改变了城市，城市也改变了他们。

这一点你在从莱克曼本人身上就能看到。虽然莱克曼自己还不太满意，毕竟他还希望社区的道路多些曲线，新建一座广场，划出一片车辆禁驶区再把各家停车库安排在该区域周边，等等，但他再也不是孤家寡人地殚精竭虑了。塞尔伍德广场涂装派对后的次日早上，莱克曼和我从他家出发，走去新广场探看一番。他两条裤腿的膝盖处都蹭得又破又脏，仿佛是他天刚亮那会儿在自家花园里爬了好一阵——事实确实如此。他一边拿着玻璃杯喝水，一边看着几个孩子在路口上画着的几片睡莲叶间蹦蹦跳跳。在第九大道半路上出现了一名女子，她认出了莱克曼，走上前，目不转睛地看着他。

"你是莱克曼，"她说，"下周是你负责照顾我家小孩。"

他点头，笑了起来。

如果你没听过莱克曼的故事，可能会以为他被临时抓了壮丁，笑得很不情愿。放在 10 年前，没有哪个邻居敢提这样的要求，两个人可能彼此根本不认识。如今的塞尔伍德已不再是从前的模样，大家都叫得出彼此的名字，当然这种凝聚性的生活也会对居民提出义务。莱克曼回家了。

结语：起点

对城市的权利绝不仅仅是个人获取城市资源的自由，它更是一种改变城市从而改变我们自己的权利。

——大卫·哈维，2008

如今的时代，是城市发展史上最富裕的时期。过去，城市从未使用过这么多的土地、能源和资源；过去，住在城里从来不需要把这么多原始资源变成温室气体；过去也从没有这么多人能享受隐私性居住和出行的奢侈。尽管我们在分散型城市上投入了很多，却没能将健康与幸福水平充分提升。本质上，分散型城市非常危险。它让我们不断增重，更易生病，也更有可能早亡；它让生活的代价远超必需，偷走了我们的时间，也让我们很难与家人、朋友及邻居联络感情；它让我们在未来无法避免的经济动荡及能源价格上涨面前不堪一击。分散型城市这个系统，已经开始危害地球的健康和我们子孙后代的幸福。

挑战就藏在我们的建设方式及思考方式之中。这是一个设计问题，也是一个心理学问题。它存在于每个人内心的纠葛之中，这是无尽的拉锯战，恐惧与信任、追求地位还是选择合作、退缩的冲动与交往的需求孰轻孰重，如此等等。在体现某种生活哲学的同时，城市也反映着我们的认知弱点，以及在判定什么会带给我们长期幸福时，每个人往往都会犯的系统性错误。

我们已经一错再错。

我们没能抵挡住错误技术的诱惑，为速度许下的虚假承诺放弃了真正的自由。我们重视地位高于人际关系。我们不去利用复杂性，反去试图消灭它。我们让手握权力的人去设计我们的建筑、工作、家庭和交通系统，而他们对布局和生活本身的看法又太过简单。

最重要的是，指导我们城市建设的是社会学家理查德·桑内特所说的"对遭受外界影响的巨大莫名恐惧"。对待城市生活中的不确定性，我们没有表示好奇或积极融入，而是选择转身逃离。对不舒服、不方便或不安全的恐惧不仅使我们彼此疏离，还将轻松、快乐和富足一扫而光，而如果城市更纷繁复杂一点，我们本可以尽情享受这些。

重建社区生活与城市生活的平衡，现在还为时不晚，为此，我们要建设一个适应性更好的未来。我们必须倾听自己的内心，听取让我们产生好奇、信任与合作精神的部分。我们必须承认一批真理，我们过去经常对彼此提及，但建设城市时却将它们忘记：不满足感和地位焦虑是我们深深的烙印，但我们也天生会因彼此信任与合作感到愉快。人人都需要隐私，但只要环境设计正确，我们就有办法将纯粹的陌生人变成值得尊重和关心的对象，这是人类特有的适应力。最好的自己绝非热带草原景观或高速路上的茕茕孑立，而是活跃在组织、团队、群落里的身影。真相就编织在人类的历史里，大脑的结构里和DNA 的螺旋里。人人心中都住着一位亨利·列斐伏尔所说的"城市居民"，或是马克·莱克曼所说的"村民"。

一座城市如果能尊重真理，尊重每一个愿意合作的人，尊重每一位行人和"村民"，那么其中的生活必定更加健康。这样的城市可以增进人际关系，避免经济困境，赋予我们巨大的自由选择出行与生活方式，把兴奋写到每个人的脸上。城市带给我们的是，发现自己在过真正的生活时，那种妙不可言又千真万确的感觉。

为了幸福都市而拼搏，道阻且长。城市生活的各种问题就藏在规划师、工程师和开发商的行为惯例里，在法律法规里，在混凝土和沥青里，当然也在我们自己的习惯里。为了解决这些城市病，关心城市生活的人们将走上街头，走进政府大厅，和法律与社会规范作斗争，和普通人的出行、生活及思考的方式作斗争。

幸福都市的胜利正在向我们招手。

我们在市政厅取得了胜利。富有远见的市长、规划师和交通工程师用行动证明了，城市体验会因城市硬件的改变而脱胎换骨。

我们在法律方面取得了胜利。数百座城市放弃了极盛现代主义的分离区隔性规定，采用了新的建设规则。改变的脚步虽然缓慢，但坚定不移。

我们在上千个社区取得了胜利。人们向有关市民的出行与生活、有关共享空间的成文规则和不成文习俗发起了挑战。无论是把家具拖上街，开展社区无车日，拆除每户院子间的篱笆，将停车位改成微型公园，还是趁着夜色四处种花种草，活动人士都在拿回城市的设计权和属于他们的未来。他们正在证明，坚持和想象可以打破旧的城市操作系统。我们无法保证胜利，不是每一场斗争都能获胜。但每当有人起身对抗城市的扩张，我们都是在削弱它的力量，是在为自己争取发现内在新生的机会。

换个地方

不是所有人都拥有扭转城市的条件。除了勇气和想象，还需要投入时间。如果住在分散型的扩张区，你可能会一直忙着通勤、上班、开车送孩子去很远的地方，疲于应付水平式城市的各种任务，难有精力开展城市革命。在一系列恰恰是为抵制此种挑战而设计的城市系统里，你所能做的全部或许不过是尽力追求自己一个人的幸福。只可惜单轨列车、远程快线乃至新城市主义改造等缓解手段，不会自己送到你家门口。需要修复的扩张区太多，资金却捉襟见肘。无论再怎么抱怨、叫嚷、祈祷，把你堵住的道路都不会突然通畅，真的要发生，那至少也得来一场比 2008 年更严重的经济大崩溃。

解下扩张发展的镣铐也不是不可能。要重塑你与城市的关系，同城搬家也有作用，金·霍尔布鲁克就是这么做的。金小时候，父母都是超距通勤族，开车往返于加州湾区的工作地点和特雷西的家中，留十几岁的金常年给弟弟当妈妈。刚 20 出头，金就和父亲、祖母一样，独自开车上高速，去 60 英里外的地方工作。儿子突发重病，她驱车前往日托中心，一路上以泪洗面，手足无措。这次遭遇在她心中如同一颗重磅炸弹，彻底打破了她长途通勤的习惯。上次见到她时，金和丈夫凯文已经在萨克拉门托（Sacramento）的一片低档社区里租了间小房子，离学校、商圈和金的新工作地点都很近，此时金的工作是租房专员。他们每月光燃油费一项就能省下 800 美元，而且每晚都可以和儿子一起吃饭，儿子也在茁壮成长。这是一个好的开始。*

---

* 金的父亲兰迪·斯特劳塞也搬了家。2011 年，他和妻子朱莉离开山屋，搬去了"探索湾"高尔夫乡村俱乐部附近，去湾区工作只要 20 分钟。这段时间他还遇上了自己长途通勤 20 年来的第四次车祸，卡车报废了，但兰迪人没有受伤。他现在已经换了一辆更

进行此种个人改造，你必须审视自己的习惯，直面你与城市的关系。它意味着你要重新思考，到底什么才可以称作美好生活，意味着要追求一种不同的幸福，而这本身就是城市主义运动的一个过程，会对你和你的城市产生巨大的影响，因为这里的一切都息息相关。为解释这一点，请允许我为你讲最后一个故事，一个人的一生因此剧变。

10 年前，康拉德·施密特（Conrad Schmidt）的生活平淡无奇。来自南非的他，每周一到五早上都从收养他的温哥华郊区出发，开着吉普牧马人 YJ 去上班，路上要花一个小时。施密特一天大部分时间都坐在电脑前，为美国工厂里那些生产汽车、玩具、香烟的机器人写控制程序。一天的工作结束，施密特要再花一个小时开车回家。有时候路非常堵，他会像兰迪·斯特劳塞一样死死握住方向盘，拼命抑制住大喊大叫的冲动。哪怕已经停好了车，那种惊恐、被困的感觉还是久久不能散去。但为了这份工作，他继续驾驶着，年复一年。渐渐地，他的腰腹和屁股长了一层赘肉。施密特偶尔会开车去健身房，想甩掉赘肉和沮丧的心情，可他经常没时间。

就一直这么过到了 34 岁，施密特突然发现，是他决定要让自己的生活适应扩张区的要求，而这个决定又塑造了他的几乎一切。它决定了他怎么出门，买多少东西，身材如何，甚至还决定了他排放多少二氧化碳。最后这点对施密特有如当头一棒，因为他此前学习的是相关科学，无法忍受自己也是气候危机的帮凶之一。将来他也会有孩子，而他感到自己正在对下一代犯下盗窃之罪。

施密特分阶段重新安排了生活。第一步，他按照喜好，搬去了街道文化浓厚的一处社区，在那里他可以走路去买牛奶和报纸，顺便欣

安全的大卡车，在高尔夫球场上也交到了很多朋友。

赏一下街景。他搬家的时候可能没有刻意去想人口密度、地块平均大小、区划规则等因素的影响，没有意识到他享受的这些好处来自一套具有百年历史的"幸福计算"，也没有察觉到塑造新社区的正是消失已久的电车线路。他只知道这地方感觉不错。大街上一直有人，他还认识了其中一些。

我懂施密特的感觉，因为他搬来的正是我碰巧也在住的社区。和所有其他真正优秀的社区一样，"商业大道区"起的作用，大概就等于扩张区居民花钱才能去掉度假地点。这里完全谈不上优雅高端，但它的建筑、街道和生活都符合人的速度，所以不管是散步、走路去杂货店还是出门逛逛而已，你都会感觉很好。

第二步：有一天，施密特没开车，出门走了几个街区，去坐横跨大道区的天铁。列车载着他在空中行驶，脚下从城市变成郊区，施密特就望着下面停停走走的车辆。20分钟后，他下了车，做了另一个改变生活的决定。他没有等公交车，而是深吸了一口气，跑了起来。

跑过一座桥，施密特开始沿河跑起来。他脚下的路，正是曾逼得他死死握住方向盘、心中无比挫败的那条。一路小跑到了公司后，施密特又止不住地笑，觉得自己像个英雄。他决定第二天也这么干。

来回几次之后，施密特觉得他不需要吉普了。他卖了车，每个月口袋里就多了几百美元，这给他增加了底气。一天早上，刚跑完步的他热血澎湃，去了老板的办公室。

"我周五不太想来公司。"他说。

"可以啊，"老板答道，"但我只好把你的薪水砍掉两成。"

"可以啊。"施密特说。

确实可以。没有车，他就不需要那么多钱了。

施密特觉得自己每天都在变得更健壮，更年轻，他也不去健身房了。既然上下班就等于锻炼身体，为什么还要用跑步机？在大道区步行的日子里，他也交了些朋友，他们和施密特有很多共同点，许多人都舍弃了分散区的生活，换回了更多的时间。

经济崩盘时，施密特也没觉得日子难过。此前他已经卖了房子，不存在大房子被收走的可能性了。他搬进了一个单间小公寓，同居女子是他在社区里认识的。第一个孩子出世后，两人搬去了附近的简陋平房。大道区的这些地方并不靓丽，却丰富了施密特的生活体验。

施密特顿悟到，挣的钱越少，他的生活质量越高。以前没空追求的梦想，现在也有了时间。他开始办化装舞会，过来跳舞的邻居有数百人。他还一定程度上基于自己的经历，成立了一个新政党，自然，他将此党命名为"减少工作党"（Work Less Party）。

新生活并非天上掉下的馅饼。为了挣到这块馅饼，康拉德·施密特付出了很多东西，还有他的住所面积。这是他有意为之，但新生活舞台的搭建，终究基于社区的空间设计。建筑与工作场所的密度、混合布局，街道和公园的规模，公交车的发车频次，道路上的行进速度，大道社区与城市其他区域、特别是附近闹市的关系，这些构成了一套塑造生活的系统。这套系统不仅使施密特的生活变得更加轻松健康，联系更紧密，还增强了他对生活的掌控力，减少了他在城市里的活动轨迹和在地球上留下的碳足迹。施密特有意识地去拥抱大道区的生活，并回馈后者：他为社区付出金钱和时间，说他奉献了自己的爱也不为过。由于他的努力，社区更棒了，他也融为其中的一部分。

有些人像我一样，到达幸福都市纯属意外。有人疯狂地追求它，有人创造建设它，有人为它而战，还有人经历了大转变的时刻。我们知道，我们在城市中的居住地点和出行方式对个人生活、城市生活乃至世界的未来都有无比强大的塑造之力。我们知道，幸福都市、低碳都市和能拯救人类的城市，都是同一个地方，是一个我们有能力创造出来的地方。

这就是照亮通往幸福都市之路的真相。我们不必等别人行动。当我们选择自己要如何生活、在哪儿生活的时候，当我们彼此靠近了一点的时候，当我们决定放慢出行速度的时候，当我们选择不再对城市和他人感到恐惧的时候，当我们在个人生活中追求幸福都市并推动城市与我们一同改变的时候，当我们要活出自己的新天地的时候，我们都是在为幸福都市添砖加瓦。

注释

1. 幸福市长

1　克里斯托弗·亚历山大：Alexander, Christopher, *The Timeless Way of Building* (New York: Oxford University Press, 1979), 109.

3　50 亿人成为城市居民：United Nations Human Settlements Programme, "State of the World's Cities Report 2006/7," 2006.

3　全世界污染的主要源头：International Bank for Reconstruction and Development/World Bank, "Cities and Climate Change: An Urgent Agenda," Washington, DC, 2010, 15.

4　内战……恐怖活动：Martin, Gerard, and Miguel Arévalo Ceballos, Bogotá: Anatomía de una transformación: políticas de seguridad ciudadana 1995–2003 (Bogotá: Pontificia Universidad Javeriana, 2004).

6　首次无人在交通事故中丧生：Stockholm Challenge, www.stockholmchallenge.org/project/data/bogot&-car-free-day-within-world-car-free-day-forum (accessed January 2, 2011).

8　恩里克则力劝：恩里克·佩尼亚洛萨影响的城市超过百座，在他的建议下，雅加达、德里、马尼拉等城市都把道路从私家车的侵占下重夺了回来，或是建设了大量带状公园，或是讲相应的空间交付仿效波哥大的快速公交系统。"我们如何感知典型的城市？佩尼亚洛萨在公共空间方面的理念在这一方面产生了重大影响。"尼日利亚炽热的大都市拉各斯的市长助理 Moji Rhodes 如是说，此时佩尼亚洛萨已说服拉各斯在新修道路两旁修建人行道。

9n　美国人过去：U.S. Census Bureau, "Statistical Abstract of the United States 2009," Washington, DC, 2009; The World Bank, "Motor Vehicles (per 1,000 People)," http://data.worldbank.org/indicator/is.veh.nveh.p3/countries (accessed April 28, 2013); U.S. Department of Transportation, Research and Innovative Technology Administration, Bureau of Transportation Statistics, "Table 1-37: U.S. Passenger-Miles," www.rita.dot.gov/bts/sites/rita.dot.gov.bts/files/publications/national_transportation_statistics/2009/html/table_01_37.html (accessed April 29, 2013); U.S. Census Bureau, "Median and Average Square Feet of Floor Area in New Single-Family Houses Completed by Location," www.census.gov/const/C25Ann/sftotalmedavgsqft.pdf (accessed April 29, 2013); National Association of Home

Builders, "Facts, Figures and Trends for March 2006," 2006; U.S. Environmental Protection Agency, "Municipal Solid Waste in the United States: Facts and Figures for 2010," 2010.

10   中国人均购买力：Crabtree, Steve, and Tao Wu, "China's Puzzling Flat Line," *Gallup Business Journal*, 2011, http://businessjournal.gallup.com/content/148853/china-puzzling-Flat-line.aspx？(accessed August 31, 2012).

10   至 2005 年，临床性抑郁症：Faris, Stephanie, "Depression Statistics," *Healthline*, March 28, 2012, www.healthline.com/health/depression/statistics (accessed April 29, 2013); Easterbrook, Gregg, "The Real Truth About Money," *Time*, January 9, 2005, www.time.com/time/magazine/article/0,9171,1015883,00.html (accessed December 28, 2010); Collishaw, S., B. Maughan, L. Natariaian, and A. Pickles, "Trends in adolescent emotional problems in England: a comparison of two national cohorts twenty years apart," *Journal of Child Psychology and Psychiatry*, 2010: 885-94.

10   13% 的美国人：Kantor, E. D., C. D. Rehm, J. S. Haas , A. T. Chan, and E. L. Giovannucci, "Trends in Prescription Drug Use Among Adults in the United States From 1999–2012," JAMA, 314(17), 2015: 1818–31.

10   "与主观幸福感存在极强关联性"：Wilkinson, Will, "In Pursuit of Happiness Research: Is it Reliable? What Does It Imply for Policy?" *Policy Analysis*, Cato Institute (April 11, 2007).

10n   明尼苏达多项人格测验：Twenge, Jean M., "Birth Cohort Increases in Psychopathology Among Young Americans, 1938–2007: A Cross-Temporal Meta-analysis of the MMPI," *Clinical Psychology Review*, 2010: 145–54.

11   物质财富与情感财富：Bartolini, Stefano, Ennio Bilancini, and Maurizio Pugno, "Did the Decline in Social Capital Decrease American Happiness? A Relational Explanation of the Happiness Paradox," Department of Economics, University of Siena, Italy, August 2007, www.econ-pol.unisi.it/quaderni/513.pdf (accessed January 1, 2011).

11   几乎所有的城市发展：1910 年，生活在城市的美国人只有 3/10，而现在这样的美国人每 10 个中就有 8 个，但其中 5 个其实生活在郊区，见 Hobbs, Frank, and Nicole Stoops, "Demographic Trends in the 20th Century," Special Reports, Series CENSR-4, Washington, D.C.: U.S. Census Bureau, 2002.

2. 建设城市即建设幸福

16   弗洛伊德：Freud, Sigmund, Civilization and Its Discontents, vol. 1, in *The Complete Psychological Works of Sigmund Freud*, ed. J. Strachey (London: Hogarth Press, 1953) 75–76.

16   亚里士多德：Aristotle, "Rhetoric." *The Internet Classics Archive*, ed. W. Rhys Roberts, Web Atomics, 350 b.c., http://classics.mit.edu//Aristotle/rhetoric.html (accessed December 27, 2010).

17   "所有人不都渴望幸福吗"：Modified from *The Dialogues of Plato*, 4th ed., vol. 1, trans. Benjamin Jowett (Oxford: Clarendon Press, 1953), 278e–282d.

18   仅为享乐而活……更有德性地行动：Aristotle, *Nicomachean Ethics* trans. W. D. Ross (Adelaide: ebooks@adelaide, 2006), http://classics.mit.edu/Aristotle/nicomachaen.html (accessed December 27, 2010).

19   船甲板上：Kotkin, Joel, *The City: A Global History* (New York: Modern Library, 2005), 21; Kitto, H.D.F., "The Greeks," in *The City Reader*, eds. Richard T. Le Gates and Frederick

Stout (London: Routledge, 1996), 32–36.

20n 罗马对纪律与控制的重视 : Kotkin, *The City*, 29.

21n 贺拉斯写道 : Horace, Epode II (Beutus ille), in Horace: *The Complete Odes and Epode*, trans. David West (New York: Oxford University Press, 1997), 4.

22 中世纪的教堂 : Sennett, Richard, *The Conscience of the Eye: The Design and Social Life of Cities* (New York: W. W. Norton, 1990), 15.

22 遵从儒家思想 : Fraser, Chris, *Happiness in Classical Confucianism: Xúnzǐ*, http://cjfraser. net/site/uploads//2014/02/Fraser-Xunzi-Happiness-Feb2014rev.pdf (accessed July 20, 2017); Raphals, Lisa A., *Knowing Words: Wisdom and Cunning in the Classical Traditions of China and Greece* (Cornell University Press. 1992), 16.

23 幸福计算 : Bentham, Jeremy, *An Introduction to the Principles of Morals and Legislation* (Oxford, U.K.: Clarendon Press, 1789), Chapter 4.

23n 紫禁城是 : Zhu, Jianfei. *Chinese Spatial Strategies: Imperial Beijing, 1420–1911*. Routledge, 2004, pp. 32.

23n 边沁做出过一个 : Bentham, Jeremy, *The Panopticon Writings*, ed. Miran Bozovic (London: Verso, 1995), 29–95.

24 沃克斯霍尔园林 : Collinson, Peter, "Forget not mee & my garden...": *Selected Letters, 1725–1768 of Peter Collinson, F.R.S.*, ed. W. Alan Armstrong (Philadelphia: American Philosophical Society, 2002); Coke, David E. and Alan Borg, *Vauxhall Gardens: A History* (New Haven, CT: Yale University Press), 211.

26 "城市美化" : Boyer, P. S., *Urban Masses and Moral Order in America, 1820–1920* (Cambridge, MA: Harvard University Press, 1978).

26 斯大林所说的 : *Happy: Cities and Public Happiness in Post-War Europe*, ed. Cor Wagenaar (Rotterdam: NAi Publishers, 2005), 65.

26 勒·柯布西耶 : Cohen, Jean-Louis, *Le Corbusier and the Mystique of the USSR: Theories and Projects for Moscow 1928–1936* (Prince ton, NJ: Prince ton University Press, 1992), 93.

27 一些现代改革家 : Pemberton, Robert, *The Happy Colony* (London: Saunders and Otley, 1854), 80–82, 111; from Reps, John, "Queen Victoria Town," http://www.library.cornell.edu/ Reps/DOCS/pemberto.htm (accessed March 3, 2012); Hall, Peter, *Cities of Tomorrow: An Intellectual History of Urban Planning and Design in the Twentieth Century* (Malden, MA: Blackwell, 1988), 92–94.

28 "为什么拿着微薄薪水的人" : Wright, Frank Lloyd, *When Democracy Builds* (Chicago: University of Chicago Press, 1945). As quoted in Hall, Peter, *Cities of Tomorrow*.

29n 威廉·斯坦利·杰文斯 : Jevons, Stanley. *The Theory of Political Economy*. London: Macmillan and Co., 1871.

31 脑电波监测头盔 : Davidson, R. J., D. C. Jackson, and N. H. Kalin, "Emotion, Plasticity, Context, and Regulation: Perspectives from Affective Neuroscience," *Psychological Bulletin* 126 (2000): 890–909.

31n 其他研究 : Frank, Robert, Luxury Fever (Prince ton, NJ: Princeton University Press, 1999).

32 丹尼尔·卡尼曼 : *Well-Being: The Foundations of Hedonic Psychology*, eds. Daniel Kahneman, Ed Diener, and Norbert Schwarz (New York: Russell Sage Foundation, 1999).

32 性生活让女性最幸福 : Kahneman, Daniel, and Alan B. Krueger, "Developments in the Mea-

surement of Subjective Well-Being," *Journal of Economic Perspectives*, 2006: 3–24.

33　迪士尼乐园这部娱乐机器：*Designing Disney's Theme Parks: The Architecture of Reassurance*, ed. Karal Ann Marling (New York: Flammarion, 1997).

33　"体验机器"：Nozick, Robert, *Anarchy, State, and Utopia* (New York: Basic Books, 1974).

34n　如果只向一两个人：Gilbert, Daniel, *Stumbling on Happiness* (Toronto: Vintage Canada, 2007).

35　住在小镇里的人：Brereton, Finbarr, Peter J. Clinch, and Susana Ferreira, "Happiness, Geography and the Environment," *Ecological Economics*, 2008: 386–96.

35n　2009 年有一项突破性的研究：Oswald, Andrew J., and Stephan Wu, "Objective Confirmation of Subjective Measures of Human Well-Being: Evidence from the U.S.A.," *Science*, 2010: 576–79.

36　金钱无法换来：Helliwell, John, "How's Life? Combining Individual and National Variables to Explain Well-being," Economic Modelling, 2003: 331–60.

36　伦敦格林威治区：Interviews with Hilary Guite, director of public health and well-being, National Health Service, Greenwich, U.K.

36　测量幸福健康的要素：Ryff, Carol D., and B. H. Singer, "Know Thyself and Become What You Are: A Eudaimonic Approach to Psychological Well-Being," *Journal of Happiness Studies*, 2006: 13–29.

38　缓和人与人之间的关系：Helliwell, John, "Well-Being, Social Capital and Public Policy: What's New?" *Economic Journal*, 2006: C34–C35.

39　加薪 50%：Helliwell, John, and Christopher P. Barrington-Leigh, "How Much Is Social Capital Worth?" working paper, Cambridge, MA: National Bureau of Economic Research, 2010.

39　认为钱包能回来的城市：Helliwell, John, and Shun Wang, "Trust and Well-Being," working paper, Cambridge, MA: National Bureau of Economic Research, 2010.

40　各种不同的游戏：Zak, Paul, "The Neuroeconomics of Trust," University of Nebraska-Lincoln, Hendricks Symposium—Department of Political Science, 2006.

41　更有可能相信人：Zak, P. J., A. A. Stanton, and S. Ahmadi, "Oxytocin Increases Generosity in Humans," *PLOS ONE*, 2007: e1128; Ross, H. E., et al., "Characterization of the Oxytocin System Regulating Affiliative Behavior in Female Prairie Voles," *Neuroscience*, 2009: 892–903.

41　群居动物：Dunn, Elizabeth W., Daniel T. Gilbert, and Timothy D. Wilson, "If Money Doesn't Make You Happy, Then You Probably Aren't Spending It Right," *Journal of Consumer Psychology*, April 2011, 115–25 (www.sciencedirect.com/science/article/pii/S10577408 11000209).

41n　达尔文……问道：Darwin, Charles, *On the Origin of Species by Means of Natural Selection: Or the Preservation of Favoured Races in the Struggle for Life* (New York: Appleton, 1869), 80, 209.

41n　近来生物学家 E. O. 威尔逊：Johnson, Eric Michael, "The Good Fight," in The Primate Diaries (blog), Scientific American, July 9, 2012, http://blogs.scientificamerican.com/primate-diaries/2012/07/09/the-good-fight (accessed August 20, 2012).

43　可以建设公共利益：Sandel, Michael, Liberalism and the Limits of Justice (Cambridge, U.K.: Cambridge University Press, 1998), 183.

3. 破败的光景

46 亚里士多德: Aristotle, *Politics* trans. Benjamin Jowett, (Adelaide: eBooks@Adelaide, 2007) (originally published 350 b.c.).

47 丧失房屋赎回权的人数: RealtyTrac staff, "Detroit, Stockton, Las Vegas Post Highest 2007 Metro Foreclosure Rates," RealtyTrac, February 13, 2008, www.realtytrac.com/Content-Management/pressrelease.aspx?ChannelID=9&ItemID=4119&accnt=64847 (accessed January 3, 2011).

48 美国过去几十年中: Dunham-Jones, Ellen, "New Urbanism's Subversive Marketing," in *What People Want, Populism in Architecture and Design*, ed. Shamiyeh, M. (Basel: Birkhauser, 2005), and in *Worlds Away: New Suburban Landscapes*, ed. Andrew Blauvelt (Minneapolis: Walker Arts Center, 2008).

48 一种全球性现象: Lewyn, Michael E., "Sprawl in Europe And America," *San Diego Law Review* 46.1 (2009): 85–112, http://works.bepress.com/lewyn/51 (accessed March 2 2013); Clapson, Mark, *Invincible Green Suburbs, Brave New Towns: Social Change and Urban Dispersal* (Manchester: Manchester University Press, 1998), 3–5.

49 "边缘城市": Garreau, Joel, *Edge City: Life on the New Frontier* (New York: Doubleday, 1991).

50n 当时威斯顿牧场: "Welcome to Stockton: Foreclosure Capital USA," *China Daily*, September 17, 2007, www.chinadaily.com.cn/world/2007-09/17/content_6111808.htm (accessed January 7, 2011).

51 逃离旧金山湾区高房价: Roberts, Ronnie, "Southwest Stockton, Calif., Neighborhood Attracts Commuters," The Record, accessed from High Beam Research, March 3, 2002, www.highbeam.com/doc/1G1-120566678.html (accessed January 7, 2011).

51 汽油价格……翻了一番: Cortright, Joe, "Driven to the Brink: How the Gas Price Spike Popped the Housing Bubble and Devalued the Suburbs," white paper, CEOs for Cities, 2008.

52 多花 1 倍的成本: Center for Transit-Oriented Development and Center for Neighborhood Technology, "The Affordability Index: A New Tool for Measuring the True Affordability of a Housing Choice," Washington, DC: Brookings Institution, 2006; Center for Neighborhood Technology, "Penny Wise Pound Fuelish: New Measures of Housing + Transportation Affordability," Chicago, 2010.

52 在交通上的花费: Laitner, John A. "Skip," "The Price-Induced Energy Trap: Exploring the Impacts of Transportation Expenditures on the American Economy," New America Foundation, October 2011, http://newamerica.net/sites/newamerica.net/files/policydocs/102111-energy_trap_working_paper.pdf (accessed June 14, 2012).

52n 截至 2011 年……有近 3/4: Depaul, Jennifer, "The Angriest Democrat in Congress Attacks Obama," *The Fiscal Times*, November 30, 2011, www.thefiscaltimes.com/articles/2011/11/30/The-Angriest-Democrat-in-Congress-Attacks-Obama.aspx (accessed August 20, 2012); Zillow. "Stockton Home Prices and Values." May 31, 2017. https://www.zillow.com/stockton-ca/home-values/ (accessed July 17, 2017).

55n 《多伦多星报》: Helliwell, John, and Shun Wang, "Trust and Well-Being," working paper, Cambridge, MA: National Bureau of Economic Research, 2010; Ackerman, G., et al., "Crime Rates and Confidence in the Police: America's Changing Attitudes Toward Crime and

Police," *Journal of Sociology and Social Welfare*, 2001: 43–54; Truman, Jennifer, "Predictors of Fear of Crime and the Relationship of Crime Rates and Fear of Crime," *University of Central Florida Undergraduate Research Journal*, 2005: 18–27.

56　这个国家不断减少的社交资本：Bartolini, Stefano, Ennio Bilancini, and Maurizio Pugno, "Did the Decline in Social Capital Decrease American Happiness? A Relational Explanation of the Happiness Paradox," Department of Economics, University of Siena, August 2007, www.econ-pol.unisi.it/quaderni/513.pdf (accessed January 1, 2011).

57　人们正在失去……纽带：Brashears, Matthew E., "Small Networks and High Isolation? A Reexamination of American Discussion Networks," *Social Networks*, October 2011: 331–41.

57　每晚一起吃饭的美国家庭：Kiefer, Heather, "Empty Seats: Fewer Families Eat Together," *Gallup*, www.gallup.com/poll/10336/empty-seats-fewer-families-eat-together.aspx (accessed March 3, 2012).

57　60% 的中国人："V24. Most people can be trusted." *World Values Survey Wave* 6: 2010–2014, http://www.worldvaluessurvey.org/WVSOnline.jsp (accessed July 17, 2017).

57　近 1/4 的人每周和家人一起吃晚饭的次数：Kiefer, Heather, "Empty Seats: Fewer Families Eat Together," *Gallup*, http://www.gallup.com/poll/10336/empty-seats-fewer-families-eat-together.aspx (accessed March 3, 2012); Fieldhouse, Paul, "Eating Together: The Culture of the Family Meal," *Transition*, vol. 37 no. 4, 4–5, http://www.vanierinstitute.ca/include/get.php?nodeid=739 (accessed March 2, 2013).

58　社交匮乏也会：Halpern, David, Mental Health and the Built Environment: More Than Bricks and Mortar? (London: Taylor and Francis, 1995).

58　各种精神障碍：Park, Alice, "Why City Life Adds to Your Risk of Psychosis," *Time*, September 7, 2010, http://healthland.time.com/2010/09/07/living-in-cities-can-add-to-risk-of-psychoses/ (accessed September 11, 2010).

58　受父母压力的影响：McConnell, D., R. Breitkreuz, and A. Savage, "From Financial Hardship to Child Difficulties: Main and Moderating Effects of Perceived Social Support," Child: Care, Health and Development, 2011: 679–91.

58　睡眠质量更好：Kurina, L. M., K. L. Knutson, L. C. Hawkley, J. T. Cacioppo, D. S. Lauderdale, and C. Ober, "Loneliness Is Associated with Sleep Fragmentation in a Communal Society," SLEEP 2011; 34(11):1519–26.

58　更长寿：Putnam, Robert D., *Bowling Alone* (New York: Simon and Schuster Paperbacks, 2000); Frumkin, Howard, Lawrence Frank, and Richard Jackson, *Urban Sprawl and Public Health: Designing, Planning, and Building Healthy Communities* (Washington, DC: Island Press, 2004); Seeman, T. E., "Social Ties and Health: The Benefits of Social Integration," *Annals of Epidemiology*, 1996: 442–51; Hirdes, J. P., and W. F. Forbes, "The Importance of Social Relationships, Socioeconomic Status, and Health Practices with Respect to Mortality Among Healthy Ontario Males," *Journal of Clinical Epidemiology*, 1992: 175–82; Veenstra, Gerry, "Social Capital and Health (Plus Wealth, Income Inequality and Regional Health Governance)," *Social Science and Medicine*, 2002: 849–68; Berkman, Lisa F., "The Role of Social Relations in Health Promotion," *Psychosomatic Medicine*, 1995: 245–54.

58　扩张区的公民：Leyden, Kevin M., "Social Capital and the Built Environment: The Importance of Walkable Neighborhoods," *American Journal of Public Health*, 2003: 1546–51;

Williamson, Thad, *Sprawl, Justice, and Citizenship: The Civic Costs of the American Way of Life* (New York: Oxford University Press, 2010).

58n 这项 2011 年的研究："Long-Distance Commuters Get Divorced More Often, Swedish Study Finds," *Science Daily*, May 25, 2011, www.sciencedaily.com/releases/2011/05/1105250859 20.htm (accessed March 3, 2012).

59 由其族群区隔框定：Putnam, Robert, "E Pluribus Unum: Diversity and Community in the Twenty-first Century—The 2006 Johan Skytte Prize Lecture," *Scandinavian Political Studies*, 2007: 137–74.

60 开车上班的人越多：Freeman, Lance, "The Effects of Sprawl on Neighborhood Social Ties," *Journal of the American Planning Association*, 2001: 69–77.

60n 一些调查显示：Williamson, Thad, *Sprawl, Justice, and Citizenship*, 94–97.

61 利用这一模型：Farber, Steven, and Xiao Li, "Urban Sprawl and Social Interaction Potential: An Empirical Analysis of Large Metropolitan Regions in the United States," *Journal of Transport Geography*, 2013, http://dx.doi.org/10.1016/j.jtrangeo.2013.03.002 (accessed April 29, 2013).

61 长途通勤者的朋友：Viry, G., V. Kaufmann, and E. D. Widmer, "Social Integration Faced with Commuting: More Widespread and Less Dense Support Networks," in Mobilities and In e qual ity, eds. T. Ohnmacht, H. Maksim, and M. M. Bergman (Surrey, U.K.: Ashgate Publishing, 2009), 121–44.

62 幸福曲线会由升转降：Harter, James, and Raksha Arora, "Social Time Crucial to Daily Emotional Wellbeing in U.S.," *Gallup*, June 5, 2008, www.gallup.com/poll/107692/social-time-crucial-daily-emotional-wellbeing.aspx (accessed January 7, 2011).

62 独自开车上班：U.S.Census Bureau, "Most of Us Still Drive to Work—Alone," June 13, 2007. www.census.gov/newsroom/releases/archives/american_community_survey_acs/cb07-cn06.html (accessed January 7, 2011).

62 通勤用时竟比：U.S. Census Bureau, "Americans Spend More Than 100 Hours Commuting to Work Each Year, Census Bureau Reports," March 30, 2005, www.census.gov/newsroom/ releases/archives/american_community_survey_acs/cb05-ac02.html (accessed January 7, 2011).

63 全加州最严重的青年帮派问题：Phillips, Roger, "SUSD Post to Combat Gangs: New Position for Stockton Unified Funded by Grant," The Record, November 23, 2008, www.record-net.com/apps/pbcs.dll/article ?AID=/20081123/A_NEWS/811230316 (accessed January 7, 2011).

63 帮派问题的关键原因：Wyrick, Phelan A., and James C. Howell, "Strategic Risk-Based Response to Youth Gangs," National Criminal Justice Reference Ser vice, September 2004, www.ncjrs.gov/html/ojjdp/203555/jj3.html (accessed March 3, 2012).

63 市长埃德·查韦斯："Failing Health: San Joaquin County in Crisis: High Hom icide Rate Points to Mental-health Issues," *The Record*, March 21, 2006, www.recordnet.com/apps/pbcs. dll/article ?AID=/20060321/SPECIALREPORTS14/603210301/-1/A_SPECIAL04 (accessed January 7, 2011).

63 完全不受成年人的监管：Children Now, "2010 California County Scorecard of Children's Well-Being," September 29, 2010, www.childrennow.org/index.php/learn/reports_and_

research/article/726 (accessed January 7, 2011).

63　家长会：Johnson, Zachary K., "Stockton Helps Commuting Parents: Schools Work to Keep Commuter Parents in Touch," *The Record*, April 16, 2007.

63　甚至富裕郊区：Luthar, Suniya S., and Karen D'avanzo, "Contextual Factors in Substance Abuse: A Study of Suburban and Inner-City Adolescents," *Development and Psychopathology*, 1999: 845–67.

4. 来龙去脉

67　亨利·福特：*Henry Ford, the Modern City: A Pestiferous Growth, in Ford Ideals: Being a Selection from Mr. Ford's Page in the Dearborn Independent, 1922* (Whitefish, MT: Kessinger, 2010), 154–57.

67　安德鲁·默恩斯：Mearns, Andrew, *The Bitter Cry of Outcast London: An Inquiry into the Condition of the Abject Poor* (London: James Clarke, 1883).

68　廉租房委员会：Deforest, Robert W., and Lawrence Veiller, *The Tenement House Problem* (New York: Macmillan, 1903), 10.

68　《美国杂志》：Hall, Peter, *Cities of Tomorrow: An Intellectual History of Urban Planning and Design in the Twentieth Century* (Malden, MA: Blackwell, 1988), 36–37.

69　柯布西耶写道：Fishman, Robert, *Urban Utopias of the Twentieth Century: Ebenezer Howard, Frank Lloyd Wright, and Le Corbusier* (New York: Basic Books, 1977), 186.

69　"我们必须寸步不让"：Scott, James C., *Seeing Like a State: How Certain Schemes to Improve the Human Condition Have Failed* (New Haven, CT: Yale University Press, 1998), 106.

70　区划是为了：Hall, *Cities of Tomorrow*, 292–93.

71　将全部黑人社区排除：Hall, *Cities of Tomorrow*, 293–94, and Todd Litman, *Where We Want to Be: Home Location Preferences and Their Implications for Smart Growth*, Victoria Transport Policy Institute, 2010.

74　小汽车和卡车开始大量涌入：Hall, *Cities of Tomorrow*, 275.

74　逾20万人在机动车事故中丧生：Norton, Peter D., *Fighting Traffic: The Dawn of the Motor Age in the American City* (Cambridge, MA: MIT Press, 2008), 21.

74　被愤怒的民众围攻：Ibid., 69–77.

74n　查尔斯·海斯：Ibid., 66.

75　3/4 的道路使用者：Ibid., 161.

76　"汽车能给人一种"：Chapin, Roy, "The Motor's Part in Transportation." *Annals*, 1924: 1–8.

76n　1922 年：*Cities of Tomorrow*, 76–77.

76n　查宾后加入：Norton, *Fighting Traffic*, 205.

77　"这个国家是建立在"：Ibid., 168.

77　没有交叉路口……阻碍："Transport: Four Frictions," *Time*, August 3, 1936, www.time.com/time/magazine/article/0,9171,770337,00.html (accessed January 9, 2011).

77　1937 年举办的美国国家规划大会："Present System of City Streets Completely Inadequate to Handle Heavy Traffic, Expert Declares," *Evening Independent*, June 1, 1937: 5.

77　汽车时代城市：Leinberger, Christopher, *The Option of Urbanism: Investing in a New America Dream* (Washington, D.C., Island Press), 18.

78　超过 2400 万人 : Gelernter, David, *1939, The Lost World of the Fair* (New York: Free Press, 1995), 25.

78　一家由……组建的公司 : Hall, Cities of Tomorrow, 291; Bianco, Martha J., "Kennedy, 60 Minutes, and Roger Rabbit: Understanding Conspiracy-Theory Explanations of the Decline of Urban Mass Transit," discussion paper, Portland: Center for Urban Studies, College of Urban and Public Affairs, Portland State University, 1998; United States v. National City Lines, 186 F.2d 562 (United States Court of Appeals for the Seventh Circuit, January 3, 1951).

78　美国联邦公路资助法案 : Hall, *Cities of Tomorrow*, 291.

78　英国道路联合会 : Hamer, Mick, *Wheels Within Wheels: A Study of the Road Lobby*, (London: Routledge and Kegan Paul Ltd., 1987); "Policy of the British Road Federation," originally published 1932, http://archive.commercialmotor.com/article/21st-october-1932/52/the-policy-of-the-british-road-federation (accessed March 5, 2013).

79　从长远看 : Hamilton-Baillie, Ben, "Towards Shared Space," Urban Design International 13, (2008): 133, http://www.hamilton-baillie.co.uk/_files/_publications/30-1.pdf (accessed March 18, 2013).

82　新一代城市规划专家 : 如 David Owen，*Green Metropolis* 的作者。

5. 错误的做法

83　马克 · 吐温 : Twain, Mark, "Captain Stromfield's Visit to Heaven," in *The Best Short Stories by Mark Twain*, ed. Lawrence Berkove (New York: Modern Library, 2004), 234.

83　卡尼曼 : Kahneman, Daniel, interview by *Gallup Business Journal*, "Are You Happy Now?" (February 10, 2005), http://businessjournal.gallup.com/content/14872/happy-now.aspx (accessed March 3, 2012).

84n　2017 年……平均价格 : "Home values skyrocket in Vancouver." *The Globe and Mail*. January 3, 2017, https://www.theglobeandmail.com/real-estate/vancouver/home-values-skyrocket-in-vancouver-region/article33473392/ (accessed July 14, 2017); "Demand for condominiums continued to outstrip supply" Real Estate Board of Greater Vancouver. July 5, 2017, http://www.rebgv.org/sites/default/files/REBGV-Stats-Pkg-June-2017.pdf (accessed July 14, 2017).

86　"进化幸福函数" : Rayo, Luis, and Gary Becker, "Evolutionary Efficiency and Happiness," *Journal of Political Economy*, 2007: 302–37.

87　长时间驾驶的人 : Stutzer, Alois, and Bruno S. Frey, "Stress That Doesn't Pay: The Commuting Paradox," *Scandinavian Journal of Economics*, 2008: 339–66.

88　人类有种特性 : Frey, Bruno S., *Happiness: A Revolution in Economics* (Cambridge, MA: MIT Press, 2010), 131–33.

90　外部激励因素，内部激励因素 : Ibid., 131; Deci, Edward L., and Richard M. Ryan, "The 'What' and 'Why' of Goal Pursuits: Human Needs and the SelfDetermination of Behavior," *Psychological Inquiry*, 2000: 227–68.

90　活动本身就是一种奖励 : Frey, *Happiness: A Revolution*, 130.

90　新生们会得到 : Baker, Meredith C., and Cara K. Fahey, "The Housing Market, 2009: Mather House," Harvard Crimson, March 9, 2009, www.thecrimson.com/article/2009/3/15/the-housing-crisis-mather-house (accessed January 9, 2011).

91　其水泥塔楼被学生报纸 : "Dictionary of Harvardisms from A to Z: The Vocabulary You

Need to Get Through Your Life at Harvard," *Harvard Crimson*, August 24, 2009, www.the-crimson.com/article/2009/8/24/dictionary-of-harvardisms-2-am-1 (accessed January 9, 2011).

真是如此吗：Dunn, Elizabeth W., and Timothy D. Wilson, "Location, Location, Location: The Misprediction of Satisfaction in Housing Lotteries," *Personality and Social Psychology Bulletin*, 2003: 1421–32.

93 确信加州人更幸福：Schkade, D., and D. Kahneman, "Does Living in California Make People Happy? A Focusing Illusion in Judgments of Life Satisfaction," *Psychological Science*, 1998: 340–46.

94 我们越是涌向大城市：Oswald, Andrew J., and Stephan Wu, "Objective Confirmation of Subjective Measures of Human Well-Being: Evidence from the U.S.A.," *Science*, 2010: 576–79; Sharpe, Andrew, Ali Ghanghro, Erik Johnson, and Anam Kidwai, *Does Money Matter? Determining the Happiness of Canadians*, Research Report, Ottawa: Centre for the Study of Living Standards, 2010.

94 他曾进行过一项实验：Halpern, David, "An Evidence-Based Approach to Building Happiness," in *Building Happiness: Architecture to Make You Smile*, ed. Jane Wernick (London: Black Dog, 2008), 160–161.

94n 英国的调查则表明：Hall, James, "Men in Their Late 40s Living in London Are the Unhappiest in the UK," *The Telegraph*, February 28, 2012, www.telegraph.co.uk/news/newstopics/howaboutthat/9110941/Men-in-their-late-40s-living-in-London-are-the-unhappiest-in-the-UK.html (accessed March 3, 2012); Office for National Statistics, "Analysis of Experimental Subjective Well-Being Data from the Annual Population Survey, April to September 2011," February 28, 2012, www.ons.gov.uk/ons/rel/wellbeing/measuring-subjective-wellbeing-in-the-uk/analysis-of-experimental-subjective-well-being-data-from-the-annual-population-survey-april-september-2011/report-april-to-september-2011.html (accessed March 3, 2012).

95 建筑师的大脑：Kirk, U., M. Skov, M. S. Christensen, and N. Nygaard, "Brain Correlates of Aesthetic Expertise: A Parametric fMRI Study," *Brain and Cognition*, 2008: 306–15.

95 可口可乐还是百事可乐：McClure, S. M., J. Li, D. Tomlin, K. S. Cypert, L. M. Montague, and P. R. Montague, "Neural Correlates of Behavioral Preference for Culturally Familiar Drinks," *Neuron*, 2004: 379–87.

95n 在另一项实验中，柯克：Source: Kirk, U., M. Skov, O. Hulme, M. S. Christensen, and S. Zeki, "Modulation of Aesthetic Value by Semantic Context: An fMRI Study," *Neuroimage*, 2009: 1125–32.

96 芭比娃娃：Rochon, Lisa, "Blueprint for Architect Barbie! Think Pink—and Give Her a Monster Home," *The Globe and Mail*, August 13, 2011.

98 "人都会彷徨无计"：Le Corbusier, quoted in Scott, James C., Seeing Like a State: How Certain Schemes to Improve the Human Condition Have Failed (New Haven, CT: Yale University Press, 1998), 110.

99 巴西利亚炎：Holston, James, *The Modernist City: An Anthropological Critique of Brasilia* (Chicago: University of Chicago Press, 1989), 24.

100 "启发法"：Tversky, A, and D. Kahneman, "Judgment Under Uncertainty: Heuristics and Biases," *Science*, 1974: 1124–31.

100 理查德·杰克逊：Brody, Jane E., "Communities Learn the Good Life Can Be a Killer," *Well:*

注释

347

New York Times Health and Science, January 30, 2012, http://well.blogs.nytimes.com/2012/ 01/30/communities-learn-the-good-life-can-be-a-killer/ (accessed March 14, 2012).

100n 人们依然觉得: Lichtenstein, S., P. Slovic, B. Fischhoff, M. Layman, and B. Combs, "Judged Frequency of Lethal Events," *Journal of Experimental Psychology: Human Learning and Memory*, 1978: 551–78.

101 很可能是致命的: Gardner, G., and E. Assadourian in State of the World 2004: The Consumer Society, ed. Linda Starke (New York: W. W. Norton, 2004), 3–21.

101 新词"致胖": O'Brien, Catherine, "Sustainable Happiness: How Happiness Studies Can Contribute to a More Sustainable Future," *Canadian Psychology*, 2008: 289–95.

101 世界上最胖的一群人: World Health Organization, "Country comparison: BMI adults % overweight (>=25.0), Most recent," http://apps.who.int/bmi/index.jsp (accessed July 9, 2017).

101 足有 1/3 的美国人: National Institute of Diabetes and Digestive and Kidney Diseases, "Overweight and Obesity Statistics," http://win.niddk.nih.gov/statistics (accessed January 11, 2011).

101 近 1/5 的儿童: Carroll, Margaret D., Cheryl D. Fryar, and Cynthia L. Ogden, "Prevalence of Obesity Among Children and Adolescents Aged 2–19 Years: United States, Trends 1963–1965 Through 2013–2014," Centers for Disease Control and Prevention, National Center for Health Statistics, https://www.cdc.gov/nchs/data/hestat/obesity_child_07_08/obesity_ child_07_08.htm (accessed January 11, 2011).

101 加拿大有超过 1/4: Statistics Canada, "Overweight and obese youth (self-reported), 2014" http://www.statcan.gc.ca/pub/82-625-x/2015001/article/14186-eng.htm (accessed July 9, 2017).

101 英国儿童有 30%: "Statistics on Obesity, Physical Activity and Diet—England, 2010," Health and Social Care Information Centre, U.K., February 10, 2010, www.hscic.gov.uk/ pubs/opad10 (accessed April 29, 2013).

101 几乎变为原先的 3 倍: French, Paul, and Matthew Crabble, *Fat China: How Expanding Waistlines Are Changing a Nation* (Anthem Press, 2010); French, Paul, "Fat China: How are Policymakers Tackling Rising Obesity?" *The Guardian*, http://www.theguardian.com/global-development-professionals network/2015/feb/12/chinas-body-mass-time-bomb-policy-makers-tackling-rising-obesity (Accessed November 20, 2015).

101 超重人口最多的国家: Ng, Brady. "Obesity: The Big Fat Problem with Chinese Cities," *The Guardian*, January 9, 2017.

101 超过 3/4 患有糖尿病: Lachapelle, Ugo, "Public Transit Use as a Catalyst for an Active Lifestyle: Mechanisms, Predispositions, and Hindrances," thesis, University of British Columbia, Vancouver, 2010.

101 CDC 发出警告: Gardner, Gary, and Erik Assadourian, "Rethinking the Good Life," in *State of the World 2004*, 164–79.

101 生活在低密度扩张区的居民: Sturm, R, and D. A. Cohen, "Suburban Sprawl and Physical and Mental Health," *Public Health*, 2004: 488–96.

101 "因陌生人而死": Lucy, William H., "Mortality Risk Associated with Leaving Home: Recognizing the Relevance of the Built Environment," *American Journal of Public Health*, 2003: 1564–69.

102 美国的道路死亡人数：“Safety Tips to Keep Your Family Safe: Accident Statistics from the National Safety Council,” *Safety Times*, www.safetytimes.com/statis tics.htm (accessed January 11, 2011).

102 比枪击死亡人数多：Violence Policy Center, “About the Violence Policy Center,” www.vpc.org/aboutvpc.htm (accessed January 11, 2011).

102 2001 年 “9.11”：Centers for Disease Control and Prevention. “Years of Potential Life Lost (YPLL),” *Injury Prevention & Control: Data & Statistics* (WISQARS), www.cdc.gov/injury/wisqars/years_porential.html (accessed January 11, 2011). 另外，美国伤害预防与控制中心（CDC 下辖）估计撞车事故会将美国人的平均寿命大大降低，数字高达 5%。

102 试想一下：Nozzi, D., *Road to Ruin: An Introduction to Sprawl and How to Cure It* (Westport, CT: Praeger, 2003).

102n 车祸是：Brown, David, “Traffic Deaths a Global Scourge, Health Agency Says,” *Washington Post*, April 20, 2007, www.washingtonpost.com/wp-dyn/content/article/2007/04/19/AR-2007041902409.html (accessed January 11, 2011).

103 死于车祸的行人……4 倍：Condon, Patrick M., *Seven Rules for Sustainable Communities: Design Strategies for the Post Carbon World* (Washington, DC: Island Press, 2010), 54.

103 高速碰撞事故：Swift, Peter, *Residential Street Typology and Injury Accident Frequency* (Longmont, CO: Swift and Associates, 1998).

104 宽度已经达到了 40 英尺：Condon, *Seven Rules*, 42.

105 无力在附近建设消防站：Patrick Condon 出色解释了其中的机制（in *Seven Rules for Sustainable Communities*, 56–57）。他利用了 Peter Swift（1998）和 Bill Dedman 一篇报告的研究（in *The Boston Globe*, January 30, 2005）。

106 大概要五六年：Cervero, Robert, “Road Expansion, Urban Growth, and Induced Travel: A Path Analysis,” Department of City and Regional Planning, Institute of Urban and Regional Development, University of California, Berkeley, 2001.

106 11.3 万公里：Caluclated from the 2000–2016 “Statistical Communiqué of the People's Republic of China on the National Economic and Social Development” reports from the National Bureau of Statistics China, http://www.stats.gov.cn/english/pressrelease/201702/t20170228_1467503.html (accessed July 17, 2017.)

106 近 110 亿美元：Beck M, and M. Bliemer, “Does building more roads create more traffic?” http://www.citymetric.com/transport/does-building-more-roads-create-more-traffic-934 (accessed on December 3, 2015).

106n 这些高速路：Todd Litman, *Generated Traffic and Induced Travel Implications for Transport Planning* (Victoria, BC: Victoria Transport Policy Institute, 2010); interview with Howard Frumkin of the Centers for Disease Control in the Webseries American Makeover, episode 1, “Sprawlanta,” www.american makeover.tv/episode1.html (accessed February 2, 2011).

106n 仅 2012—2013 两年间：“China's Great Wall of Traffic Jam: 11 Days, 74.5 Miles.” ABC News, September 3, 2010. http://abcnews.go.com/International/chinas-traffic-jam-lasts-11-days-reaches-74/story?id=11550037 (accessed July 16, 2017); *China Daily*, “Traffic jams cost Beijing $11.3b a year,” http://www.chinadaily.com.cn/china/2014-09/29/content_18679171.htm (Accessed on July 16, 2017).

107 IPCC: core writing team, R. K. Pachauri, and A. Reisinger, eds., *Climate Change 2007: Synthesis Report. Contribution of Working Groups I, II and III to the Fourth Assessment Report of the Intergovernmental Panel on Climate Change* (Geneva: Intergovernmental Panel on Climate Change, 2008).

107 我们知道，气候变化可能 : Thomas, C., et al., "Extinction Risk from Climate Change," *Nature*, 2004: 145–48.

107 保险行业也 : Fogarty, David, "Climate Change Growing Risk for Insurers: Industry," *Planet Ark*, January 20, 2011, http://planetark.org/wen/60947 (accessed January 21, 2011).

108 得拥有九个地球 : WWF, Zoological Society of London, and Global Footprint Network. *Living Planet Report 2008* (Gland, Switzerland: World Wide Fund For Nature, 2008).

108 扩张型城市遭受的极端热浪……近 2 倍 : Tillett, Tanya, "Temperatures Rising: Sprawling Cities Have the Most Very Hot Days," *Environmental Health Perspectives*, 2010: A444.

108 类似的热浪正 : Committee on the Science of Climate Change, *Climate Change Science: An Analysis of Some Key Questions* (Washington, DC: National Academy Press, 2001).

108 在中国，每年 : Rohde, Robert A., and Richard A. Muller, "Air Pollution in China: Mapping of Concentrations and Sources," Berkley Earth, 2015, http://berkeleyearth.org/wp-content/uploads/2015/08/China-Air-Quality-Paper-July-2015.pdf.

108 在 2014 年，中国的碳排放总量 : Olivier, Jos, G. Janssens-Maenhout, M. Muntean, and Jereon Peters, "Trends in global CO2 emissions: 2015 report," http://edgar.jrc.ec.europa.eu/news_docs/jrc-2015-trends-in-global-co2-emissions-2015-report-98184.pdf, November 2015.

108 超过 1 亿的人口 : Hallegate, S., et al., "Shockwaves: Managing the Impacts of Climate Change on Poverty." The World Bank Group, 2015. https://openknowledge.worldbank.org/bitstream/handle/10986/22787/9781464806735.pdf.

108 环境科学家们 : Gleick, P., "Water, Drought, Climate Change, and Conflict in Syria," Weather Climate Society, vol. 6 (July 2014), 331–40.

109 消耗 3/4 的能源 : Grimm, N. B., et al., "Global Change and the Ecol ogy of Cities," *Science*, 2008: 756–60.

109 郊区的草坪也成了威胁 : U.S. Environmental Protection Agency, "Green Landscaping: Greenacres, A Source Book on Natural Landscaping for Public Officials," Landscaping with Native Plants, www.epa.gov/greenacres/toolkit/chap2.html (accessed March 3, 2012).

109 郊区人均温室气体……2 倍 : Hoornweg, Daniel, Lorraine Sugar, and Claudia Lorena Trejos Gómez, "Cities and Green house Gas Emissions: Moving Forward," Environment and Urbanization, 2011.

109 让人无所作为 : Gifford, R., "The Dragons of Inaction: Psychological Barriers That Limit Climate Change Mitigation and Adaptation," American Psychologist, 66, (2011), 290–302.

110n 认知语言学家 : Lakoff, George, "George Lakoff Manifesto," 其思想总结可见其著作 *Don't Think of an Elephant: Know Your Values and Frame the Debate* (White River Junction, VT: Chelsea Green, 2004).

6. 如何更亲近

112 拉斯金 : Ruskin, John, *Sesame and Lilies* (New York: Metropolitan Publishing, 1891), 136.

115 医院里的病人若能 : Ulrich, Roger S., "View Through a Window May Influence Recovery

from Surgery," *Science*, 1984: 420–21.

115 索诺玛县立监狱：Farbstein, Jay, Melissa Farling, and Richard Wener, "Effects of a Simulated Nature View on Cognitive and Psycho-physiological Responses of Correctional Officers in a Jail Intake Area," final report, National Institute of Corrections, 2009.

115 卡普兰夫妇：Berman, Marc G., John Jonides, and Stephan Kaplan, "The Cognitive Benefits of Interacting with Nature," *Psychological Science*, 2008: 1207–12.

116 与当地犯罪率之间的关系：Kuo, F. E., and W. C. Sullivan, "Environment and Crime in the Inner City: Does Vegetation Reduce Crime?" *Environment & Behavior*, 2001: 343–67.

117 居住在绿色空间：Kuo, F. E., W. C. Sullivan, R. L. Coley, and L. Brunson, "Fertile Ground for Community: Inner-City Neighborhood Common Spaces," *American Journal of Community Psychology*, 1998: 823–51.

117 更深层的魔力：Weinstein, N., A. K. Przybylski., and R. M. Ryan, "Can Nature Make Us More Caring? Effects of Immersion in Nature on Intrinsic Aspirations and Generosity," *Personality and Social Psychology Bulletin*, 2009: 1315–29.

118 生活在公园较多区域：Kuo, Frances, "Parks and Other Green Environments: Essential Components of a Healthy Human Habitat," National Recreation and Park Association, 2010.

118 维塔利·科马尔：Painting by Numbers: *Komar and Melamid's Scientific Guide to Art*, ed. JoAnn Wypijewski (New York: Farrar, Straus and Giroux, 1997).

123 1991—2005 年间：City of Vancouver.

123 碳足迹最低：City of Vancouver, Sustainability Group, "Climate Protection," 2008, http://vancouver.ca/sustainability/climate_protection.htm (accessed January 29, 2011).

123n 2009 年："It's Vancouver, again." *The Economist*, February 11, 2010. http://www.economist.com/blogs/gulliver/2010/02/liveability_rankings (accessed January 29, 2011); "List: World's 10 Best Places to Live." *Forbes*, http://www.forbes.com/2010/05/25/worlds-best-cities-lifestyle-real-estate-mercer-vienna-geneva_slide_7.html (accessed January 29, 2011); "Mercer 2010 Quality of Living survey highlights - Global." *Mercer*, May 26, 2010. http://www.mercer.com/qualityofliving (accessed January 29, 2011); "We're not surprised: Vancouver again named best city." *The Province*, October 13, 2010, http://www.theprovince.com/surprised+Vancouver+again+named+best+city/3665518/story.html#ixzz1CUNkNxTW (accessed January 29, 2011).

123n 密集城市的另一项悖论：Turcotte, Martin, "The Time It Takes to Get to Work and Back," General Social Survey on Time Use: Cycle 19, Statistics Canada, 2005; "2005 Annual Report Livable Region Strategic Plan," Regional Development Policy and Planning Department, Greater Vancouver Regional District, Burnaby, 2005; "City of Vancouver Transportation Plan Update: A De cade of Progress," City of Vancouver, 2007; U.S. Department of Transportation Federal Highway Administration, 2009 National House hold Travel Survey.

124 "景观走廊"：Berelowitz, Lance, Dream City: Vancouver and the Global Imagination (Vancouver: Douglas & McIntyre, 2005).

124 温哥华主义："温哥华主义的特征是，高耸但高度分散的细高塔楼，周围配有低矮建筑、公共空间、小型公园及适宜步行的街景和建筑立面，以将高密度人口的影响最小化。" From Chamberlain, Lisa, "Trying to Build the Grand Central of the West," *New York Times*, December 28, 2005, https://www.nytimes.com/2005/12/28/realestate/28transbay.html (ac-

cessed January 24, 2011).

128 清溪川 : Vidal, John, "Heart and Soul of the City," *The Guardian*, November 1, 2006.

129 纽约高线公园 : High Line and Friends of the High Line, "High Line: Planting," www.the-highline.org/design/planting (accessed September 15, 2012).

130 土壤中天然存在着某种细菌 : "Can Bacteria Make You Smarter?" *Science Daily*, May 24, 2010, www.sciencedaily.com/releases/2010/05/100524143416.htm (accessed March 3, 2012).

131n 阿拉米达县的一项研究 : Pillemer, K., T. E. Fuller-Rowell, M. C. Reid, and N. M. Wells, "Environmental Volunteering and Health Outcomes over a TwentyYear Period," *The Gerontologist*, 2010: 594–602.

132 《布鲁克林摆渡》 : Whitman, Walt, "Crossing Brooklyn Ferry," in *Leaves of Grass*, 1891–92 Edition (Philadelphia: David McKay, 1892).

134 "蛰居族" : Hoffman, Michael, "Nonprofits in Japan Help 'Shut-ins' Get Out into the Open," *The Japan Times online*, retrieved October 21, 2011.

134 激励因素的层级结构 : Maslow, A. H., "A Theory of Human Motivation," *Psychological Review*, 1943: 370–96.

135 心理学家一直认为 : 感谢环境心理学家 Robert Gifford，他为我提供了集体的智慧，来自与他的交谈，也来自他的文章 "The Consequences of Living in High-Rise Buildings," *Architectural Science Review*, 2007: 2–17.

135 "超负荷" : Milgram, S., "The Experience of Living in Cities," Science, 1970: 1461–68.

136 你的控制感 : Rodin, Judith, Susan K. Solomon, and John Metcalf, "Role of Control in Mediating Perceptions of Density," *Journal of Personality and Social Psychology*, 1978: 988–99.

136 重要的不是面积 : Or ga ni za tion for Economic Co-operation and Development, "Compendium of OECD Well-Being Indicators," 2011, www.oecd.org/std/47917288.pdf (accessed August 12, 2013).

136n 窗外的景色 : Day, Linda L. "Choosing a House: The Relationship Between Dwelling Type, Perception of Privacy and Residential Satisfaction," *Journal of Planning Education and Research*, 2000: 265–75.

137 英国……2.4: Macrory, Ian, "Measuring National Well-Being—Households and Families, 2012," Office for National Statistics, U.K., April 26, 2012, www.ons.gov.uk/ons/dcp171766_259965.pdf (accessed April 29, 2013).

137n 索茨发现 : Blau, Melinda, and Karen Fingerman, *Consequential Strangers: Turning Everyday Encounters into Life-Changing Moments* (New York: W. W. Norton, 2009), 67, 100–101. See also Thoits, Peggy A., "Personal Agency in the Accumulation of Multiple Role-Identities," in *Advances in Identity Theory and Research*, ed. Peter J. Burke, Timothy J. Owens, Richard T. Serpe, and Peggy A. Thoits (New York: Kluwer Academic Publishers, 2003), 179–94.

138 和心理不健康最相关 : Halpern, David, *Mental Health and the Built Environment: More Than Bricks and Mortar?* (London: Taylor and Francis, 1995).

138 石溪分校两处宿舍区 : Valins, S., and A. Baum, "Residential Group Size, Social Interaction, and Crowding," Environment and Behavior, 1973: 421.

138n 美国独居人数 : U.S. Census Bureau, "America's Families and Living Arrangements: 2007," U.S. Department of Commerce Economics and Statistics Administration, 2009.

138n 加拿大的家庭人口：Canada census data 2006, in Human Resources and Skills Development Canada. *Canadians in Context - Households and Families.* http://www4.hrsdc.gc.ca/.3ndic.1t.4r@-eng.jsp?iid=37 (accessed March 3, 2012).

140 普鲁伊特艾戈住宅区：Newman, Oscar, *Creating Defensible Space*, Center for Urban Policy Research, Rutgers University (U.S. Department of Housing and Urban Development Office of Policy Development and Research, 1996), 10.

140 奥斯卡·纽曼：Ibid., 11.

140n "孤独的主观体验"：Halpern, *Mental Health and the Built Environment*, 137–39, 153.

141 普鲁伊特艾戈住宅区的崩坏：Hall, *Cities of Tomorrow*, 237–40; also see von Hoffman, Alexander, "Why They Built the Pruitt-Igoe Project," Joint Center for Housing Studies, Harvard University, www.soc.iastate.edu/sapp/PruittIgoe.html (accessed January 24, 2011).

142n 周围人都熟悉：Wenman, Christine, Nancy Hofer, Jay Lancaster, Dr. Wendy Sarkissian, and Larry Beasley, C.M. "Living in False Creek North: From the Residents' Perspective," School of Community and Regional Planning, University of British Columbia, Vancouver, 2008.

144 完美的交际距离：Gehl, Jan, Life Between Buildings (Skive: Danish Architectural Press, 2006), 38, 67, 191.

144 归属感：Helliwell, John, and Christopher P. Barrington-Leigh, "How Much Is Social Capital Worth?" working paper, Cambridge, MA: National Bureau of Economic Research, 2010.

145n 一部分问题在于：Helliwell and Barrington-Leigh, "How Much Is Social Capital Worth?"; "Connections and Engagement: A Survey of Metro Vancouver, June 2012," Vancouver Foundation, 2012; Halpern, *Mental Health and the Built Environment*, 262.

148 "交通服务提供方"：Condon, Patrick M., *Seven Rules for Sustainable Communities: Design Strategies for the Post Carbon World*, 12–22.

148n 人口密度须达到：Durning, Alan Thein, *The Car and the City: 24 Steps to Safe Streets and Healthy Communities* (Seattle: Northwest Environment Watch, 1996); Kopits, Elizabeth, Virginia McConnell, and Daniel Miles, "Lot Size, Zoning, and House hold Preferences: Impediments to Smart Growth?" discussion paper, Washington, DC, Resources for the Future, 2009.

150 15 分钟就能到市中心：City of Vancouver.

153 北美房价最高：Economist Intelligence Unit.

154 250 万加元：Jang, B., "Numbers Game", 2015, http://www.theglobeandmail.com/news/british-columbia/taking-stock-of-vancouvers-housing-market-turns-into-a-numbersgame/article27876798 (accessed at December 18, 2015).

154 堆积如山的资料："Happy Homes: A Toolkit for Building Sociability Through Multi-family Housing Design," *Happy City*, https://thehappycity.com/resources/happy-homes/ (accessed July 27, 2017).

7. 欢聚

157 柯布西耶：Le Corbusier in S. Von Moos, *Le Corbusier: Elements of a Synthesis* (Cambridge, MA: MIT Press, 1979), 196.

157 桑内特：Sennett, Richard, *The Conscience of the Eye: The Design and Social Life of Cities*, xiv.

161 他在斯特拉耶街度过了一年：Gehl, Jan, Life Between Buildings (Skive: Danish Architec-

tural Press, 2006).

162n 成为步行街的第一个夏天 : Gehl, Jan, and Lars Gemzøe, *Public Spaces—Public Life, Copenhagen*, 3rd ed. (Copenhagen: Narayana Press, 2004), 12.

163 纽约街头和广场 : Whyte, William H., The Social Life of Small Urban Spaces (New York: Project for Public Spaces, 2004).

165 没有……互联网的时代 : Hampton, Keith N., "Neighborhoods in the Network Society: the e-Neighbors study," *Information, Communication & Society*, 2007:10:5, 714–48.

165n 接入了电视服务 : Frey, Bruno S., Christine Benesch, and Alois Stutzer, "Does Watching TV Make Us Happy?" working paper, Center for Research in Economics, Management and the Arts, University of Zurich, 2005, 15.

166n 对触觉的关注 : Li, Shan. " 'Emotional' Phones Simulate Hand Holding, Breathing and Kissing," *Los Angeles Times*, September 8, 2011, http://latimesblogs.latimes.com/technology/2011/09/phone-breathing-kissing.html (accessed April 30, 2013).

166n 而对于 "脸书社会学" : See Valenzuela, Sebastián, Namsu Park, and Kerk F. Kee, "Is There Social Capital in a Social Network Site?: Facebook Use and College Students' Life Satisfaction, Trust, and Participation," *Journal of Computer-Mediated Communication*, 2009: 875–901; Dunbar, R., *Grooming, Gossip, and the Evolution of Language* (Cambridge, MA: Harvard University Press, 1996); Krotoski, Aleks, "Robin Dunbar: We Can Only Ever Have 150 Friends at Most..." *The Guardian*, March 14, 2010, www.guardian.co.uk/technology/2010/mar/14/my-bright-idea-robin-dunbar (accessed January 7, 2011); Darius, K. S., "A Comparison of Offline and Online Friendship Qualities at Different Stages of Relationship Development," *Journal of Social and Personal Relationships*, 2004: 305–20; Pappas, Stephanie, "Facebook with Care: Social Networking Site Can Hurt Self-Esteem," *LiveScience*, February 6, 2012, www.livescience.com/18324-facebook-depression-social-comparison.html (accessed March 3, 2012); Mesch, Gustavo S., and Ilan Talmud, "Similarity and the Quality of Online and Offline Social Relationships Among Adolescents in Israel," *Journal of Research on Adolescence*, 2007: 455–65.

168 宾汉顿的街景照片 : O'Brien, Daniel T., and David S. Wilson, "Community Perception: The Ability to Assess the Safety of Unfamiliar Neighborhoods and Respond Adaptively," *Journal of Personality and Social Psychology*, 2011: 606–20.

169 凭手的温度 : Kang, Y., L. Williams, M. Clark, J. Gray, and J. Bargh, "Physical Temperature Effects on Trust Behavior: The Role of the Insula," *Social Cognitive and Affective Neuroscience*, 2011: 507–15, Steinmetz, J., and T. Mussweiler, "Breaking the Ice: How Physical Warmth Shapes Social Comparison Consequences," *Journal of Experimental Social Psychology*, 2011: 1025–28.

169n 大型商场的购物者 : Sanna, L. J., E. C. Chang, P. M. Miceli, and K. B. Lundberg, "Rising Up to Higher Virtues: Experiencing Elevated Physical Height Uplifts Prosocial Actions," *Journal of Experimental Social Psychology*, 2011: 472–76. （论文发表后，一些研究者质疑了其数据的有效性。）

170 心理地图 : Sternberg, Esther, *Healing Spaces: The Science of Place and Well-Being* (Cambridge, MA: Belknap Press of Harvard University Press, 2009).

170 反世界主义的部落主义 : de Dreu, Carsten, "Social Value Orientation Moderates Ingroup

Love but Not Outgroup Hate in Competitive Intergroup Conflict," *Group Processes Intergroup Relations*, 2010: 701–13.

171n 迪士尼及其设计师 : Haas, Charlie, "Disneyland Is Good for You," *New York*, December 1978: 13–20.

172 埃丝特·斯腾伯格 : Sternberg's *Healing Spaces* 是对空间与幸福之科学全面易懂的解释。

173 美学对情感 : Semenza, Jan, "Building Healthy Cities: A Focus on Interventions," in *Handbook of Urban Health: Populations, Methods, and Practice*, eds. Sandro Galea and David Vlahov (New York: Springer, 2005), 459–78.

173 生动活泼的墙下 : Gehl, Jan, Lotte Johansen, and Reigstad Solvejg, "Close Encounters with Buildings," *Urban Design International*, 2006: 29–47.

175 "未来智慧" : 我们双方合作的 "可编辑城市主义" 实验，完整报告见 http://thehappycity.com/wp-content/uploads/2015/03/Editable-Urbanism-Report.pdf.

175n 对蒙特利尔老年人的研究 : Brown, S. C., C. A. Mason, T. Perrino, J. L. Lombard, F. Martinez, E. Plater-Zyberk, A.R. Spokane, and J. Szapocznik, "Built Environment and Physical Functioning in Hispanic Elders: The Role of 'Eyes on the Street,' " *Environmental Health Perspectives*, 2008: 1300–1307; Richard, L., L. Gauvin, C. Gosselin, and S. Laforest, "Staying Connected: Neighbourhood Correlates of Social Participation Among Older Adults Living in an Urban Environment in Montreal, Quebec," *Health Promotion International*, 2008: 46–57.

176 限制银行在主要购物街 : From Improving Urban Spaces (Dansk Byplanlaboratorium), a study of the quality of the main streets in practically all Danish cities of any reasonable size (ninety-one cities). Published by the Danish Town Planning Laboratory.

176 限制上西区 : New York City Department of City Planning. "Special Enhanced Commercial District Upper West Side Neighborhood Retail Streets—Approved!" NYC.gov, June 28, 2012, www.nyc.gov/html/dcp/html/uws/index.shtml (accessed October 11, 2012); Berger, Joseph, "Retail Limits in Plan for the Upper West Side," *New York Times*. February 2, 2012, www.nytimes.com/2012/02/03/nyregion/zoning-proposal-on-upper-west-side-could-reshape-commerce.html (accessed March 3, 2012).

177 "附赠广场" : Smithsimon, Gregory, "Dispersing the Crowd: Bonus Plazas and the Creation of Public Space," in The Beach Beneath the Streets: Exclusion, Control, and Play in Public Space by Benjamin Shepard and Gregory Smithsimon (New York: SUNY Press, 2011).

180n 2009 年田径世锦赛 : Hamilton-Baillie, B., "Urban Design: Why Don't We Do It in the Road?" *Journal of Urban Technology*, 2004: 43–62.

181 即便我们自己浑然不知 : Jha, Alok, "Noise of Modern Life Blamed for Thousands of Heart Deaths," The Guardian, August 22, 2007, www.guardian.co.uk/science/2007/aug/23/science-news.uknews (accessed March 3, 2012).

181n 田野实验表明 : Cohen, S., and S. Spacapan, "The Social Psychology of Noise," in *Noise and Society*, ed. D. M. Jones and A. J. Chapman (Chichester, U.K.: Wiley, 1984): 221–45.

184 "想全面体验" : Manville, Michael, and Donald Shoup, "People, Parking, and Cities," *Access*, 2004, http://shoup.bol.ucla.edu/People,Parking,Cities.pdf (accessed March 3, 2012).

8. 宜行都市 I：交通体验与改进缺乏

190 罗伯特·伯顿：Burton, Robert, *The Anatomy of Melancholy*, ed. Jackson Holbrook (London: Rowman and Littlefield, 1975), 71.

193 在美国，有近 9 成的通勤人士：U.S. Census Bureau, "2010 American Community Survey Highlights," www.census.gov/newsroom/releases/pdf/acs_2010_high lights.pdf (accessed March 3, 2012).

193 加拿大……3/4: Statistics Canada, "Commuting Patterns and Places of Work of Canadians, 2006 Census," 2008, Ottawa.

193 英国……2/3: Department for Transport, "National Travel Survey, Table NTS0409, Average Number of Trips by Purpose and Main Mode: Great Britain, 2009," 2010.

193 自驾者表示出：Gatersleben, B., and D. Uzzell, "Affective Appraisals of the Daily Commute: Comparing Perceptions of Drivers, Cyclists, Walkers, and Users of Public Transport," *Environment and Behavior*, 2007: 416–31.

193 开的是好车：Ory, David T., and Patricia L. Mokhtarian, "When Is Getting There Half the Fun? Modeling the Liking for Travel," *Transportation Research Part A: Policy and Practice*, 2005: 97–123.

193 "相关内分泌反应"：Harris, Misty, "Hot Cars Make Men More Manly, Study Shows," *Vancouver Sun Health Blog*, not dated, www.vancouversun.com/health/cars+make+more+manly +study+shows/1870063/story.html (accessed April 30, 2013).

193 热爱汽车：Langer, Gary, "Poll: Traffic in the United States. A Look Under the Hood of a Nation on Wheels," *ABC News*, February 13, 2005, http://abcnews.go.com/Technology/Traffic/story?id=485098&page=1 (accessed June 24, 2010).

193 大多是开车人：Langer, "Traffic in the United States."

194 应激激素水平：Evans, G., and S. Carrere, "Traffic Congestion, Perceived Control, and Psychophysiological Stress Among Urban Bus Drivers," *Journal of Applied Psychology*, 1991: 658–63.

194 "或战或逃"液：White, S. M., and J. Rotton, "Type of Commute, Behavioral Aftereffects, and Cardiovascular Activity: A Field Experiment," *Environment and Behavior*, 1998: 763–80.

194 免疫系统受损：McEwen, B. S., "Allostasis and Allostatic Load: Implications for Neuropsychopharmacology," *Neuropsychopharmacology*, 2000: 108–24.

194 慢性路怒症：Fenske, Mark, "Road Rage Stressing You Out? Crank the Tunes," *The Globe and Mail*, October 6, 2010, www.theglobeandmail.com/life/health-and-fitness/health/conditions/road-rage-stressing-you-out-crank-the-tunes/article1322066 (accessed January 14, 2011).

194 城市公交司机：Aronsson, G., and A. Rissler, "Psychophysiological Stress Reactions in Female and Male Urban Bus Drivers," *Journal of Occupational Health Psychology*, 1998: 122–29.

194 心脏病发作的患者：Larson, John, and Carol Rodriguez, *Road Rage to Road Wise: A Simple Step-by-Step Program to Help You Understand and Curb Road Rage in Yourself and Others* (New York: Tom Doherty Associates, 1999).

194n 通勤者的心跳：Lewis, David. "Commuting Really Is Bad for Your Health," Hewlett Packard Newsroom Home, Hewlett Packard, November 1, 2004, http://h41131. www4.hp.com/

uk/en/press/Commuting_Really_is_Bad_for_Your_Health.html (accessed October 05, 2012).

194n 通勤时间超过 90 分钟 : Crabtree, Steve, "Wellbeing Lower Among Workers with Long Commutes: Back Pain, Fatigue, Worry All Increase with Time Spent Commuting," *Gallup*, August 13, 2010, www.gallup.com/poll/142142/wellbeing-lower-among-workers-long-commutes.aspx (accessed December 3, 2010).

195 美国人的日均通勤时间 : Condon, Patrick M., *Seven Rules for Sustainable Communities: Design Strategies for the Post Carbon World*, 23.

195 多伦多则长达 80 分钟 : Toronto Board of Trade, "Toronto as a Global City: Scorecard on Prosperity—2011."

195 建造更多道路 : Williams-Derry, Clark, "Study: More Roads = More Traffic," *Sightline Daily*, December 14, 2011, http://daily.sightline.org/2011/12/14/study-more-roads-more-traffic/ (accessed March 3, 2012).

195 靠自身的人体动力 : Gatersleben and Uzzell, "Affective Appraisals of the Daily Commute," 416–31.

195 孩子们都一边倒地表示 : O'Brien, Catherine, "Sustainable Happiness: How Happiness Studies Can Contribute to a More Sustainable Future," *Canadian Psychology*, 2008: 289–95.

195 骑车人自称 : Harms, L., P. Jorritsma, and N. Kalfs, *Beleving en beeldvorming van mobiliteit* (The Hague: Kennisinstituut voor Mobiliteitsbeleid, 2007).

195 走了 400 万年 : 今天开车出行的人，步行量只有狩猎采集时代人类的几千分之一，参见 Wright, Ronald, *A Short History of Progress* (Toronto: Anansi Press, 2004), 35–69; Stringer, Chris, and Robin McKie, African Exodus: *The Origins of Modern Humanity* (New York: Henry Holt, 1997); Cordain, Gotshall, and Eaton, "Evolutionary Aspects," 49–60; 以及对 Ronald Wright 的访谈。

195 人均每日能量消耗 : Cordain, L., R. W. Gotshall, and S. B. Eaton, "Evolutionary Aspects of Exercise," *World Review of Nutrition and Dietics*, 1997: 49–60.

196 人体不运动，就会像 : Patricia Montemurri, "Excessive Sitting Linked to Premature Death in Women," *USA Today*, August 16, 2011, http://usatoday30.usatoday.com/news/health/healthcare/health/healthcare/prevention/story/2011/08/Excessive-sitting-linked-to-premature-death-in-women/49996086/1 (accessed April 29, 2013).

197 通过锻炼变得 : Taylor, Paul, "Boosting Your Brain Power Could Be a Walk in the Park," *The Globe and Mail*, October 14, 2010, http://m.theglobeandmail.com/life/health/health-and-fitness/health/conditions/boosting-your-brain-power-could-be-a-walk-in-the-park/article623387/ (accessed January 14, 2011).

197 "我们说的不仅仅是" : Gloady, Rick, "Walk Your Way to More Energy," Inside CSULB, California State University, Long Beach, 2006, www.csulb.edu/misc/inside/archives/vol_58_no_4/1.htm (accessed August 12, 2013).

197 人骑自行车是 : Illich, Ivan, *Energy and Equity* (New York: Harper & Row,1974).

197 改为骑车通勤的人 : Howard, John, Mastering Cycling (Champaign, IL: Human Kinetics, 2010), 22.

198 小汽车每载客每英里的温室气体排放 : Sightline Institute, "How Low-Carbon Can You Go: The Green Travel Ranking," www.sightline.org/maps/charts/climate-CO2by Mode (accessed March 3, 2012).

199 94% 亚特兰大人 : Paumgarten, Nick, "There and Back Again," New Yorker, April 16, 2007, www.newyorker.com/reporting/2007/04/16/070416fa_fact_paumgarten (accessed August 12, 2013).

199n 长达 72 分钟 : Goldberg, David, Lawrence Frank, Barbara McCann, Jim Chapman, and Sarah Kavage, "New Data for a New Era: A Summary of the SMARTRAQ Findings," Atlanta: SMARTRAQ, 2007.

200 无法步行去附近的商店 : Frank, L., B. Saelens, K. Powell, and J. Chapman, "Stepping Towards Causation: Do Built Environments or Neighborhood and Travel Preferences Explain Physical Activity, Driving, and Obesity?" *Social Science & Medicine*, 2007: 1898–914.

200 1940 年，西雅图人 : Vanderbilt, Tom, *Traffic: Why We Drive the Way We Do (and What It Says About Us)* (Toronto: Knopf Canada, 2008), 138.

200 脸书的一半员工 : Russell, James S., "Facebook, Gehry Build Idea Factory for RipStik Geeks," Bloomberg, August 24, 2012, www.bloomberg.com/news/2012-08-24/facebook-gehry-build-idea-factory-for-ripstik-geeks.html.

200n 开车里程方面 : Wieckowski, Ania, "Back to the City," *Harvard Business Review*, May 10, 2010, http://hbr.org/2010/05/back-to-the-city/ar/1 (accessed January 9, 2011).

201 我们认为轨道交通 : Schlossberg, Marc, Asha Agrawal, Katja Irvin, and Vanessa Bekkouche, *How Far, by Which Route, and Why? A Spatial Analysis of Pedestrian Preference* (San Jose: Mineta Transportation Institute College of Business, 2007).

202 LYNX 通勤轻轨线 : McDonald, John M., Robert J. Stokes, Deborah A. Cohen, Aaron Kofner, and Greg K. Ridgeway, "The Effect of Light Rail Transit on Body Mass Index and Physical Activity," *American Journal of Preventive Medicine*, 2010: 105–12.

202 暑假期间 : Playful City USA: KaBoom! National Campaign for Play, "Play Matters: A Study of Best Practices to Inform Local Policy and Pro cess in Support of Children's Play," Kaboom.org, October 12, 2009, http://kaboom.org/docs/documents/pdf/playmatters/Play_Matters_Case_Summaries.pdf (accessed October 4, 2012).

202n 学校的合并扩张 : University of Michigan, "Why Don't Kids Walk to School Anymore?" *Science Daily*, March 28, 2008, www.sciencedaily.com/releases/2008/03/080326161643.htm (accessed January 9, 2011); Condon, *Seven Rules*, 4; Ernst, Michelle, and Lilly Shoup, "Dangerous by Design: Solving the Epidemic of Preventable Pedestrian Deaths (and Making Great Neighborhoods)," Transportation for America/Surface Transportation Policy Partnership, 2009.

203 市中心的人去购物 : Burnfield, J. M., and C. M. Powers, "Normal and Pathologic Gait," in Orthopaedic Physical Therapy Secrets, eds. Jeffery D. Placzek and David A. Boyce (Philadelphia: Hanley and Belfus, 2006).

203n 这项购物者调查 : Lorch, Brian, "Auto-dependent Induced Shopping: Exploring the Relationship Between Power Centre Morphology and Consumer Spatial Behaviour," *Canadian Journal of Urban Research*, 2005: 364–84.

204 但是，郊区居民大多 : Frank, L., et al., "Stepping Towards Causation," 1898–914.

206 道路建设者不再为自行车 : Conversation with Greg Raisman, City of Portland planning department, 2009.

206 车速越高 : Hamilton-Baillie, B., "Urban Design: Why Don't We Do It in the Road?" *Journal*

of Urban Technology, 2004: 43–62.

206n 沃克的研究：Walker, Ian, "Drivers Overtaking Bicyclists: Objective Data on the Effects of Riding Position, Helmet Use, Vehicle Type and Apparent Gender," *Accident Analysis and Prevention*, 2007: 417–25.

207 申请驾照的年轻人：DeGroat, Bernie, "Fewer Young, but More Elderly, Have Driver's License," The University Record Online, University of Michigan, December 5, 2011, http://ur.umich.edu/1112/Dec05_11/2933-fewer-young-but (accessed March 3, 2012).

207 在美国，这部分人：Ory and Mokhtarian, "When Is Getting There Half the Fun?" 97–123.

207 在英国，每5班火车：Clark, Andrew, "Want to Feel Less Stress? Become a Fighter Pilot, Not a Commuter," *The Guardian*, November 30, 2004, www.guardian.co.uk/uk/2004/nov/30/research.transport (accessed October 06, 2012).

208 "怪人"：相关通讯见 http://www.boingboing.net/2003/04/15/gm-apologizes-for-fr.html.

9. 宜行都市 II：自由

210 格德斯：Bel Geddes, Norman, Magic Motorways (New York: Random House, 1940).

210 巴克明斯特·富勒：Fuller, R. Buckminster, *Operation Manual for Spaceship Earth* (Carbondale: Southern Illinois University Press, 1969). 200 also its limitations: Evans, Gary, Richard Wener, and Donald Phillips, "The Morning Rush Hour: Predictability and Commuter Stress," *Environment and Behavior*, 2002: 521–30.

215 单是增加发车频次并不能：Evans, John E., "Transit Scheduling and Frequency," in Traveler Response to Transportation System Changes," TCRP Report 95 (Washington, DC: Transportation Research Board, National Academy Press, 2004.) 202 arrival countdown clocks: Schweiger, C. L. "Customer and Media Reactions to Real-Time Bus Arrival Information Systems," in *Real-Time Bus Arrival Information Systems: A Synthesis of Transit Practice*, TCRP Report 48 (Washington, DC: Transportation Research Board, 2003).

216 夜间乘车安全感：Dziekan, Katrin, and Karl Kottenhoff, "Dynamic At-Stop Real-Time Information Displays for Public Transport: Effects on Customers," *Transportation Research Part A: Policy and Practice*, 2007: 489–501.

216 MTA: Metropolitan Transit Authority, "New Technology Helps Keep Customers Informed," http://new-mta.info/news/new-technology-helps-keep-customers-informed (accessed April 30, 2013).

217 公交显示屏服务：TriMet App Center: http://trimet.org/apps; "Transit Board," *Portland Transport*, August 13, 2007, http://portlandtransport.com/archives/2007/08/transit_board_1.html (accessed March 3, 2012).

218 近80%在中国："Bikeshare: A Review of Recent Literature," *Transport Reviews: A Transnational Transdisciplinary Journal*, April 2015, Vol, 36 no.1, 92–113, http://www-tandfonline-com.ezproxy.library.ubc.ca/doi/pdf/10.1080/01441647.2015.1033036?needAccess=true (accessed July 16, 2017).

220n 2016年英国：Bikeplus, "Public Bike Share User Survey Results 2016." Carplus Trust, January 2017, https://www.carplusbikeplus.org.uk/wp-content/uploads/2017/01/Public-Bike-Share-User-Survey-2017-A4-WEB.pdf (accessed July 15, 2017).

221n "有效速度"：Tranter, Paul J., "Effective Speeds: Car Costs Are Slowing Us Down,"

Australian Green house Office, Department of the Environment and Heritage, 2004; U.S. Department of Transportation Federal Highway Administration, "2009 National House hold Travel Survey"; American Automobile Association, "Your Driving Costs," Heathrow, FL: annual issues, April 16, 2013; Research and Innovative Technology Administration, Bureau of Transportation Statistics, "Table 3-17: Average Cost of Owning and Operating an Automobile," National Transportation Statistics, http://www.rita.dot.gov/bts/sites/rita.dot. gov.bts/fi les/publications/national_transportation_statistics/html/table_03_17.html (accessed April 29, 2013).

222 越来越多的温哥华人选择卖车："2005 Annual Report Livable Region Strategic Plan," Regional Development Policy & Planning Department, Greater Vancouver Regional District, Burnaby, 2005.

222 温哥华市正考虑：Bula, Frances, "Vancouver Tax Hike Drives Home Message That Cars Have No Place Downtown," *The Globe and Mail*, January 2, 2012.

223 未来 30 年：IHS Automotive, "Investments in Autonomous Driving Are Accelerating, says IHS Automotive," January 5, 2015, http://news.ihsmarkit.com/press-release/automotive/investments-autonomous-driving-are-accelerating-says-ihs-automotive (accessed July 17, 2017)

223 享受"性福"：Many, Kevin, "Autonomous Vehicles Will Transform Everyday Life, From Jobs to Parenting to Sex," June 18, 2017, http://www.newsweek.com/2017/06/30/autonomous-cars-transform-everyday-life-jobs-parenting-sex-626931.html (accessed July 16, 2017).

223 40% 以上的土地：Gardner, Charles, "We Are the 25%: Looking at Street Area Percentages and Surface Parking," *Old Urbanist*, December 12, 2011, http://oldurbanist.blogspot.ca/2011/12/we-are-25-looking-at-street-area.html (accessed July 27, 2017).

223 17 座中央公园："17 CP: Seventeen Central Parks," TH!NK by IBI, July 7, 2017. https://ibi-think.com/seventeen-central-parks/ (accessed July 27, 2017).

223 90% 的车祸：Green, Marc, and John Senders, "Human Error in Road Accidents," http://www.visualexpert.com/Resources/roadaccidents.html (accessed July 27, 2017).

223 超过 50 万人的生命：Intel, "Accelerating the Future: The Economic Impact of the Emerging Passenger Economy," June, 2017, https://newsroom.intel.com/newsroom/wp-content/uploads/sites/11/2017/05/passenger-economy.pdf (accessed July 17, 2017).

223 无人驾驶公交车：Marshall, Aarian, "Don't Look Now, But Even Buses Are Going Autonomous," *Wired*, May 2, 2017, https://www.wired.com/2017/05/reno-nevada-autonomous-bus/ (accessed July 17, 2017).

224 降低交通成本、减轻环境污染：Fulton, Lew, Jacob Mason, and Dominique Leroux, "Three Revolutions in Urban Transportation," Institute for Transportation and Development Policy, 2017, https://www.itdp.org/wp-content/uploads/2017/04/ITDP-3R-Report-FINAL.pdf (accessed July 21, 2017).

225 数据可以证明：Price, Gordon, *Price Tags*, 101, March 11, 2008; Pucher J., R. Buehler, and M. Seinen, "Bicycling Re nais sance in North America? An Update and Re-Appraisal of Cycling Trends & Policies," Transportation Research Part A: Policy and Practice, 2011; 45(6): 451–75; Nussbaum, Paul, "More Bicyclists Means Fewer Accidents, Phila. Finds," Philly.com, *Philadelphia Inquirer and Philadelphia Daily News*, September 17, 2012, http://

articles.philly.com/2012-09-17/business/33881208_1_bike-sales-bike-lanes-bicycle-coalition.

225n MTI 最近一份报告 : Botha, Jan, Adam Cohen, Elliot Martin, and Susan Shaeen, "Bike-sharing and Bicycle Safety," Mineta Transportation Institute, March, 2016, http://transweb.sjsu.edu/PDFs/research/1204-bikesharing-and-bicycle-safety.pdf (accessed July 15, 2017).

225n 即使是在骑车人的 : Walsh, Bryan, "New York City's Bicycle Wars," *Time*, July 3, 2012, www.time.com/time/health/article/0,8599,2118668,00.html (accessed February 2, 2013).

226 老人和儿童的外周视野 : 与 Greg Raisman 的交谈。

226 很高的风险承受力 : Hennig, J., U. Laschefski, and C. Opper, "Biopsychological Changes After Bungee Jumping: β-Endorphin Immunoreactivity as a Mediator of Euphoria?" *Neuropsychobiology*, 1994: 28–32.

227 范德比尔特 : Vanderbilt, Tom, Traffic: *Why We Drive the Way We Do*, 199.

227 伤亡下降了 40%: Gould, Mark, "Life on the Open Road," *The Guardian*, April 12, 2006, http://www.guardian.co.uk/society/2006/apr/12/communities.guardiansocietysupplement (accessed March 18, 2013).

228 波特兰骑车通勤的人 : Pucher J., et al., "Bicycling Re nais sance in North America?," 459.

231 去哥本哈根参观 : City of Copenhagen Technical and Environmental Administration Traffic Department, "Copenhagen, City of Cyclists: Bicycle Account 2008," Copenhagen, 2008.

233 "哥本哈根 SUV" : Ibid.

234n 截至 20 世纪 60 年代 : "Cycling in the Netherlands," The Hague: Ministry of Transport, Public Works, and Water Management, Directorate-General for Passenger Transport, and Expertise Centre for Cycling Policy, 2009, 13.

236 小汽车太占空间 : "Comparing Per Person Travel Space Needs," infographic courtesy of *Spacing* magazine, data: Victoria Transportation Policy Institute.

238 政策执行 3 年后 : Transport for London, "Central London Congestion Charging: Impacts Monitoring," Fourth Annual Report, London, 2006.

238 中国南方重镇广州 : Bradsher, Keith, "A Chinese City Moves to Limit New Cars," New York Times, Global Business, September 4, 2012, www.nytimes.com/2012/09/05/business/global/a-chinese-city-moves-to-limit-new-cars.html (accessed April 29, 2013).

239 老人和儿童仅占 : New York City Department of Transportation, "World Class Streets: Remaking New York City's Public Realm," consultant report, New York, 2008.

239n 拥挤人行道上的粗鲁行为 : James, Leon, "Pedestrian Psychology and Safety: Sidewalk Rage/Pedestrian Rage," DrDriving.org, www.drdriving.org/pedestrians (accessed March 3, 2012); "Study: NYC Sidewalks Getting More Crowded," CBS New York, August 6, 2011, http://newyork.cbslocal.com/2011/08/06/study-nyc-sidewalks-getting-more-crowded (accessed March 3, 2012).

241 伤亡显著减少 : Figures from NYC DOT study, available at the NYCDOT website's about DOT, Broadway section: www.nyc.gov/html/dot/html/about/broadway.shtml (accessed January 22, 2011).

10. 城市为谁而建？

243 马克思 : Carver, Terrell, *The Cambridge Companion to Marx* (Cambridge: Cambridge University Press, 1991), 60

243 列斐伏尔 : Henri Lefebvre, "The Right to the City," in Kofman, Eleonore, and Elizabeth Lebas, trans. and ed., *Writings on Cities: Henri Lefebvre* (Oxford, UK: Blackwell, 1996).

244 "跨千禧" 公交系统 : Interview with Angelica Castro Rodríguez, general manager of the public-private alliance that runs the TransMilenio ser vice.

248 另有 1387 人 : Martin, Gerard, and Miguel Arévalo Ceballos, Bogotá: Anatomía de una transformación: políticas de seguridad ciudadana 1995–2003 (Bogotá: Pontificia Universidad Javeriana, 2004).

248 3/4 的波哥大人 : Gallup Poll.

254 职业地位较低的人 : University College London Research Department of Epidemiology and Public Health, "Whitehall II Study," July 8, 2010, www.ucl.ac.uk/whitehallII/publications/year/2010 (accessed January 29, 2011).

254 在美国……城市的穷人 : Wilkinson, R., *Mind the Gap: Hierarchies, Health, and Human Evolution* (London: Weidenfeld and Nicolson, 2000).

254 社会地位的变化 : UCLA 的神经科学家 Michael McGuire 发现，社会地位的变化影响血清素水平的情况，在长尾黑颚猴和大学生身上都有出现，见 Frank, Robert, Luxury Fever (Prince ton, NJ: Prince ton University Press, 1999), 141; McGuire, Michael T., M. J. Raleigh, and G. L. Brammer, "Sociopharmacology," *Annual Review of Pharmacology and Toxicology*, 1982: 643–61.

254 "相应的心理后果" : Adler, Nancy, Elissa Epel, Grace Castellazzo, and Jeannette Ickovics, "Relationship of Subjective and Objective Social Status with Psychological and Physiological Functioning: Preliminary Data in Healthy White Women," *Health Psychology*, 2000: 586–92.

254 也必将面对更多 : Wilkinson, Richard, and Kate Pickett, *The Spirit Level: Why Greater Equality Makes Society Stronger* (London: Bloomsbury, 2009).

254n 地位比较 : Layard, Richard, *Happiness: Lessons from a New Science* (London: Penguin/Allen Lane, 2005), 43–48.

255n 这可能是 : Harris, Gregory, "Liberal or Tory, Minority Gov't Would Hit 'Sweet Spot,' Profs Say," University of Calgary press release, January 18, 2006, www.ucalgary.ca/mp2003/news/jan06/third-way.html (accessed January 12, 2011); Helliwell, John F., Globalization and Well-Being (Vancouver: UBC Press, 2002).

257 布隆伯格 : Cassidy, John, Rational Irrationality, "Battle of the Bike Lanes," *The New Yorker*, March 8, 2011, www.newyorker.com/online/blogs/johncassidy/2011/03/battle-of-the-bike-lanes-im-with-mrs-schumer.html (accessed March 3, 2012).

257 1% 长期打出租 : U.S. Census Bureau, "American Community Survey," 2009.

257n 反对派的各种言论 : "Bike Lanes," Memorandum, City of New York, Office of the Mayor, 2011.

257n 最贫穷的 1/4 人口 : Pucher, John, and Ralph Buehler, "Analysis of Bicycling Trends and Policies in Large North American Cities: Lessons for New York," final report, University Transportation Research Center, Rutgers University/Virginia Tech, 2011.

258 年长的非裔及拉美裔美国人 : Ibid.

258 易患上与肥胖有关的疾病 : Robert Wood Johnson Foundation Fact Sheet, "Do All Children Have Places to Be Active?" Active Living Research, May 2012, www.activeliving research.org/fi les/Synthesis_Disparities_Factsheet_May2012.pdf (accessed Oc to ber 12, 2012).

258 就业机会也更少 : "Where We Need to Go: A Civil Rights Roadmap for Transportation Equity," Leadership Conference Education Fund, 2011.

258 采买食品也更困难 : Economic Research Service, Access to Affordable and Nutritious Food: Measuring and Understanding Food Deserts and Their Consequences: Report to Congress (Washington, DC: U.S. Department of Agriculture, 2009).

258 去超市……越难 : Leone, A. F., et al., "The Availability and Affordability of Healthy Food Items in Leon County, Florida," www.med.upenn.edu/nems/docs/Leone_et_al_Abstract.doc (accessed March 3, 2012).

258 少数族裔居住区……都要比白人区小得多 : King, A. C., C. Castro, A. A. Eyler et al., "Personal and Environmental Factors Associated with Physical Inactivity Among Different Racial-Ethnic Groups of U.S. Middle-Aged and Older-Aged Women," *Health Psychology*, 2000: 354–64.

259 NEF: New Economics Foundation, 2002.

259 英国人中最富有的 10%: Sustainable Development Commission, "Fairness in a Car-Dependent Society," London, 2011.

259n 洛杉矶及其他加州城市 : Bloomekatz, Ari, "Suits Could Force L.A. to Spend Huge Sums on Sidewalk Repair," *Los Angeles Times*, January 30, 2012, http://articles.latimes.com/2012/jan/30/local/la-me-sidewalks-20120131 (accessed October 11, 2012).

260 被收入阶层越发区隔 : Fry, Richard, and Paul Taylor, "The Rise of Residential Segregation by Income," Pew Research Center, August 1, 2012. www.pewsocialtrends.org/2012/08/01/the-rise-of-residential-segregation-by-income (accessed October 14, 2012).

260n VTPI 的数字达人 : Litman, Todd, *Whose Roads? Evaluating Bicyclists' and Pedestrians' Right to Use Public Roadways* (Victoria, BC: Victoria Transport Policy Institute, 2012), 10–13.

260n 在美国城市 : Litman, Todd, *Affordable-Accessible Housing in a Dynamic City: Why and How to Increase Affordable Housing Development in Accessible Locations* (Victoria, BC: Victoria Transport Policy Institute, 2013).

262 西雅图的雷尼尔谷 : Greenwich, Howard, and Margaret Wykowski, "Transit Oriented Development That's Healthy, Green & Just," Puget Sound Sage, May 14, 2012. www.pugetsoundsage.org//downloads/TOD%20that%20is%20Healthy,%20Green%20and%20Just.pdf (accessed October 11, 2012).

262 快如闪电的高档化 : Moss, Jeremiah, "Disney World on the Hudson," *New York Times*, August 21, 2012, A25.

262 逐步占领内城 : Ehrenhalt, Alan, *The Great Inversion and the Future of the American City* (New York: Knopf, 2012).

263 蒙哥马利是马里兰州的 : Montgomery County Department of Housing and Community Affairs. "History of the Moderately Priced Dwelling Unit (MPDU) Program in Montgomery County," *MontgomeryCountyMaryland*, April 22, 2005, www6.montgomerycountymd.gov/dhctmpl.asp?url=/content/dhca/housing/housing_P/mpdu/history.asp (accessed October 10, 2012).

263n 温哥华和墨尔本 : Greenwich, Howard, and Margaret Wykowski, "Transit Oriented Development that's Healthy, Green & Just," *Puget Sound Sage*. May 14, 2012. http://pugetsoundsage.org//downloads/TOD%20that%20is%20Healthy,%20Green%20and%20Just.pdf (accessed October 11, 2012); Moss, Jeremiah, "Disney World on the Hudson," *New York Times*, August 21, 2012: A25.Pavletich, Hugh, and Wendell Cox, "8th Annual Demographia International Housing Affordability Survey: 2012," Demographia, www.demographia.com/dhi.pdf (accessed October 11, 2012).

265 至 2001 年，骑车上班的人：Ipsos Public Affairs, "Encuesta de Percepción Bogotá Cómo Vamos 2009," 2009.

265 空气质量也大为改善：Behrentz, Eduardo, "Concentraciones de material particulado respirable suspendido en el aire en inmediaciones de una vía de transporte público colectivo," final report, Departamento de Ingeniería Civil y Ambiental, Universidad de los Andes, Centro de Investigaciones en Ingeniería Ambiental, 2006.

265 波哥大人更健康了：研究者 Olga Luise Sarmiento 总结道："我们认为这或许是因为跨千禧系统是穿行城市的最快方式，所以人们乐于走更远的路来乘公交车。"相关研究：Gomez, L. F., et al., "Built Environment Attributes and Walking Patterns Among the Elderly Population in Bogotá," *American Journal of Preventative Medicine*, 2010: 592–99.

11. 万物互联

268 瓦尔特·本雅明：Benjamin, Walter, Understanding Brecht (London: Verso and New Left Books, 1973), 87.

269 "'享乐可持续'"：Discussion with Ingels at the BMW Guggenheim Lab in New York City in 2011. Additional information: Quirk, Vanessa, "BIG's Waste-to-Energy Plant Breaks Ground, Breaks Schemas," *ArchDaily*, March 5, 2013, www.archdaily.com/339893 (accessed April 30, 2013); Woodward, Richard B., "Building a Better Future," *Wall Street Journal Magazine*, October 28, 2011, http://online.wsj.com/article/SB10001424052970204644504576653421385657578.htmlixzz1kPqwl62S (accessed March 3, 2012).

271 每年减少近 25 万吨："Bus Rapid Transit Systems Reduce Green house Gas Emissions, Gain in Popularity," Worldwatch Institute/Eye on Earth, www.worldwatch.org/node/4660 (accessed January 11, 2011).

272 这是巴黎沙滩节：Mairie de Paris, "Paris Climate Protection Plan," Paris, 2007.

272n 2003 年开征："Central London Congestion Charging: Impacts Monitoring," Transport for London, fifth annual report, July 2007.

274 效仿波哥大的交通系统：Secretaria del Medio Ambiente, "Plan Verde: Ciudad de Mexico," www.om.df.gob.mx/programas/plan_verde/plan_verde_vlarga.pdf (accessed April 29, 2013).

274 纽约市在宣传其道路用途："Sustainable Streets: Strategic Plan for the New York City Department of Transportation, 2008 and Beyond," New York City Department of Transportation, 2008.

274 《柳叶刀》表示：Chan, Margaret, "Cutting Carbon, Improving Health," *The Lancet*, 2009: 1870–71.

274n 墨西哥平均每天：采访 Guillermo Peñalosa, 2009.

275 医保支出增加了数百亿美元：U.S. Department of Transportation, Federal Highway Administration, "Addendum to the 1997 Federal Highway Cost Allocation Study Final Report U.S. Department of Transportation Federal Highway Administration May 2000," www.fhwa.dot.

幸福的都市栖居

gov/policy/hcas/addendum.htm (accessed March 3, 2012), adjusted to 2008 dollars.

275 交通事故……1800 亿美元 : Cambridge Systematics, Inc., "Crashes vs. Congestion Report. What's the Cost to Society?" Bethesda, MD: American Automobile Association, 2011.

275 与每天的行驶距离直接相关 : Litman, Todd, and Steven Fitzroy, *Safe Travels: Evaluating Mobility Management Traffic Safety Impacts* (Victoria, BC: Victoria Transport Policy Institute, 2012).

275n 步行或骑车时 : "Calories in Coca-Cola Classic," Calorie Count, http://caloriecount.about. com/calories-coca-cola-classic-i98047 (accessed March 3, 2012).

275n 电动汽车的支持者认为 : Libeskind, Daniel, "17 Words of Architectural Inspiration," TED, July 2007, www.ted.com/talks/daniel_libeskind_s_17_words_of_architectural_inspiration. html (accessed January 21, 2011).

275n 这些负担包括 : "Overweight and Obesity Statistics," Weight-Control Information Network, and information service of the National Institute of Diabetes and Digestive and Kidney Diseases, http://win.niddk.nih.gov/statistics (accessed March 3, 2012).

275n 可间接……节省更多资金 : "Evaluating Safety and Health Impacts: TDM Impacts on Traffic Safety, Personal Security and Public Health," TDM Encyclopedia, Victoria Transport Policy Institute, February 22, 2012, www.vtpi.org/tdm/tdm58.htm (accessed March 3, 2012).

277 只需前者的 1/4: Condon, Patrick M., *Seven Rules for Sustainable Communities: Design Strategies for the Post Carbon World*, 4.

277 189 亿美元 : Safe Routes to School National Partnership, "National Statistics on School Transportation," www.saferoutespartnership.org/sites/default/files/pdf/school_bus_cuts_national_stats_FINAL.pdf (accessed March 3, 2012).

277 破产的市政府 : Su, Eleanor Yang, "School Bus Ser vice Vanishing Amid Cuts," *California Watch*, September 2, 2011, http://californiawatch.org/dailyreport/school-bus-service-vanishing-amid-cuts-12438 (accessed March 3, 2012).

277 2 万亿美元 : American Society of Civil Engineers, "Failing Infrastructure Cannot Support a Healthy Economy: Civil Engineers' New Report Card Assesses Condition of Nation's Infrastructure," January 28, 2009, https://apps.asce.org/reportcard/2009/RC_2009_noembargo.pdf (accessed March 3, 2012).

280 就业密度上的差别 : Minicozzi, Joseph, "The Value of Downtown: A Profitable Investment for the Community," Public Interest Projects, 2011.

280 且沃尔玛……还压低了平均工资 : Dube, Arindrajit, T. William Lester, and Barry Eidlin, "A Downward Push: The Impact of Wal-Mart Stores on Retail Wages and Benefits," UC Berkeley Labor Center, December 2007, http://laborcenter.berkeley.edu/retail/walmart_downward_push07.pdf (accessed October 18, 2012).

280n 考虑到本地企业 : Civic Economics, "San Francisco Real Estate Diversity Study," San Francisco Locally Owned Merchants Alliance, 2007; Goetz, S. J., and H. Swaminathan, "Walmart and County-Wide Poverty," Social Science Quarterly, 2006: 211–26.

281 "阿什维尔的心脏和灵魂" : Muller, Michael, "Open For Biz: A Passionate Legacy," *Mountain Xpress*, August 17, 2010, www.mountainx.com/article/31638/Open-For-Biz-A-passionate-legacy (accessed March 3, 2012).

283 波特兰人则逆势而动 : Statistical analysis from Greg Raisman, City of Portland, Office of

Transportation.

283 约 140 万吨温室气体 : Cortright, Joe, "Portland's Green Dividend," white paper, Chicago: CEOs for Cities, 2007.

283 投资 1 亿美元 : Kooshian, Chuck, and Steve Winkelman, "Growing Wealthier: Smart Growth, Climate Change and Prosperity," Center for Clean Air Policy, 2011.

283n 约 86% 的购车费 : Cortright, "Portland's Green Dividend."

285 温室气体排放量减少了 3/4: 温哥华市政副执行官 Sadhu Johnston 的谈话 , April 2012.

286 奈特基金会 : "Knight Soul of the Community 2010," Knight Foundation, 2010, https:// knightfoundation.org/sotc/overall-findings (accessed 25 July, 2017).

12. 城市扩张区改造

287 "拱廊之火" : Arcade Fire, "Wasted Hours," The Suburbs, Merge Records, 2010, compact disc.

287 威廉 · H. 怀特 : Project for Public Spaces, "William H. Whyre," www.pps.org/reference/ wwhyte (accessed March 6, 2012).

290 约 10% 的家庭 : Christopher Leinberger 估计在亚特兰大、凤凰城这样的扩张型城市，适宜步行的社区都占不到 10%; Litman, Todd, *Where We Want to Be: Home Location Preferences and Their Implications for Smart Growth*, Victoria Transport Policy Institute, 2010.

291 到 2030 年 : Atlanta Regional Commission, "Lifelong Communities, A Regional Approach to Aging: A Vision for the Region's Future," Atlanta: Area Agency on Aging, 2010.

291 到 2050 年⋯⋯1.2 亿 : U.S. Census Bureau, "National Population Projections Released 2008 (Based on Census 2000)," www.census.gov/population/projections/data/national/2008. html (accessed April 29, 2013).

292 可以满足到 2030 年了 : Nelson, Arthur C., *Reshaping Metropolitan America: Development Trends and Opportunities* (Washington, DC: Island Press, 2013).

294 丹佛大圈西南的莱克伍德 : Dunham-Jones, Ellen, and June Williamson, *Retrofitting Suburbia* (Hoboken, NJ: John Wiley & Sons, 2011), 154–71.

296 证据表明，房地产市场 : Leinberger, Christopher, "Walkable Urbanism," *Urban Land*, September 1, 2010, http://urbanland.uli.org/articles/2010/septoct/leinberger.

297 每辆小汽车都会有 8 个停车位 : Chester, Mikhail, Arpad Horvath, and Samer Madanat, "Parking Infrastructure: Energy, Emissions, and Automobile Lifecycle Environmental Accounting," *Environmental Research Letters*, 2010.

299 须得发明一套新规 : Duany Plater-Zyberk, "Projects Map, U.S," www.dpz.com/projects. aspx (accessed January 27, 2011); Seaside, Florida, "History," www.seasidefl.com/ communityHistory.asp (accessed January 27, 2011).

299 "海滨" 度假胜地 : "Best of the Decade: Design," *Time*, January 1, 1990, www.time.com/ time/magazine/article/0,9171,969072,00.html (accessed January 27, 2011).

305 "商业中心振兴法案" : Congress for the New Urbanism, "Sprawl Retrofit," www.cnu.org/ sprawlretrofit (accessed March 3, 2012); South Carolina General Assembly, Reps. Smith, J. E., Brady, Agnew, R. L. Brown, and Whipper, "H 3604 Concurrent Resolution," 2011–2012, www.scstatehouse.gov/cgi-bin/web_bh10.exe ?bill1=3604 & session=119 (accessed March 3, 2012).

305 莱因伯格……写道 : Leinberger, Christopher, *The Option of Urbanism: Investing in a New American Dream*, 50.

306n 社会学家发现 : Sadalla, Edward K., and Virgil L. Sheets, "Symbolism in Building Materials: Self-Presentational and Cognitive Components," Environment and Behavior, 1993: 155–79.

308 税率降低了 30%: Mixed-Use Development, 2nd ed. (Washington, DC: Urban Land Institute, 2003), 164.

308 周围约需要 800 个住处 : McPherson, Simon, and Adam Haddow, "Shall We Dense?: Policy Potentials," SJB Australia, 2011, www.sjb.com.au/docs/shall-we-dense_policy-potentials.pdf (accessed August 13, 2013).

309 现有 300 多座 : Borys, Hazel, and Emily Talen, "Form-Based Codes? You're Not Alone," PlaceShakers and NewsMakers, www.placemakers.com/how-we-teach/codes-study (accessed April 29, 2013).

13. 拯救城市 拯救自己

310 简·雅各布斯 : Jacobs, Jane, The Death and Life of Great American Cities (New York: Random House, 1961).

315 一些关于鸣笛的俳句 : Naparstek, Aaron, Honku: The Zen Antidote to Road Rage (New York: Random House, 2003).

317n 乔恩·奥克特 : Gleaned from Naparstek, Streetsblog, and DOT bios and press releases.

319 闻·金·维霍 : "Chan K'in Viejo, 104; Led Mexican Tribe," New York Times, January 2, 1997, www.nytimes.com/1997/01/02/world/chan-k-in-viejo-104-led-mexican-tribe.html (accessed July 1, 2009).

320 亚述人 : Moholy-Nagy, Sibyl, Matrix of Man (New York: Frederick A. Praeger, 1968), 161.

320 1875 年土地法令 : Moholy-Nagy, Matrix of Man, 193–95 and John Reps, *The Making of Urban America: A History of City Planning in the United States* (Prince ton, NJ: Prince ton University Press, 1965), 214–17.

320 规划师将公园和广场 : Reps, The Making of Urban America, 222.

325 一股空前的热浪 : Interviews with Jan Semenza; "Dying Alone: An Interview with Eric Klinenberg, Author of Heat Wave: A Social Autopsy of Disaster in Chicago," www.press.uchicago.edu/Misc/Chicago/443213in.html (accessed January 27, 2011); Semenza, Jan C., et al., "Heat-Related Deaths During the July 1995 Heat Wave in Chicago," New England Journal of Medicine, 1996: 84–90.

结语: 起点

330 大卫·哈维 : Harvey, David, "The Right to the City." New Left Review, September-October 2008, http://newleftreview.org/II/53/david-harvey-the-right-to-the-city (accessed November 1, 2012).

331 "对遭受外界影响的巨大莫名恐惧" : Sennett, Richard, *The Conscience of the Eye: The Design and Social Life of Cities*, xii.

致谢

开启这一项目的念头，早先已奠基于一系列报刊文章，历时 5 年，经由数十位人士的慷慨相助，它才成长为目前这本书。

我要感谢许多和我分享观点的人。首先是恩里克·佩尼亚洛萨，是他点燃了此番旅程。而此后的火焰则得到了许多热情头脑的"拾柴"，他们许多人的想法和研究成果，为我提供了借鉴和扩展的基础，他们包括：埃里克·布里顿，约翰·赫利韦尔，Chris Barrington-Leigh，帕特里克·康顿，Gordon Price, Trevor Boddy, Lon Laclaire, Silas Archambault, Carlosfelipe Pardo，伊丽莎白·邓恩，Matt Hern, Emily Talen，加琳娜·塔齐耶娃，Frances Bula，彼得·诺顿，Larry Beasley, Larry Frank，保罗·扎克，Nicholas Humphrey，吉尔·佩尼亚洛萨，里卡多·蒙特祖马，贾勒特·沃克，June Williamson，埃伦·邓纳姆—琼斯，托德·利特曼及维多利亚交通运输政策研究所，Geoff Manaugh, Alan Durning 及 Sightline 研究所，Armando Roa, Felipe Zuleta, Alexandra Bolinder-Gibson，科林·埃拉尔，以及 ZUS。

我也感谢朋友、家人乃至陌生人的无私，我的一路，都有他们与我分享住所和时间。我要大大感谢墨西哥城的 Sarah Minter、

幸福的都市栖居

Arturo García、Branco、Mauricio Espinosa、Lorenia Parada、Mariel Loaiza 及 Domínguez-Flores 一家，波哥大的 Jaime Correa，波特兰的 Katherine Ball 和 Alec Neal，多伦多的 Byron Fast 和 Michael Pro-kopow，巴黎的 Olivier Georger，伦敦的 Sarah Pascoe 和 Janet Fernau，哥本哈根的 Adam Fink、Adam Karsten Pedersen 及亨里克·凌，沃邦的 Doris Müller 和彼得拉·马夸，亚特兰大的 Steve Filmanowitz 和 Ben Brown，戴维斯的 Kevin Wolf 和 Linda Cloud，洛杉矶的 Guillermo Jaimes，伯克利的 Chris Tenove，圣华金县斯特劳塞一家的南希·兰迪和金，纽约市的 Edward Bergman 和 Dan Planko，以及纽约与柏林宝马古根海姆实验室的杰出团队。

Erick Villagómez 和 Dan Planko 慷慨提供了信息图。加琳娜·塔齐耶娃、扬·盖尔、拉尔斯·甘绪、Bryn Davidson、迈克·塞兹莫尔及 Ethan Kent 提供了插图。Scotty Keck 把一些观点漂亮地绘成了图表。扬·赛门撒和 Carlosfelipe Pardo 协助了图源。Cole Robertson 打理了图片、授权许可与事实核查等问题。西班牙语翻译是 Karla Cuervo Parada，德语翻译是 Michael Leukert。

早期研究得力于以下报刊之人的委托：*The Globe and Mail* 的 Jer-ry Johnson 和 Carol Toller，*enRoute* 的 Arjun Basu 和 Ilana Weitzman，*Westworld* 的 Anne Rose，*explore* 的 James Little，*dwell* 的 Geoff Manaugh，*Vancouver* 杂志 Gary Ross 和 John Burns，*Canadian Geo-graphic* 的 Rick Boychuk，*The Tyee* 的 Dave Beers，以及 *The Walrus* 的 Amy Macfarlane 和 Jeremy Keehn。

《幸福都市》得以成书，而不仅仅停留在报刊文章的零敲碎打，我那精灵可爱、魅力四射的代理人兼朋友 Anne McDermid 及她的团队功不可没。写作计划也得到了英属哥伦比亚艺术委员会及加拿大艺术委员会的早期支持。

书中任何错误，作者皆负全责。但没有以下人士的批评反馈，本书一定拖沓得不行，他们是早期读者 Omar Domínguez 和 Michael Prokopow；三家机构的编辑：Doubleday 的 Tim Rostron，Penguin 的 Helen Conford， 及 Farrar, Straus and Giroux 的 Courtney Hodell、Mark Krotov 和 Taylor Sperry（特别感谢 Mark 以城市规划专家的敏锐眼光审读了手稿）。我更对 Christine McLaren 感激不尽，本书有幸融入她的辛勤工作、新闻报道和敏锐的分析。Christine 加入团队时还是研究助理，离开时已是合作者、挚友和通向美好城市路途上的旅伴。

我也感谢滋养了我的城市，特别是墨西哥城的 D. F. 和东温哥华。但若说我在此次旅途中得到了什么，那没有任何能比得上与他人的交往对提升幸福的贡献更大。我能全身而返，全仰赖以下人士的关爱和支持：我的家人，Rose House 的成员，the Dommies，温哥华 FCC，我的城市怪咖和山区伙伴，以及最重要的，无比耐心、关爱和宽宏的 Omar Domínguez。谢谢你们。